新世纪高职高专
计算机应用技术专业系列规划教材

WPS Office 2019
· 对标国家课程标准
· 采用国产软件讲解
· 内含手机在线自测

信息技术基础
实训指导 WPS版

新世纪高职高专教材编审委员会 组编
主　编　张成叔　疏国会　林　昕
副主编　张莉莉　姚　成　张世平
　　　　藕海云　张春黎　尹　蓉
参　编　张　玮　蔡劲松　朱　静
　　　　陈建敏　方　明

大连理工大学出版社

图书在版编目(CIP)数据

信息技术基础实训指导：WPS版 / 张成叔，疏国会，林昕主编. -- 大连：大连理工大学出版社，2022.9(2024.12重印)
新世纪高职高专计算机应用技术专业系列规划教材
ISBN 978-7-5685-3863-3

Ⅰ．①信… Ⅱ．①张… ②疏… ③林… Ⅲ．①电子计算机－高等职业教育－教学参考资料 Ⅳ．①TP3

中国版本图书馆CIP数据核字(2022)第123612号

大连理工大学出版社出版

地址：大连市软件园路80号　邮政编码：116023
发行：0411-84708842　邮购：0411-84708943　传真：0411-84701466
E-mail:dutp@dutp.cn　　URL:https://www.dutp.cn
大连永盛印刷有限公司印刷　　大连理工大学出版社发行

幅面尺寸：185mm×260mm　　印张：15.25　　字数：390千字
2022年9月第1版　　2024年12月第5次印刷

责任编辑：李　红　　　　　　　　责任校对：马　双
封面设计：张　莹

ISBN 978-7-5685-3863-3　　　　　　定　价：46.80元

本书如有印装质量问题，请与我社发行部联系更换。

前　言

《信息技术基础实训指导（WPS版）》是新世纪高职高专教材编审委员会组编的计算机应用技术专业系列规划教材之一。

为了实现新时代高等职业教育的培养目标，结合国家"双高校"建设和"优质校"建设。更好地贯彻"教学做一体化"课程教学改革精神，编者在结合多年教学实践的基础上，以"理论够用、实践够重、案例驱动、方便教学"为原则编写了本教材。

本教材是《信息技术基础（WPS版）》（疏国会、张成叔、林昕主编，大连理工大学出版社，以下简称主教材）的配套实训用书，案例真实、实例丰富，在内容的编排上循序渐进、深入浅出。

本书具有以下特点：

1. 课标为纲，服务人才培养

《高等职业教育专科信息技术课程标准（2021年版）》由教育部于2021年4月发布，该课程标准为高等职业教育专科公共基础课的第一份课程标准。本书编写团队积极响应国家号召，仔细研读课程标准，分析课程标准的核心要义和落实措施，严格按照课程标准要求，精心策划和设计，认真组织案例和内容，旨在促进国家课程标准的精准落地，服务人才培养。

2. 国产软件，服务国家战略

本教材采用 WPS Office 2019 软件进行讲解，大力推广国产软件在高等职业教育和青年群体中的应用，符合新时代对高等职业教育专科公共基础课"信息技术"课程建设的要求，更加符合国家战略。

3. 立体设计，服务课程建设

本教材采用新形态一体化设计，配套丰富的数字化教学资源，包括手机在线自测、题库、习题答案等，为课程建设提供了足够的资源，学习者可以通过扫描书中的二维码进行在线自测答题，丰富了学习手段和形式，提高了学习的兴趣和效率。

4. 课程思政,服务立德树人

本教材各项目都充分融入"课程思政"元素,包括正确使用网络资源、甄别网络信息的安全性、就业信息的检索和甄别、规避失信记录、个人素养和社会责任的养成,更好地服务职业教育立德树人的根本任务。

本教材分为两部分。第一部分为"实训部分",针对主教材各项目的内容,精选了11个实训,精心设计和安排了相应的上机实训内容,每个实训均采用"案例驱动"的思想来编写,给出了具体而详实的实训内容和参考步骤,并附有实训思考题,以利于学生尽快掌握必备的知识和熟练的操作技能。第二部分为"习题部分",针对主教材各项目的习题,给出详尽的解题思路和参考答案,并根据《高等职业教育专科信息技术课程标准(2021年版)》、"全国计算机等级考试一级计算机基础及WPS Office应用考试大纲"和"二级WPS Office高级应用与设计考试大纲"的要求,精心挑选了充足的补充练习题。

本教材由安徽财贸职业学院张成叔、安庆职业技术学院疏国会和安徽城市管理职业学院林昕任主编,安徽粮食工程职业学院张莉莉,安徽财贸职业学院姚成、张世平和藕海云,黄山职业技术学院张春黎,徽商职业学院尹蓉任副主编,安徽审计职业学院张玮、朱静,安徽新闻出版职业技术学院蔡劲松,黄山职业技术学院陈建敏、方明参加编写。第一部分:实训1由张成叔编写,实训2~实训5由张世平编写,实训6~实训8由姚成和疏国会编写,实训9~实训10由林昕和朱静编写,实训11由藕海云编写。第二部分:项目1由张成叔和陈建敏编写,项目2由姚成和张春黎编写,项目3由尹蓉和方明编写,项目4由藕海云编写,项目5由蔡劲松和张莉莉编写,项目6由张玮编写。本书配套的在线自测主要由张成叔设置和制作。全书由张成叔统稿和定稿。

在本书的策划和出版过程中,得到了大连理工大学出版社的大力支持,也得到了许多从事计算机基础教育的同仁的关心和帮助,在此一并表示感谢。

本书所配电子教案和教学相关资源均可直接与编者联系索取,电子邮箱 zhangchsh@163.com,微信号:zcs13955155470,抖音号:zcs13955155470。

本书适合作为高等职业教育专科公共基础课"信息技术"和"计算机应用基础"课程的教材,还可供参加全国计算机等级考试(一级)WPS Office和(二级)WPS Office高级应用与设计的考生复习参考。

由于编者水平有限,书中难免有疏漏和不足之处,敬请广大读者批评指正。

编 者

2022年9月

所有意见和建议请发往:dutpgz@163.com
欢迎访问职教数字化服务平台:https://www.dutp.cn/sve/
联系电话:0411-84707492　84706104

目 录

第一部分 实训部分

实训 1　认识 PC 和练习打字 …………………………………………………………… 3
　　1.1　实训目的 ……………………………………………………………………… 3
　　1.2　实训内容 ……………………………………………………………………… 3
　　思考及课后练习 …………………………………………………………………… 25

实训 2　WPS 文字 2019 的基本操作 ……………………………………………………… 27
　　2.1　实训目的 ……………………………………………………………………… 27
　　2.2　实训内容 ……………………………………………………………………… 27
　　思考及课后练习 …………………………………………………………………… 36

实训 3　字符段落格式化 …………………………………………………………………… 37
　　3.1　实训目的 ……………………………………………………………………… 37
　　3.2　实训内容 ……………………………………………………………………… 37
　　思考及课后练习 …………………………………………………………………… 48

实训 4　表格和图形的绘制 ………………………………………………………………… 49
　　4.1　实训目的 ……………………………………………………………………… 49
　　4.2　实训内容 ……………………………………………………………………… 49
　　思考及课后练习 …………………………………………………………………… 58

实训 5　图文混排与页面设置 ……………………………………………………………… 59
　　5.1　实训目的 ……………………………………………………………………… 59
　　5.2　实训内容 ……………………………………………………………………… 59
　　思考及课后练习 …………………………………………………………………… 66

实训 6　WPS Office 2019 表格数据的编辑与格式化 ……………………………………… 67
　　6.1　实训目的 ……………………………………………………………………… 67
　　6.2　实训内容 ……………………………………………………………………… 67
　　思考及课后练习 …………………………………………………………………… 78

实训 7　WPS Office 2019 表格公式与函数的使用 ······ 80
7.1　实训目的 ······ 80
7.2　实训内容 ······ 80
思考及课后练习 ······ 88

实训 8　数据管理与图表制作 ······ 90
8.1　实训目的 ······ 90
8.2　实训内容 ······ 90
思考及课后练习 ······ 104

实训 9　简单演示文稿的制作与编辑 ······ 106
9.1　实训目的 ······ 106
9.2　实训内容 ······ 106
思考及课后练习 ······ 118

实训 10　演示文稿的效果设置 ······ 119
10.1　实训目的 ······ 119
10.2　实训内容 ······ 119
思考及课后练习 ······ 131

实训 11　信息检索 ······ 132
11.1　实训目的 ······ 132
11.2　实训内容 ······ 132
思考及课后练习 ······ 156

第二部分　习题部分

项目 1　WPS Office 2019 文字处理 ······ 159
项目 2　WPS Office 2019 表格处理 ······ 172
项目 3　WPS Office 2019 演示文稿制作 ······ 193
项目 4　信息检索 ······ 204
项目 5　认识新一代信息技术 ······ 215
项目 6　信息素养与社会责任 ······ 229

第一部分

实训部分

实训 1
认识 PC 和练习打字

1.1 实训目的

- 认识 PC 的内、外部组成。
- 熟悉键盘的结构布局。
- 熟悉键盘指法，养成良好的操作习惯。
- 熟练掌握英文字符的输入。
- 掌握一种中文输入方法，并能熟练使用。

1.2 实训内容

1.2.1 认识 PC

从外部观察，一台 PC 是由主机、显示器、键盘、鼠标和音箱等组成的，如图 1-1-1 所示。

1. 主机

主机看上去是一个铁箱子，在它的内部安装了计算机的各种部件。主机还提供了显示器等外部设备和计算机各部件的连接接口，它是 PC 的主要组成部分。

图 1-1-1　PC 的外部组成部件

> 参考步骤

Step 1　认识主机箱

主机箱的背面一般有电源插口、VGA 接口（连接显示器或者投影仪）、RJ45 接口（连接网线）、USB 接口、音频输入和输出接口等，如图 1-1-2(a)所示。

主机箱的正面一般都有电源（Power）按钮、工作指示灯、前置 USB 接口和前置耳机接口等，如图 1-1-2(b)所示。

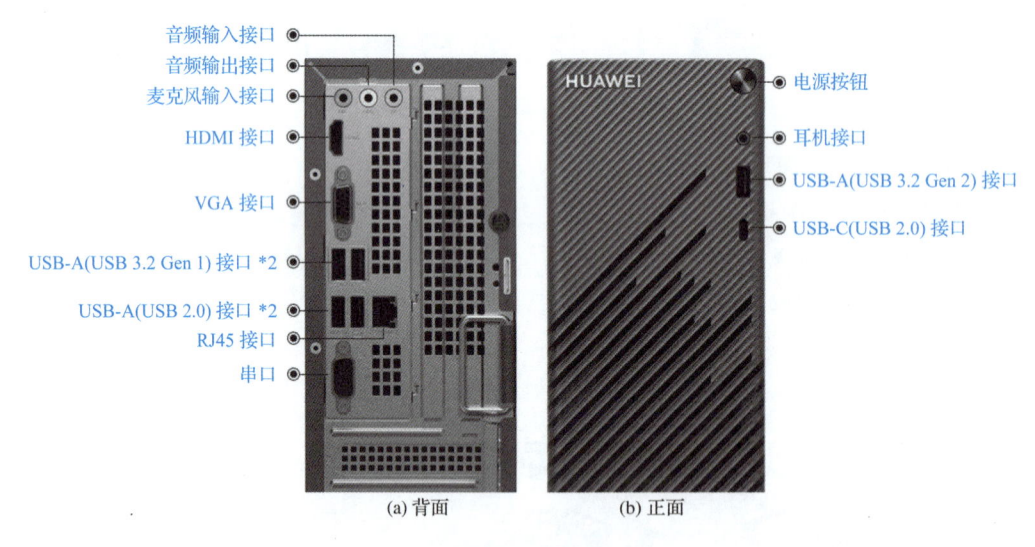

(a) 背面　　(b) 正面

图 1-1-2　主机箱

Step 2　认识一体机

现在市场上流行一体机，且市场占有率越来越高，即主机和显示器合二为一，没有了单独了主机箱，如图 1-1-3 所示。一体机因简洁方便、节约空间，而受到办公和家庭用户的广泛欢迎。

Step 3　认识主机箱内部

主机箱是一个装配主机的承载支架。刚买来的主机箱内部是空的，根据需要，可以在主机箱内安装计算机工作时所必需的和扩展使用的相关部件，如电源、主板、CPU、内存、硬盘、光驱、各种接口卡等。安装了相关部件后的主机箱就成了主机，如图 1-1-4 所示。

(a) 背面　　　　　　　　　　　　(b) 正面

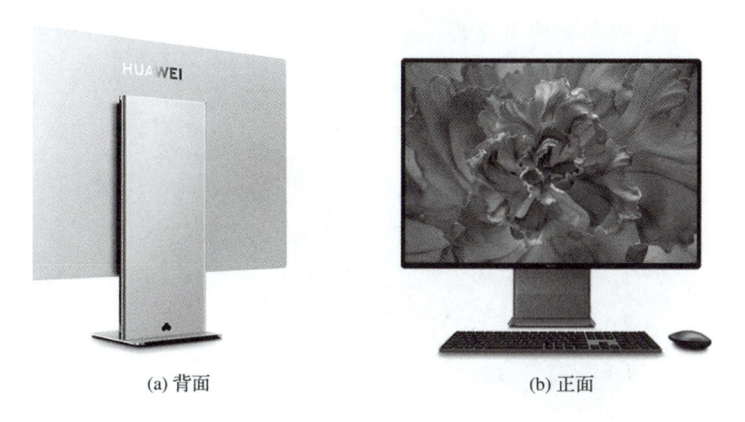

图 1-1-3　一体机

①主板：主板是在机箱内安装的一块最大的电路板，如图 1-1-5 所示。

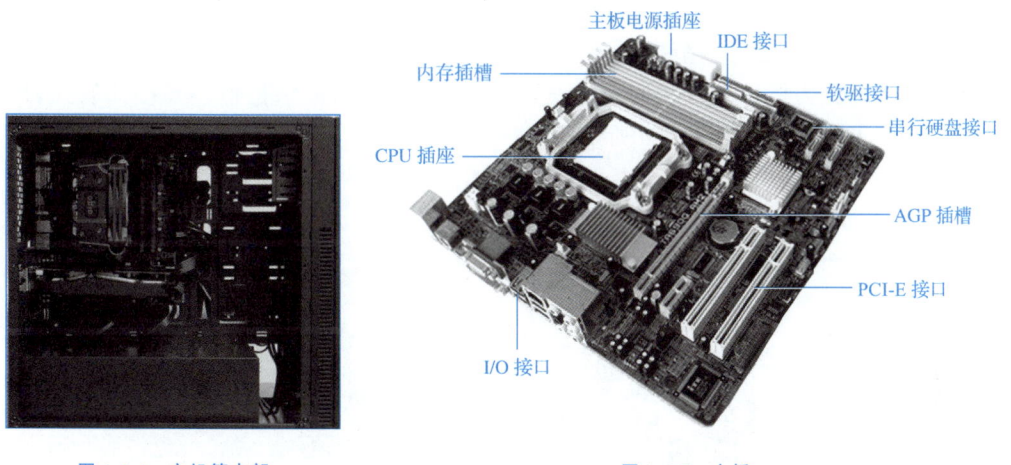

图 1-1-4　主机箱内部　　　　　　　　图 1-1-5　主板

②CPU：CPU 安装在主板上。CPU 在工作时会发热，为了使 CPU 不会由于过热而影响稳定性，在 CPU 上安装了一个散热风扇。散热风扇由金属散热片和风扇组成，如图 1-1-6 所示。

(a) Incel CPU　　　　(b) AMD CPU　　　　(c) 龙芯 CPU

(d) 散热风扇

图 1-1-6　CPU 及散热风扇

③内存条:内存条是嵌在一块电路板上的集成电路芯片,如图1-1-7所示。把它插在主板的内存插槽上,就可以形成所需的内存空间了。

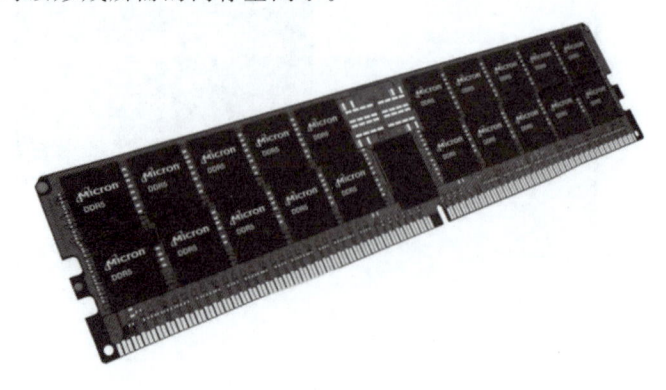

图 1-1-7　内存条

④硬盘:硬盘被固定安装在主机箱上,数据线与主板上的硬盘接口相连。硬盘需要主机箱电源供电,所以硬盘上还有一个电源接口。

计算机硬盘分为机械硬盘和固态硬盘,两者在外观和内部结构上差异都比较大,外观如图1-1-8所示,内部结构如图1-1-9所示。

(a) 机械硬盘外观　　　　　　　　　　　　(b) 固态硬盘外观

图 1-1-8　机械硬盘和固态硬盘外观

(a) 机械硬盘内部结构　　　　　　　　　　(b) 固态硬盘内部结构

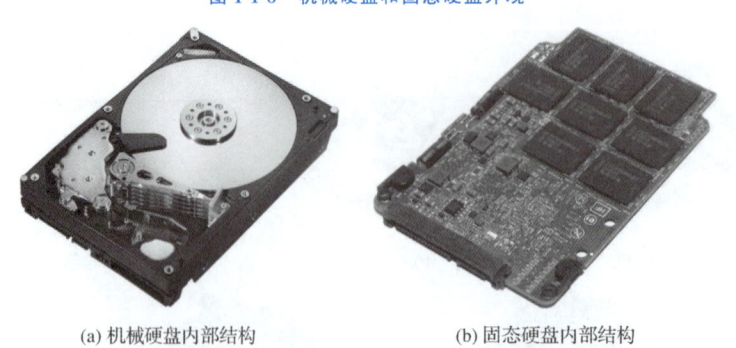

图 1-1-9　机械硬盘和固态硬盘内部结构

⑤接口卡:PC中常用的接口卡包括显卡、声卡、网卡等,它们都是插接在主板的总线扩展槽上的电路板。目前,显卡使用的总线有PCI-E和AGP两种,声卡和网卡都使用PCI总线。显卡用来连接显示器,声卡用来连接音箱和麦克风,网卡可以连接网线,使计算机可以上网。

各种接口卡的外形很相似,区分的方法是查看相应的接口。图1-1-10中,从左到右分别是显卡、声卡和网卡。

(a)显卡　　　　　　　(b)声卡　　　　　　　(c)网卡

图1-1-10　显卡、声卡及网卡

2. 显示器

显示器是标准输出设备,也是必备的设备,台式计算机的显示器是单独的,而一体机的显示器和主机合二为一。传统的阴极射线管(CRT)显示器的外观如图1-1-11所示,现在流行的液晶显示器外观如图1-1-12所示。

图1-1-11　CRT显示器外观

(a)正面　　　　　　　　　　　　　　(b)背面

图1-1-12　LCD显示器外观

3. 键盘和鼠标

根据键盘和鼠标的类型,分别可以连接到主机的PS/2接口或USB接口上。

4. 音箱

音箱是可选设备,连接时注意将音频线连接到声卡的音频接口上。

1.2.2 正确开关 PC

1. 启动计算机

参考步骤

Step 1　按下显示器、音箱等外设的电源开关,打开相应的外部设备。
Step 2　按下主机箱上的主机电源开关,给主机送电。
Step 3　几秒后,计算机将进入操作系统桌面,用户就可以使用计算机了。

2. 关闭计算机

参考步骤

Step 1　选择"开始"→"关机"菜单命令。
Step 2　关闭显示器、音箱等外部设备的电源。
Step 3　切断总电源。

补充说明

(1) PC 开机时,应先打开外部设备开关,然后再打开主机电源开关;关机顺序与开机顺序相反,即先关闭主机,再关闭外部设备电源开关。

(2) 在使用过程中,如果计算机出现"死机"现象,可直接按"Ctrl＋Alt＋Del"快捷键来重新启动计算机,或按下主机箱上的电源按钮 5 秒钟,强制关闭计算机。

(3) 切断总电源时,如果在公共机房,一般由机房管理员统一切断电源,不需要同学自己操作。

1.2.3 操作鼠标

1. 认识鼠标

鼠标是必备输入设备,一般由三部分组成,即左键、右键和滚轮。分为有线鼠标和无线鼠标两种,外观如图 1-1-13 所示。

无线鼠标一般采用两种连接形式:蓝牙连接和 2.4G 无线连接。外观如图 1-1-14 所示。

(a) 有线鼠标　　　　(b) 无线鼠标

图 1-1-13　有线鼠标和无线鼠标

(a) 蓝牙鼠标　　　　(b) 2.4G 无线鼠标

图 1-1-14　2.4G 无线鼠标和蓝牙鼠标

2. 鼠标的基本操作

（1）移动：手握鼠标，轻轻地移动手腕，就可看到鼠标指针"▷"在移动。注意：移动鼠标时胳膊不要动，手腕放松。

（2）单击：轻轻地用食指在鼠标左键上击打一下。单击一般用于选定一个对象。

（3）右击：轻轻地用中指在鼠标右键上击打一下。右击一般用于打开一个对象的快捷菜单。

（4）双击：轻轻地用食指在鼠标左键上连续击打两下。双击用来打开一个对象，或运行一个程序。

（5）拖动：按住鼠标的左键不放，用手腕移动鼠标，直到目标位置后释放。拖动用来选择一个区域的对象或移动对象。

3. 蓝牙鼠标的连接

蓝牙鼠标在使用前要和计算机进行连接，在 Windows 10 操作系统下，连接的主要步骤如下：

Step 1　打开鼠标电源，根据说明书提示，进入配对状态，一般是长按电源按钮，使得鼠标指示灯处于快速闪烁状态。

Step 2　依次选择"开始"→"设置"菜单，打开"设置"窗口，如图 1-1-15 所示。选择"设备"→"添加蓝牙或其他设备"按钮，如图 1-1-16 所示。

图 1-1-15　"设置"窗口

Step 3　在弹出的"添加设备"对话框中单击"蓝牙"，进入设备搜索状态。在显示的可配对的设备中选择需要的鼠标设备，单击即可完成连接。如图 1-1-17 所示。

图 1-1-16　选择"添加蓝牙和其他设备"

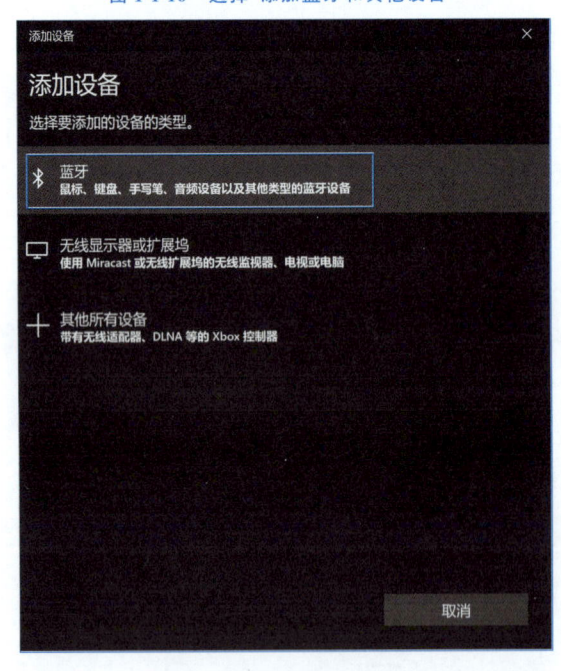

图 1-1-17　"添加设备"对话框

1.2.4　操作键盘

1. 认识键盘

对照键盘实物，分清主键盘区、控制键区、数字键区、功能键区和状态指示区等五个分区。找到各键所在位置并掌握其具体的功能作用，如图 1-1-18 所示。

认识键盘

常见的键盘有101、104键等若干种。为了便于记忆,按照功能的不同,我们把这101个键划分成主键盘区、功能键区、控制键区、状态指示区和数字键区五个区域。

图 1-1-18 键盘布局

2. 主键盘区

主键盘区包括26个英文字母、10个阿拉伯数字、一些特殊符号和控制键。

(1)退格(Backspace)键:按一下该键,删除光标前的一个字符。

(2)回车(Enter)键:将光标移到下一行或表示确认。

(3)上挡(Shift)键:用于输入双字符键的上挡字符,或临时输入大写(小写)字母。

(4)控制(Ctrl)键:与其他键配合使用,完成特定的功能。

(5)换码(Alt)键:与其他键配合使用,完成特定的功能。

(6)大小写字母锁定(Caps Lock)键:用于英文大小写字母的转换。

(7)空格(Space)键:按下该键一次,就可输入一个空格字符。

(8)制表(Tab)键:按下一次,光标向右移动到下一个制表位(每个制表位占8个字符)。

3. 控制键区

(1)四个方向键:用来移动光标的位置,实现光标向左(←)、向右(→)、向上(↑)以及向下(↓)移动。

(2)插入字符(Insert)键:改变字符的录入状态,实现"插入"与"改写"状态的切换。

(3)删除(Delete)键:用来删除光标后的一个字符。

(4)Home 键:将光标快速移至当前行行首。

(5)End 键:将光标快速移至当前行行尾。

(6)PageUp 键:向上翻页。

(7)PageDown 键:向下翻页。

(8)屏幕打印(PrintScreen)/(PrtScn)键:用于抓取当前屏幕。

(9)屏幕滚动锁定(Scroll Lock)键:禁止屏幕滚动。

(10)暂停(Pause)/中止(Break)键:用来暂停程序的执行。

4. 数字键区

(1)NumLock:数字键盘指示,要使用小键盘输入数字,应先按该键,使 NumLock 指示灯亮起。

(2)其他数字键:直接敲击,可以输入相应的数字。

5. 功能键区

(1)F1~F12 键:实现特定的功能操作。

(2)Esc 键:退出或取消键,在软件中用来退出或取消当前操作。

1.2.5 打字姿势

打字时应该养成正确的姿势。正确的打字姿势,不仅能够提高输入速度,减缓操作者长时间工作带来的疲劳,而且能够快速实现盲打,提高工作效率。

参考步骤

Step 1　两脚放平,腰部挺直,双臂自然下垂,两肘贴于腋边。
Step 2　身体可略倾斜,离键盘的距离为 20~30cm。
Step 3　手腕及肘部成一直线,手指自然弯曲,轻放于键盘基准键上。
Step 4　打字文稿放在键盘左边,或用专用夹子夹在显示器旁边。打字时,眼睛看着文稿,尽量不要看键盘。

正确的打字姿势要求如图 1-1-19 所示。

图 1-1-19　打字姿势要求

1.2.6 键盘指法

打字时,主键盘区的每一个键位都有一个手指负责击键,十指分工明确。

参考步骤

Step 1　基准键位。将左、右手的食指分别置于 F、J 键上,大拇指自然落在空格键上,其余手指依次摆放,如图 1-1-20 所示。
Step 2　手指分工。熟记每个手指的击键范围。每个手指除了自己的基本键外,还分工有其他的键,称为它的范围键,如图 1-1-21 所示。
Step 3　击键方法。

击键时要注意以下几点:
①左、右手指放在基准键上,拇指放在空格键上,十指分工,包指到键。

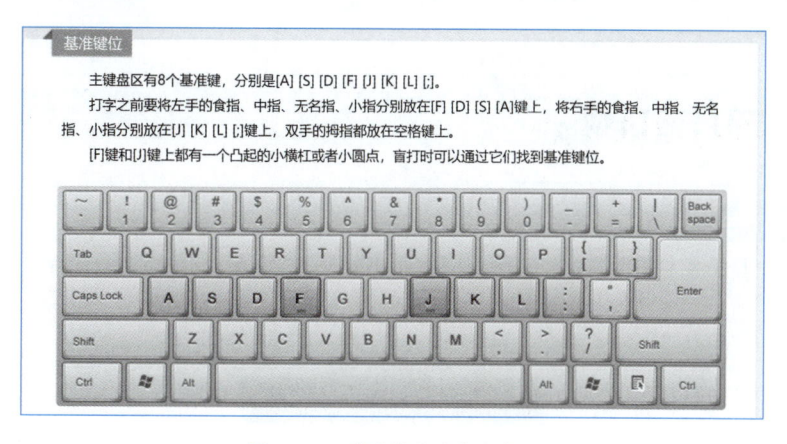

图 1-1-20　基准键位分布示意图

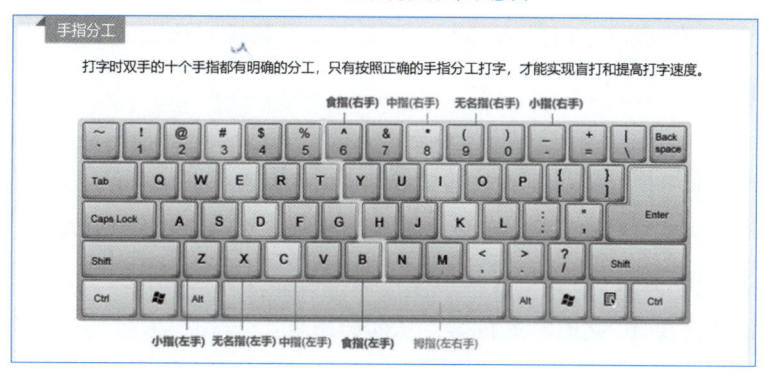

图 1-1-21　手指分工示意图

② 击键后迅速返回基准键位上。
③ 食指击键要注意键位角度。
④ 小指击键应力量保持均匀。
⑤ 对数字键采用跳跃式击键。

正确的击键方法如图 1-1-22 所示。

图 1-1-22　击键方法

1.2.7 输入法切换

参考步骤

Step 1 单击任务栏中的输入法图标,会弹出输入法列表,如图 1-1-23 所示。

图 1-1-23 输入法列表

Step 2 在输入法列表中选择一种输入法,单击即可切换到该输入法。

补充说明

也可通过键盘快捷键实现输入法的快速切换,快捷键作用如下:
① "Ctrl＋Space"快捷键:在当前中文输入法和英文输入法之间的切换。
② "Ctrl＋Shift"快捷键:在已安装的输入法之间进行循环切换。
③ "Ctrl＋."快捷键:中文标点和英文标点的切换。
④ "Shift＋Space"快捷键:在全角状态和半角状态之间切换。

1.2.8 英文输入练习

金山打字通 2016 是一款优秀的打字练习软件,本书建议使用该软件来练习指法。

参考步骤

Step 1 下载和启动软件。从官网下载并运行金山打字通 2016 软件,如图 1-1-24 所示。

图 1-1-24 金山打字通 2016 首页

Step 2 登录系统。第一次进入,单击"新手入门"图标,弹出"登录"对话框,如图 1-1-25 所示。在该对话框中创建一个昵称或者从历史列表中选择一个昵称。

图 1-1-25 "登录"对话框

Step 3 新手入门。单击图 1-1-25 中的"登录"按钮,进入"新手入门"首页,如图 1-1-26 所示。新手入门包括打字常识、字母键位、数字键位、符号键位和键位纠错等功能。

图 1-1-26 "新手入门"首页

Step 4 字母键位练习。单击图 1-1-26 中的"字母键位"图标,进入"字母键位"页面,如图 1-1-27 所示。

字母键位练习功能比较齐全,采用过关的形式设计,由简单到复杂,有利于规范指法的行为,高效提高指法速度。

图 1-1-27 "字母键位"页面

Step 5 英文打字。单击图 1-1-24 中的"英文打字"图标,进入"英文打字"首页,如图 1-1-28 所示。"英文打字"功能中包括"单词练习"、"语句练习"和"文章练习"三个板块,建议先从简单的"单词练习"开始,打牢基本功。

图 1-1-28 "英文打字"首页

Step 6 单词练习。单击图 1-1-28 中的"单词练习"图标,进入"单词练习"页面,如图 1-1-29 所示。

可以根据默认情况进行练习,也可以在"课程选择"下拉列表中选择课程进行练习,还可以自定义课程、导入课程等。

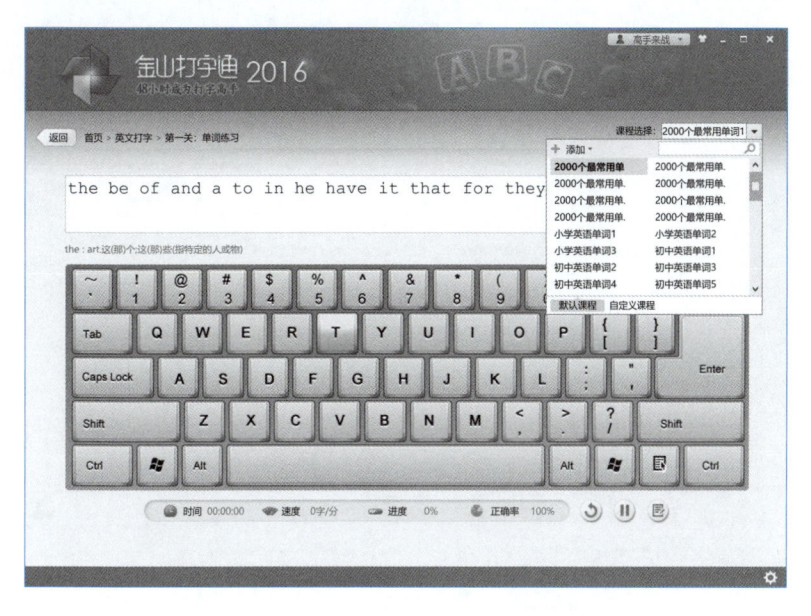

图 1-1-29 "单词练习"页面

Step 7 语句练习。单击图 1-1-28 中的"语句练习"图标,进入"语句练习"页面,如图 1-1-30 所示。

图 1-1-30 "语句练习"页面

Step 8 文章练习。单击图 1-1-28 中的"文章练习"图标,进入文章练习页面,如图 1-1-31 所示。

Step 9 测试模式。在"单词练习"、"语句练习"和"文章练习"功能中都包含两种模式:"练习模式"和"测试模式",默认为"练习模式"。在练习页面上单击右下角的模式切换按钮可以在两种模式之间切换。如在图 1-1-31 中单击切换按钮,切换到"文章练习过关测试"页面,如图 1-1-32 所示。

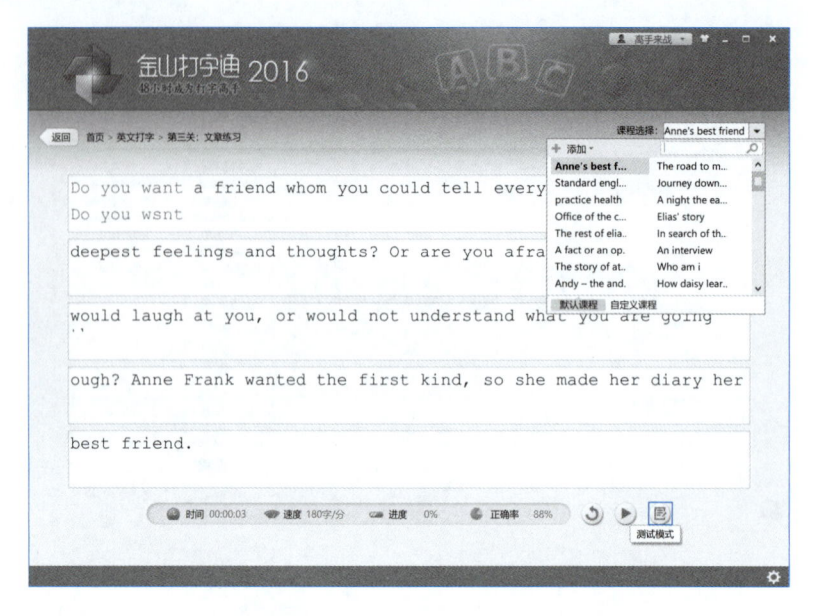

图 1-1-31 "文章练习"页面

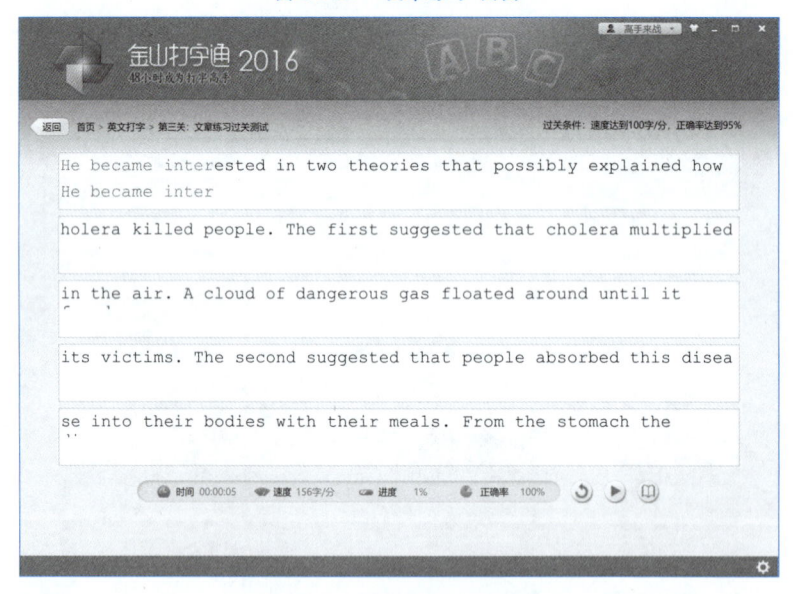

图 1-1-32 "文章练习过关测试"页面

补充说明

初学打字时,掌握适当的练习方法,对于提高打字速度非常必要。
(1)一定要把手指按照分工放在正确的键位上。
(2)有意识地慢慢记忆键盘各个字符的位置,体会不同键位上的字键被敲击时手指的感觉,逐步养成不看键盘输入的习惯。
(3)进行打字练习时要集中精力,做到手、脑、眼协调一致,尽量避免边看原稿边看键盘。
(4)初级阶段的练习即使速度慢,也要保证输入的准确性。

1.2.9 中文输入练习

1. 练习"搜狗拼音"输入法的使用

参考步骤

Step 1 输入法的选择和切换。

选择一个好的输入法对输入速度的影响很大,比较流行的输入法主要有"搜狗输入法"、"QQ 拼音输入法"和"讯飞输入法"等,不同输入法的区别不大,本书以"搜狗输入法"为例进行分析。

切换到搜狗拼音输入法,弹出如图 1-1-33 所示的搜狗拼音输入法标准状态条。

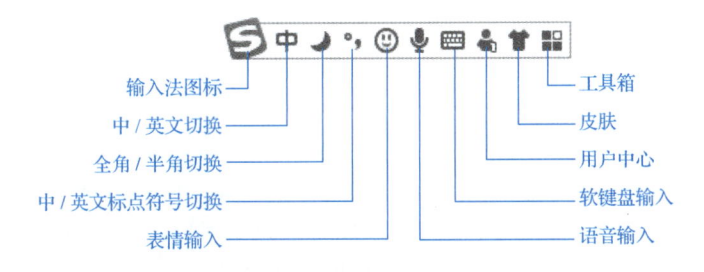

输入法图标 —— 工具箱
中/英文切换 —— 皮肤
全角/半角切换 —— 用户中心
中/英文标点符号切换 —— 软键盘输入
表情输入 —— 语音输入

图 1-1-33　搜狗拼音输入法标准状态条

Step 2 用全拼输入模式输入汉字。

在输入窗口输入拼音,然后依次选择需要的字或词即可。搜狗拼音输入法默认使用逗号(,)和句号(。)来进行翻页,也可以使用键盘上的"+"和"-"键来进行翻页,如图 1-1-34 所示。

图 1-1-34　搜狗拼音输入法的全拼输入模式

Step 3 用简拼输入模式输入汉字。

搜狗拼音输入法支持声母简拼和声母的首字母简拼两种方式。例如,要输入"指示精神"这几个字,采用声母简拼方式输入"zhshjsh",而如果采用声母的首字母简拼方式,则可输入"zsjs"便能很快得到这个词,如图 1-1-35 所示。

图 1-1-35　搜狗拼音输入法的简拼输入模式

Step 4 用搜狗拼音输入法输入英文。

搜狗拼音输入法有三种方法可以输入英文:

① Shift 键切换:在中文输入状态下,按 Shift 键就切换到英文输入状态,输入的就是英文字符,再按一下 Shift 键就会返回中文状态。

② Enter 键输入:搜狗输入法也支持回车输入英文,即直接输入英文,按 Enter 键。

Step 5 用 v 模式输入中文数字。

在 v 模式下输入中文数字是一个功能组合,包括多种中文数字的输入功能,该功能只能在全拼状态下使用。

①中文数字金额大、小写。如:输入"v8369.80",输出"捌仟叁佰陆拾玖元捌角整",如图 1-1-36 所示。

②罗马数字,如输入 99 以内的数字,如输入"v12",可以选择罗马数字"XII",如图 1-1-37 所示。

图 1-1-36 v 模式输入中文数字金额　　　　图 1-1-37 罗马数字的输入

③年份自动转换。输入"v2021.7.1"、"v2021-7-1"或"v2021/7/1",可以选择"2021 年 7 月 1 日(星期四)"或者"二〇二一年七月一日(星期四)",如图 1-1-38 所示。

Step 6 用搜狗拼音输入法的网址输入模式输入网址。

网址输入模式是特别为网络设计的便捷功能,用户在中文输入状态下就可以输入几乎所有的网址或者邮箱地址。凡是输入以"www"、"http"和"ftp"等开头的字母时,或者包含有"@"字符时,输入法自动识别进入英文输入状态,输入完成后按空格键即可。图 1-1-39 所示为邮箱地址"zhangchsh@163.com"。

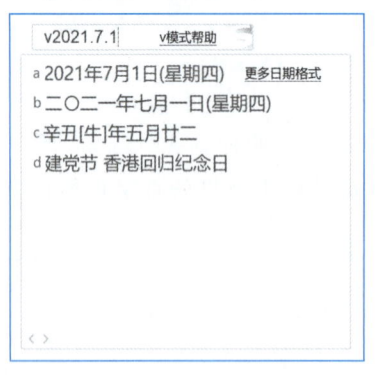

图 1-1-38 v 模式输入日期　　　　图 1-1-39 输入电子邮箱

Step 7 输入表情或字符画。

搜狗拼音输入法可以用来输入常用的表情,如输入"haha"时,按 5 键可以得到"O(∩_∩)O 哈哈~",如图 1-1-40 所示。

图 1-1-40 输入表情字符

按 9 键或单击"9 更多斗图表格",可以打开"图片表情"对话框,可以输入更多表情,如图 1-1-41 所示。

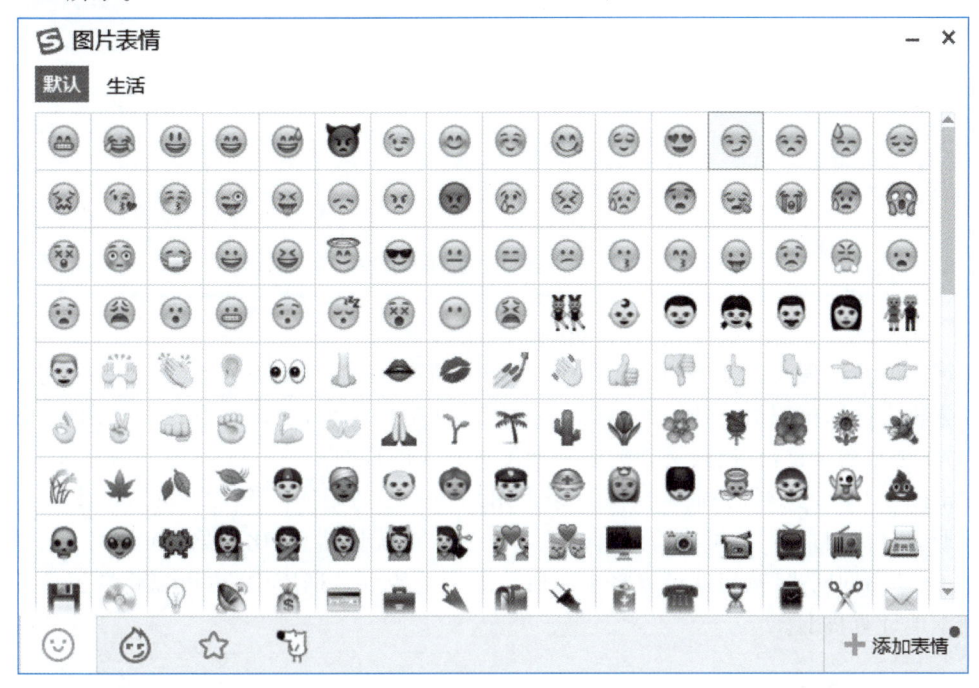

图 1-1-41　搜狗拼音输入法"图片表情"对话框

Step 8　搜狗拼音输入法的拆字辅助码功能。

对于某些不常用的汉字,输入拼音后,汉字的排序非常靠后,不容易找到,此时可以使用拆字辅助码功能,它可以快速地定位到一个单字。如果想输入汉字"娴",但是用拼音输入后它非常靠后,可以先输入"xian",然后按 Tab 键,再输入"娴"的两部分"女"和"闲"的首字母"nx",就可以看到"娴"字排在第一了,如图 1-1-42 所示。

图 1-1-42　搜狗拼音输入法的拆字辅助码

Step 9　用搜狗拼音输入法输入生僻字。

对于类似于"靐"、"嫑"、"垚"和"犇"这样的生僻字,可以直接输入生僻字的组成部分的拼音。如"靐"字由三个"雷"字组成,只要输入 leileilei,选择 5 即可,如图 1-1-43 所示。

图 1-1-43　用搜狗拼音输入法快速输入生僻字

Step 10　灵活使用输入法的造词功能。

①造词。常用的输入法都具有造词功能,提高打字速度的有效方法是采用"词输入",比"字输入"速度快且正确率更高。比如:输入常用词"明天会更好",可以输入"mthgh"后进行选择,比一次输入一个字的效率要高很多。

如果输入的不是常用词,可以利用输入法的造词功能,即第一次以全拼的方式输入该词,系统记录下该词,以后的输入就可以使用"简拼"方式输入。比如要输入非常用词"你比我更好",如果直接输入简拼"nbwgh",找不到该词条,需要使用系统的造词功能,即输入"nibiwogenghao",再次输入时即可使用简拼"nbwgh"。如图 1-1-44 所示。

图 1-1-44　造词步骤

②词语同步。现在的常用输入法都支持"词语同步"功能,即注册为合法用户后,可以在不同的计算机之间同步词语,在不同计算机之间同步所造的新词,记录下自己的词语库,日积月累,词语库越来越丰富,对提高文档的录入速度有极大的帮助。

单击图 1-1-33 搜狗拼音输入法工具条上用户中心按钮,打开"个人主页",如图 1-1-45 所示。注册为合法用户后,就可以看到自己账户下的数据统计信息,比如累计输入字数、输入速度等。单击"立即同步"按钮就可以将本次所造的词上传到数据库中,也可以将数据库的新词同步到本地计算机上。

图 1-1-45　搜狗拼音输入法个人主页

补充说明

　　搜狗拼音输入法非 Windows 系统自带的输入法,需要用户从互联网下载安装后才能使用。

2. 使用金山打字通 2016 练习汉字输入

参考步骤

Step 1　拼音打字。登录到金山打字通 2016 的首页,如图 1-1-24 所示,单击"拼音打字"

图标,进入"拼音打字"首页,如图 1-1-46 所示。

图 1-1-46 "拼音打字"首页

拼音打字包含"拼音输入法"、"音节练习"、"词组练习"和"文章练习"功能,建议由简单到复杂,循序渐进。

Step 2 音节练习。单击"音节练习"图标,进入音节练习页面,如图 1-1-47 所示。

图 1-1-47 "音节练习"页面

Step 3 词组练习。在图 1-1-46 中单击"词组练习"图标,进入"词组练习"页面,如图 1-1-48 所示。

Step 4 文章练习。在图 1-1-46 中单击"文章练习"图标,进入"文章练习"页面,如图 1-1-49 所示。

Step 5 过关测试。在图 1-1-49 中,单击模式切换按钮,可以进入"文章练习过关测试"页面,如图 1-1-50 所示。

图 1-1-48 "词组练习"页面

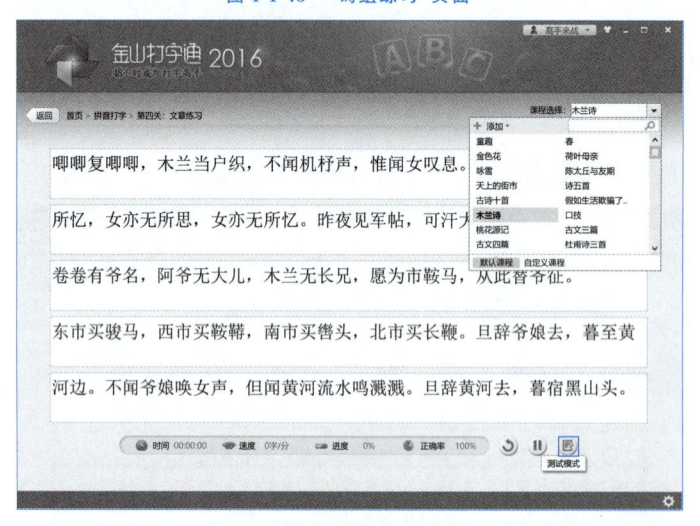

图 1-1-49 "文章练习"页面

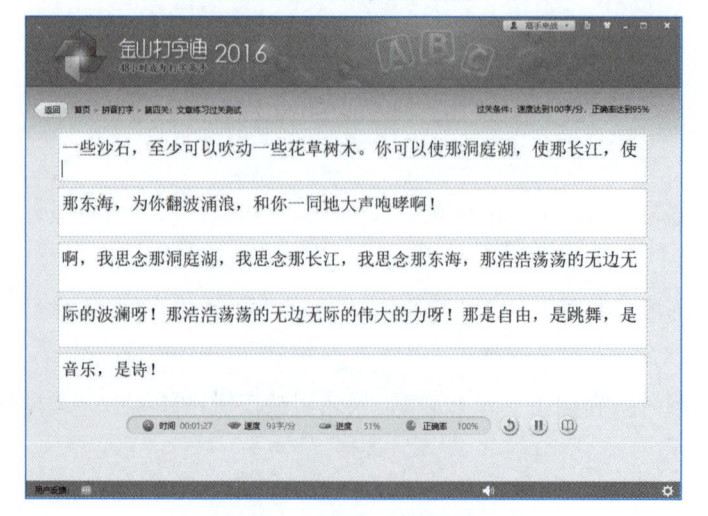

图 1-1-50 "文章练习过关测试"页面

3. 使用金山打字通 2016 进行打字速度测试

金山打字通 2016 还提供了打字测试功能，在图 1-1-24 所示的首页中单击"打字测试"图标，进入"打字测试"页面，如图 1-1-51 所示。

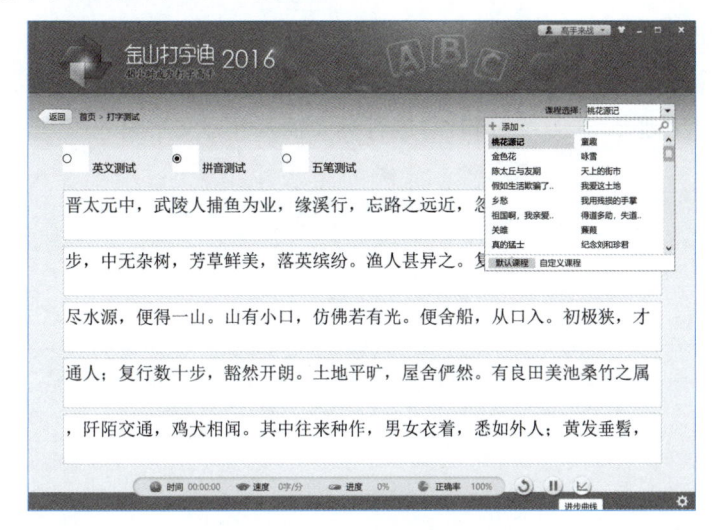

图 1-1-51 "打字测试"页面

可以进行"英文测试"、"拼音测试"和"五笔测试"三种形式的测试，在每种形式中都可以选择课程，还可以自定义课程。

在图 1-1-51 的右下角有一个"进步曲线"按钮，单击该按钮可以查看历史速度。也可以在图 1-1-24 的首页中单击"进步曲线"按钮，查看到自己的详细速度等信息，如图 1-1-52 所示。

图 1-1-52 进步曲线页面

思考及课后练习

1. 主板上可以连接哪些部件？

2. 键盘上的上挡字符如何输入？使用大小写字母锁定键后，观察键盘上 Cap Lock 指示灯有何变化？

3. 比较 Backspace 键和 Delete 键的区别。
4. 打字时打字员的双目是否要密切注视键盘？怎样才能养成良好的操作习惯？
5. 指法规定的基准键位是哪几个键？其他键位是怎样"包指到键"的？
6. 怎样实现中/英文输入法之间的快速切换？
7. 输入法中全角与半角模式的区别是什么？怎样实现它们之间的快速切换？
8. 使用金山打字通 2016 等练习软件，进行英文输入和中文字输入练习，达到入门级要求。

实训 2

WPS Office 2019 文字的基本操作

2.1 实训目的

- 掌握 WPS 文字启动和退出的方法。
- 掌握 WPS 文字文稿的建立、打开和保存的方法。
- 掌握字符和汉字的输入方法。
- 掌握输入、选定和编辑 WPS 文字文稿的方法。
- 掌握 WPS 文字文稿中的查找、替换和定位的功能。
- 掌握 WPS 文字文稿的保护、文件的查找等方法。

2.2 实训内容

2.2.1 创建一个新文档

1. 建立一个新文档

操作案例：在 D 盘新建一个自己的文件夹"考号-姓名(如 03-＊＊＊)"，再在该文件夹内建立一个 WPS 文字文稿"龙芯闪耀中国.docx"。

参考步骤

Step 1 启动 WPS Office 2019 文字，依次单击任务栏上的"开始"→"WPS Office"→"WPS Office ××版"(此处为 WPS Office 教育考试专用版)菜单命令，启动 WPS 文字。

Step 2 依次单击"新建"→"文字"→"新建空白文档"，即可创建新的空白文档。

Step 3 单击"保存"按钮，按照对话框提示完成。

2. 在使用 WPS 文字过程中，获得 WPS 文字帮助的方法

获得 WPS 文字帮助有两种方法：

方法 1：单击窗口右上角"更多操作 ：" → "帮助 ⑦ 帮助(H)"命令按钮。

方法 2：依次单击"文件" → "帮助" → "WPS 文字帮助"。

2.2.2 字符和汉字的输入

1. 输入文字

操作案列：输入文档"龙芯闪耀中国.docx"，内容如下：

龙芯闪耀中国——发布新产品 打造生态链

💻 **CNET 中国. ZOL【合作】**

日前，"龙芯新品发布暨合作伙伴大会"在北京朗丽兹西山花园酒店隆重举行。各界领导、专家出席并致辞。与会合作伙伴包括 200 余家公司代表，以及一线用户代表，会议总规模近一千人。央视新闻频道、新华社、人民日报等 60 余家媒体对本次发布活动进行了采访报道。

👆 **发布"芯"产品，站上新起点**

本次发布会最重要的看点就是龙芯新一代处理器架构产品的发布，包括龙芯正式推出了龙芯自主指令系统"Loong ISA"、龙芯新一代高性能处理器微结构"GS464E"、新一代处理器"龙芯 3A2000""龙芯 3B2000"以及龙芯基础软硬件标准及社区版操作系统"Loong NIX"。"龙芯"作为国产 CPU 的代表，其最大特色是体现了产品的自主研发，而龙芯这次发布的下一代处理器架构，则将国产 CPU 的自主研发水平跃升到了一个新的台阶。

👆 **打造"芯"生态，发力产业链**

本次发布会活动得到了龙芯上下游合作伙伴的鼎力支持。在这次大会上，龙芯除了发布新一代处理器产品外，龙芯生态圈内的数百家合作伙伴在服务器、桌面计算机、网络安全及工控等众多领域的技术产品与创新成果也进行了集中展示，国产自主可控产业链的各个重量级合作伙伴也全部出席。

👆 **龙芯发展分三步走**

龙芯发展的目标就是要打造自主的技术生态体系。如果把龙芯的发展历程做一个简略的划分，从 2001 年到 2009 年，可以称为天使投资阶段。这个阶段，龙芯的发展完全依靠国家投入，包括 863 计划、973 计划、自然科学基金、国家科技重大专项，以及中科院的知识创新工程，都对龙芯进行过投入，总经费接近 5 亿元。在这个阶段龙芯取得的主要成就是掌握了核心技术，但是开发并推出的，可以叫样品，还不能叫产品。

从 2010 年到 2014 年，属于 VC(创投)阶段，这个阶段在北京市政府牵头下，部分民营企业跟进，共对龙芯投入约 2 亿元。这个阶段，龙芯经历了从样品到产品，从实验室到企业的过渡，初步完成了与市场的结合。

从 2014 年下半年至今，属于 PE(股权投资)阶段，这个阶段龙芯的芯片销售收入有了高速增长，开始与市场形成互动。具有标志意义的事件是，龙芯得到了国内最大的私募基金鼎晖投资的资金投入，商业资本开始投资龙芯，意味着龙芯步入可持续发展阶段。

目前，龙芯形成三大产品系列：

龙芯 3 号系列定位高端市场，主要应用领域是 PC 和服务器 💻。对应的是英特尔的酷睿系列、至强系列。

龙芯 2 号系列定位于低端市场，主要应用市场是"智能移动终端"。对应的是英特尔的凌动(Atom)系列。

龙芯 1 号系列则面向单一的嵌入式应用，复杂的行业应用和开放的大众应用市场 Ⓧ，可以结合需求进行定制。在"十三五"期间，三个系列都在不断实现可控可持续发展，不断推出新产品，最终形成生态体系。

👆 《易经》有言，潜龙勿用，飞龙在天。金鳞终非池中物，一遇风云便化龙。我们衷心地期待，龙芯能够取得更长足的进步，真正实现国人飞龙在天的梦想！

龙芯志愿者协会
2022-5-1

> 参考步骤

Step 1　打开的 WPS 文字文稿窗口,闪烁着的插入点标明输入字符将出现的位置。
Step 2　按"Ctrl＋Shift"快捷键循环切换,选择"搜狗拼音输入法",输入正文中的汉字内容。输入文本时,插入点从左向右移动。
Step 3　按 Enter 键换行,可以开始一个新的段落或重新分段。
Step 4　按"Ctrl＋Space"快捷键进行中/英文输入法的切换,定位插入点,输入正文中的西文字母。
Step 5　按"Shift＋Space"快捷键进行全角/半角的转换,全角输入 CNET 和 ZOL。

> 补充说明

（1）定位插入点:按"Ctrl＋("快捷键表示将插入点上移一段;按"Ctrl＋("快捷键表示将插入点下移一段;按"Ctrl＋Home"快捷键表示将插入点移到文首;按"Ctrl＋End"快捷键表示将插入点移到文尾。
（2）进行全角/半角符号的转换和中/英文标点的切换:可以通过单击输入法工具栏上的 ☽ 和 ˚, 来完成。

2. 插入符号和特殊字符

操作案例:插入符号 ✉、💻、✂、🖳、✋、☝、✌。

> 参考步骤

依次选择"插入"→"符号"→"其他符号"命令选项,在弹出的"符号"对话框中,选择符号的"字体"分别为"Webdings"和"Wingdings"(图 1-2-1),逐一选择符号"✉、💻、✂、🖳、✋、☝、✌",单击"插入"按钮即可。

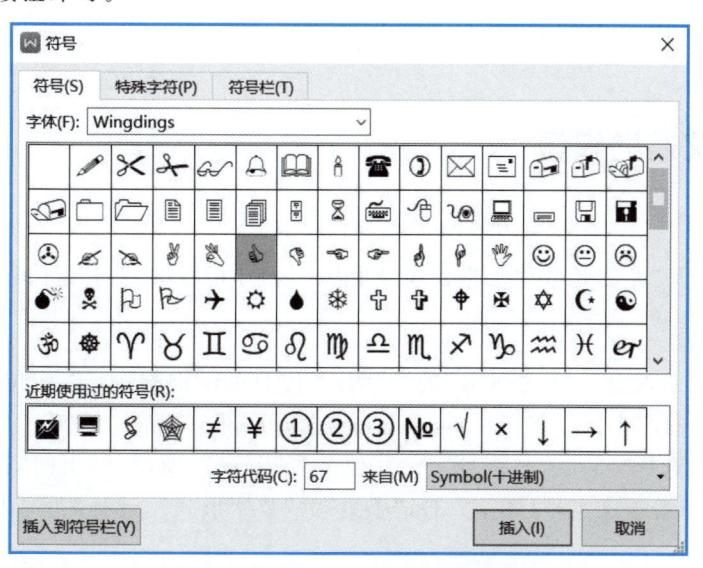

图 1-2-1　"字体"类别为"Wingdings"

2.2.3 保存新建文档

操作案例：保存"龙芯闪耀中国.docx"文件；保存位置为 D 盘自己的"学号-姓名"文件夹。

参考步骤

Step 1 依次选择"文件"→"保存"菜单命令或单击快速访问工具栏中的"保存"按钮，弹出"另存文件"对话框，如图 1-2-2 所示。

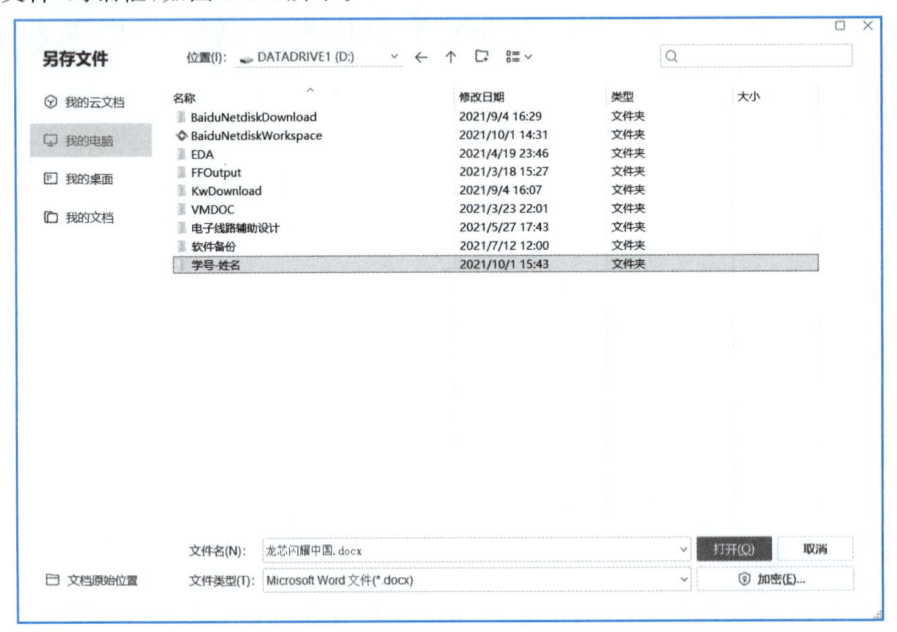

图 1-2-2 "另存文件"对话框

Step 2 输入文件名为"龙芯闪耀中国"；选择保存位置为 D 盘"学号-姓名"文件夹。
Step 3 单击"保存"按钮。

2.2.4 文档的编辑

1. 删除文本

操作案例：删除"龙芯 3 号""龙芯 2 号""龙芯 1 号"中的"3""2""1"，并插入"Ⅲ""Ⅱ""Ⅰ"。

参考步骤

Step 1 定位插入点于"龙芯 3 号"的"3"前面，按 Delete 键删除"3"；定位插入点于"龙芯 2 号"的"2"后面和"龙芯 1 号"的"1"后面，按退格键"Backspace"删除"2""1"。

Step 2 依次选择"插入"→"符号"→"其他符号"命令选项，在弹出的"符号"对话框中选择"字体"类别为"(普通文本)"(图 1-2-3)，"子集"为"数字形式"，选择"Ⅲ""Ⅱ""Ⅰ"，单击"插入"按钮即可输入。

图 1-2-3 "符号"对话框的"字体"及其"子集"

2. 改写文本

操作案例：改写"十三"为"ⅩⅢ"。

▶ 参考步骤

Step 1 右击状态栏"改写"按钮，改变输入模式为"改写"(该按钮为 改写 时为插入模式，为 改写 时为改写模式)。

Step 2 拖动选中"十三"。

Step 3 依次选择"插入"→"符号"→"其他符号"命令，在弹出的"符号"对话框中，选择符号的"字体"类别为"(普通文本)"，"子集"为"数字形式"(图 1-2-3)，分别选中符号"Ⅹ""Ⅲ"，单击"插入"按钮即可。或直接输入"ⅩⅢ"。

3. 查找与替换

操作案例：查找 loong，替换为 Loong，即把小写字母 l 改成大写字母 L，并在后面插入空格。

▶ 参考步骤

Step 1 定位插入点于文首。

Step 2 在"开始"选项卡中选择"编辑"→"替换"命令，弹出"查找和替换"对话框，如图 1-2-4 所示。

图 1-2-4 "查找和替换"对话框

Step 3 在"替换"选项卡的"查找内容"文本框中输入要查找的文本内容"loong",在"替换为"文本框中输入"Loong"。

Step 4 单击"全部替换"按钮,一次性完成替换。

> **补充说明**
>
> (1)"查找与替换"功能可以统计某个词出现的次数,如统计"龙芯"出现的次数。
> ①定位插入点于文首。
> ②在"开始"选项卡中选择"编辑"→"替换"命令,弹出"查找和替换"对话框。
> ③在"替换"选项卡的"查找内容"文本框中输入"龙芯",在"替换为"文本框中输入Loongson。
> ④单击"全部替换"按钮,提示的替换次数即为统计次数,如本例中的"38",如图1-2-5所示。
>
> 图1-2-5 利用"查找和替换"对话框统计词语出现的次数
>
> ⑤单击快速访问工具栏中的"撤销"按钮,取消替换。
>
> (2)利用"查找与替换"功能可以格式化某个词,如设置"龙芯"的颜色为红色,加着重号。
> ①定位插入点于文首。
> ②在"开始"选项卡中选择"编辑"→"替换"命令,弹出"查找和替换"对话框。
> ③在"替换"选项卡的"查找内容"下拉列表中输入"龙芯",在"替换为"下拉列表中输入"龙芯",如图1-2-6所示。
>
> 图1-2-6 利用"查找和替换"对话框进行格式替换

④单击"格式"下拉按钮,在下拉菜单中选择"字体"菜单命令,弹出"替换字体"对话框,如图1-2-7所示,选择字体颜色为"红色",带着重号"•"。

图1-2-7 "替换字体"对话框

⑤单击"确定"按钮,完成格式设置。
⑥单击"全部替换"按钮,完成格式化操作。

4. 移动文本

操作案例: 移动段落"CNET 中国·ZOL【合作】"到文尾。

参考步骤

Step 1 在文本选定区双击选中"CNET 中国·ZOL【合作】"所在的段落。
Step 2 右击选中的文本区,在弹出的快捷菜单中选择"剪切"菜单命令。
Step 3 按"Ctrl+End"快捷键,将插入点移到文尾。
Step 4 依次选择"编辑"→"粘贴"命令即可完成。

补充说明

复制文本与移动文本步骤基本相同,第2步选择"复制"命令即可。

2.2.5 另存修改后的文档

1. 设置系统自动保存时间间隔

操作案例: 设置自动保存时间间隔为5分钟。

> **参考步骤**

Step 1　依次选择"文件"→"选项"菜单命令,弹出"选项"对话框。

Step 2　勾选"备份中心"→"设置"选项卡中的"定时备份,时间间隔"复选框。

Step 3　调整间隔时间为"5 分钟"。

Step 4　单击"返回"按钮即可。

2. 原名保存

操作案例:原名保存文档"龙芯闪耀中国.docx"。

> **参考步骤**

直接单击"保存"按钮即可。

3. 换位置保存

操作案例:将修改后的文档另存在"C:\我的文档"中。

> **参考步骤**

Step 1　依次选择"文件"→"另存为"菜单命令,弹出"另存文件"对话框。

Step 2　指定保存位置为"C:\我的文档"。

Step 3　单击"保存"按钮。

2.2.6　WPS 文字文稿的保护、文件查找方法

1. 保护文档

操作案例:设置密码,保护文档"龙芯闪耀中国.docx"。

> **参考步骤**

Step 1　依次选择"文件"→"选项"菜单命令,在弹出的"选项"对话框中单击"安全性"选项卡,如图 1-2-8 所示。

Step 2　在"密码保护"选项组"打开权限"中的"打开文件密码"文本框中输入 Loongson,按 Enter 键。

Step 3　在"再次键入密码"文本框中再输入一遍相同的密码,为了防止忘记密码,可以在"密码提示"文本框中输入"龙芯"作为提醒,如图 1-2-8 所示,单击"确定"按钮完成设置。

2. 查找文档

操作案例:查找文档"龙芯闪耀中国.docx"。

> **参考步骤**

Step 1　单击快速访问工具栏中的"打开"按钮,弹出"打开文件"对话框,如图 1-2-9 所示。

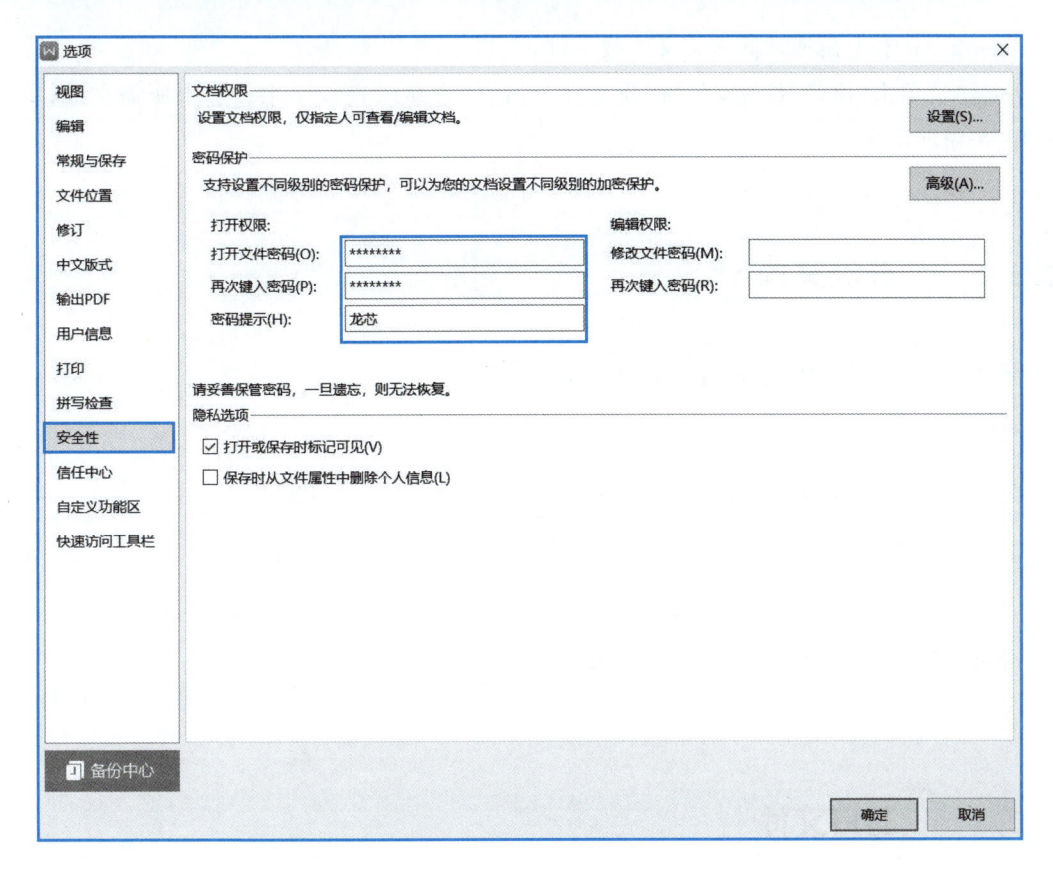

实训 2　WPS Office 2019 文字的基本操作

图 1-2-8　"安全性"选项卡

图 1-2-9　"打开文件"对话框

Step 2　在右上角搜索框内定义查找条件:龙芯。

Step 3　单击"搜索"按钮,在"打开文件"对话框中显示查找结果。选中所需文档,单击"打开"按钮即可完成。

2.2.7　关闭文件

操作案例: 关闭文档"龙芯闪耀中国.docx"。

参考步骤

单击标题栏上"关闭"按钮，退出WPS文字程序的同时关闭文档。

补充说明

　　退出WPS文字时,所有打开的文件都将被关闭。如果某个打开的文件被修改而没有保存,则在退出时WPS文字会提示是否要保存该文件。

2.2.8　打开文件

操作案例: 打开文件"龙芯闪耀中国.docx"。

参考步骤

Step 1　单击"打开"按钮，弹出"打开文件"对话框。

Step 2　查找到文档"龙芯闪耀中国.docx",单击"打开"按钮。

Step 3　在"密码"对话框中输入打开文档的密码,单击"确定"按钮即可打开文件。

思考及课后练习

1. 如何用查找和替换功能,将文章中某个词、句突出显示?
2. 如何用查找和替换功能,统计《红楼梦》中前八十回和后四十回中某个词的使用频率?
3. 如何删除文档保护密码?

实训 3 字符段落格式化

3.1 实训目的

- 掌握字符格式的设置。
- 掌握段落格式的设置。
- 掌握边框及底纹的应用。
- 了解模板和样式的创建。

3.2 实训内容

3.2.1 设置字符格式

1. 设置或改变字符的字体、字号、字形和颜色

操作案例：

(1) 将文档"龙芯闪耀中国.docx"的标题"龙芯闪耀中国"设置为三号、蓝色、华文行楷、加粗，其他字体为小五号、楷体。

(2) 选中"龙芯作为国产 CPU 的代表……跃升到了一个新的台阶。"，设置字体颜色为"金色，背景 2，深色 50%"。

(3) 将"本次发布会活动得到了龙芯上下游合作伙伴……合作伙伴也全部出席。"所在段中的右半部分矩形区域文字设置为默认底纹。

> 参考步骤

Step 1　在第一行左侧单击选择标题文字,使用"格式"工具栏进行设置,如图 1-3-1(a)所示。

Step 2　用鼠标拖动选择"龙芯作为国产 CPU 的代表……跃升到了一个新的台阶。",单击"开始"选项卡中"字体"选项组中的"字体颜色"按钮右侧的下拉按钮,在下拉列表中选择"金色,背景 2,深色 50％",如图 1-3-1(b)所示。

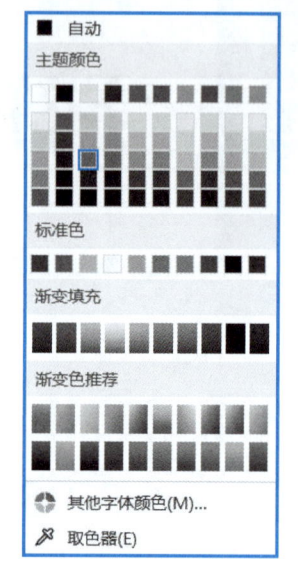

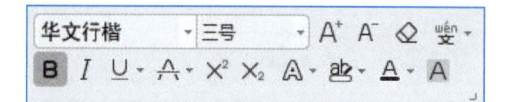

(a)"格式"工具栏　　　　　　　　　　　(b)"字体颜色"下拉列表

图 1-3-1　"格式"工具栏和"字体颜色"下拉列表

Step 3　按 Alt 键的同时拖动选择"本次发布会活动得到了龙芯上下游合作伙伴……合作伙伴也全部出席。"所在段中的右半部分的矩形区域,单击"字体"选项组中的"字符底纹"按钮即可完成。

2.设置或改变边框、底纹

操作案例:

(1)对标题字符加黄色、0.5 磅的单线边框。

(2)将"龙芯Ⅲ号系列定位高端市场,主要应用领域是 PC 和服务器。"所在行,设置黑色底纹和白色字体。

> 参考步骤

Step 1　选中标题文字"龙芯闪耀中国",在"段落"选项组中单击"边框"按钮右侧下拉按钮展开下拉列表,选择"边框和底纹",打开"边框和底纹"对话框,切换到"边框"选项卡,如图 1-3-2 所示。在"设置"选项组中选择"方框"选项,在"线型"列表框中选择单线,在"颜色"下拉列表中选择"黄色",在"宽度"下拉列表中选择"0.5 磅",在"应用于"下拉列表中选择"文字"选项,单击"确定"按钮。

Step 2　选中"龙芯Ⅲ号系列定位高端市场,主要应用领域是 PC 和服务器。"所在行,在"段落"选项组中单击"边框"按钮右侧下拉按钮展开下拉列表,选择"边框和底纹",打开"边框和底纹"对话框,切换到"底纹"选项卡,如图 1-3-3 所示。在"填充"颜色列表框中选择"黑色",在"应用于"下拉列表中选择"文字"选项,单击"确定"按钮。在"格式"工具栏中设置字体颜色为白色。

实训3　字符段落格式化

图 1-3-2　"边框"选项卡

图 1-3-3　"底纹"选项卡

3. 设置不同的字符间距

操作案例： 将正文"《易经》有言……"所在段中"风云"二字的字体设置为"华文彩云"，带"阴影"，将文本"我们衷心地期待"字符间距紧缩 0.01 厘米，"取得更长足的进步"的字符间距加宽 2 磅。

▶ 参考步骤

Step 1　双击选中"风云"一词，在"开始"选项卡的"字体"选项组中单击"字体"对话框启动器，弹出如图 1-3-4 所示的"字体"对话框，切换到"字体"选项卡。在"中文字体"下拉列表中选择"华文彩云"选项，单击"文字效果"按钮，打开"设置文本效果格式"对话框，如图 1-3-5 所示。单击"效果"选项卡，在下面功能窗格中的"阴影"预设下拉列表中选择"外部-右下斜偏移"，单击"确定"按钮。

图 1-3-4　"字体"选项卡

图 1-3-5　"设置文本效果格式"对话框

Step 2 选中文本"我们衷心地期待",打开"字体"对话框,切换到"字符间距"选项卡,如图 1-3-6 所示。设置字符间距为紧缩 0.01 厘米。

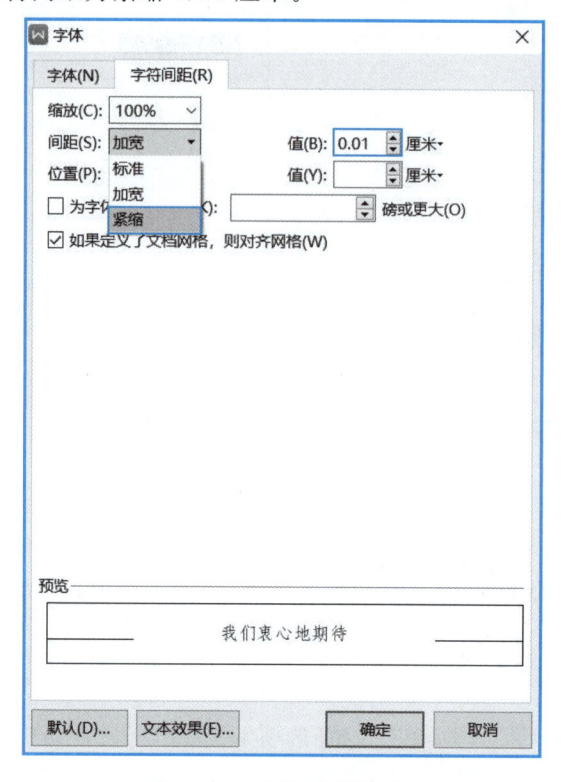

图 1-3-6 "字符间距"选项卡

Step 3 使用相似的操作将"取得更长足的进步"字符间距设置为加宽 2 磅。

3.2.2 设置段落格式

1. 设置段落缩进量

操作案例:

(1)将"打造'芯'生态,发力产业链"所在段段宽设置为 25 字符。

(2)将正文除 3,4,5,7 外的段落设置为首行缩进 2 字符,不能使用空格代替缩进。

参考步骤

Step 1 调整"文字八爪鱼"行间距。单击段落前的"段落布局"按钮可以调用"文字八爪鱼"功能。如果段落前没有按钮,可单击"段落"选项组中的"显示/隐藏段落布局"按钮调出。如图 1-3-7 所示,通过拖动段落调整框上的上下或左右小箭头,即可轻松调整段前间距、段后间距、左缩进以及右缩进;还可通过移动段落前两行行首的小竖线来调整首行缩进、悬挂缩进;单击右上角 或按 Esc 键退出"段落布局"功能。

Step 2 利用"段落"对话框设置段宽。在段中三击选中"打造'芯'生态,发力产业链"所在的段落,在"开始"选项卡"段落"选项组中单击"段落"对话框启动器,在弹出的"段落"对话框中,切换到"缩进和间距"选项卡,如图 1-3-8 所示,计算左、右缩进量:(40-25)/2=7.5 字符,

图 1-3-7 用"文字八爪鱼"调整间距

将结果输入"文本之前"和"文本之后"微调框,单击"确定"按钮即可设置段宽为 25 字符。

Step 3 依次选中除正文 3,4,5,7 外的段落,在"开始"选项卡"段落"选项组中单击"段落"对话框启动器,在弹出的"段落"对话框中,切换到"缩进和间距"选项卡,如图 1-3-8 所示。在"特殊格式"下拉列表中选择"首行缩进"选项,在"磅值"微调框中输入"2 字符",单击"确定"按钮即可。

2.调整段落间距

操作案例:

(1)设置副标题"——发布新产品 打造生态链"为段后 12 磅。

(2)设置正文第一段行间距"最小值"为 24 磅。

参考步骤

Step 1 选中副标题,在"开始"选项卡"段落"选项组中单击"段落"对话框启动器,在弹出的"段落"

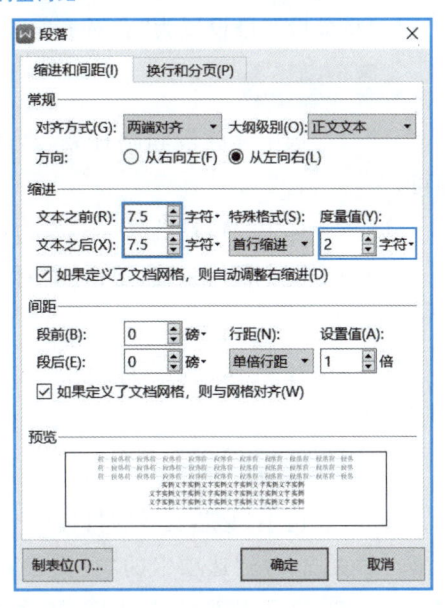

图 1-3-8 "缩进和间距"选项卡

对话框(图 1-3-9)"缩进和间距"选项卡的"段后"间距中输入 12 磅,单击"确定"按钮即可。

Step 2 选中正文第一段,在"开始"选项卡"段落"选项组中单击"段落"对话框启动器,在弹出的"段落"对话框(图 1-3-10)"缩进和间距"选项卡中选择"行距"种类为"最小值",输入"设置值"为"24 磅",单击"确定"按钮即可。

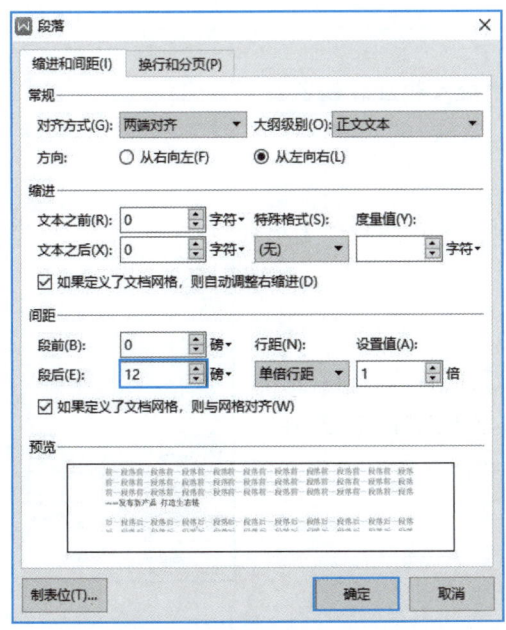

图 1-3-9 设置"段后"间距

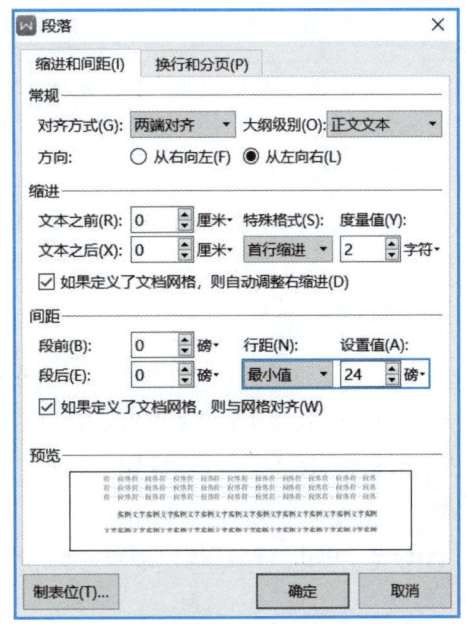

图 1-3-10 设置行距

3. 更改文本对齐方式

操作案例：

（1）将标题段和副标题段设置为"居中"对齐。

（2）将"打造'芯'生态，发力产业链"所在段设置为"分散对齐"。

（3）将最后三段设置为"右对齐"。

参考步骤

Step 1 选中标题段和副标题段，单击"开始"选项卡"段落"选项组中的"居中"按钮即可。

Step 2 选中"打造'芯'生态，发力产业链"所在段，单击"分散对齐"按钮完成设置。

Step 3 选中最后三段，单击"右对齐"按钮即可。

4. 分栏

操作案例： 将"龙芯发展的目标……还不能叫产品。"所在段分为两栏（需要分隔线），栏间距为2字符。

参考步骤

Step 1 选中"龙芯发展的目标……还不能叫产品。"段落，在"页面布局"选项卡的"页面设置"选项组中单击"分栏"按钮，在下拉列表中选择"更多分栏"选项，弹出"分栏"对话框，如图 1-3-11 所示，在"预设"选项组中选择"两栏"。

Step 2 勾选"分隔线"复选框。

Step 3 输入"间距"为"2字符"，单击"确定"按钮。

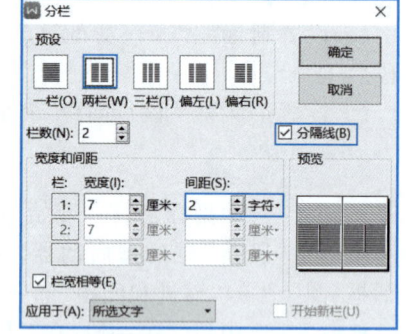

图 1-3-11 "分栏"对话框

补充说明

如果要设置三栏以上，可以直接在"栏数"中输入相应的数字。

5. 设置首字下沉

操作案例： 将"本次发布会……一个新的台阶。"所在段首字下沉3行，字体设置为"华文楷体"。

参考步骤

Step 1 定位插入点于"本次发布会……一个新的台阶。"所在的段落，在"插入"选项卡的"文本"选项组中单击"首字下沉"按钮，在弹出的对话框（图 1-3-12）中设置"下沉行数"为"3"，"字体"为"华文楷体"。

Step 2 单击"确定"按钮即可。

图 1-3-12 "首字下沉"对话框

3.2.3 添加和修改边框及底纹

1. 添加文字边框和底纹

操作案例： 为首字下沉文字"本"设置 0.75 磅双线边框，无填充色，底纹图案样式为"20％"，图案颜色为"暗板岩蓝，文本 2，浅色 80％"。

参考步骤

Step 1 选中"本"字。

Step 2 在"段落"选项组中单击"边框和底纹"按钮，在下拉列表中选择"边框和底纹"选项，在弹出的对话框中切换到"边框"选项卡，如图 1-3-13 所示。

Step 3 边框类型"设置"为"方框"，选择"线型"为"双线"，"宽度"为"0.75 磅"。

Step 4 切换到"底纹"选项卡，如图 1-3-14 所示，"填充"颜色为"没有颜色"，图案"样式"为"20％"，图案"颜色"为"暗板岩蓝，文本 2，浅色 80％"。

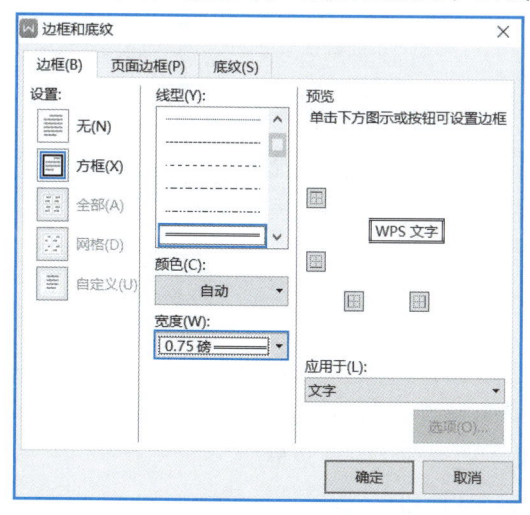

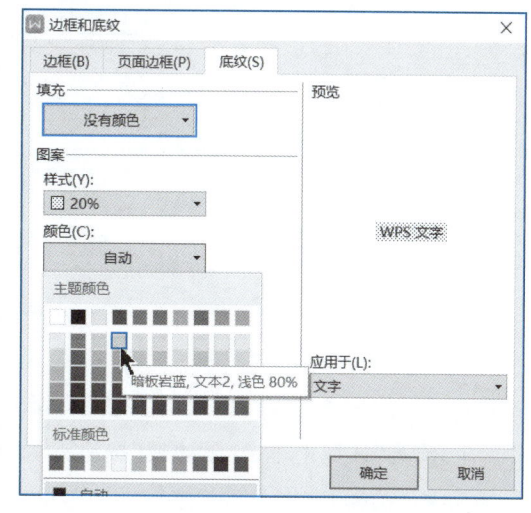

图 1-3-13 "边框"选项卡　　　　图 1-3-14 "底纹"选项卡

Step 5 选择"应用于"为"文字"，单击"确定"按钮。

2. 添加段落边框和底纹

操作案例： 为"本次发布会……合作伙伴也全部出席。"所在的段落添加蓝色 1.5 磅单线边框，正文距离边框上、下、左、右各 3 磅，底纹填充"印度红，着色 2，浅色 60％"，样式为 10％。

参考步骤

Step 1 选中"本次发布会……合作伙伴也全部出席。"所在的段落。

Step 2 在"段落"选项组中单击"边框和底纹"按钮，在下拉列表中选择"边框和底纹"选项，在弹出的对话框中切换到"边框"选项卡。

Step 3 边框类型"设置"为"方框"，选择"线型"为"单线"，颜色为"蓝色"，"宽度"为"1.5 磅"。

Step 4 单击"选项"按钮，弹出"边框和底纹选项"对话框，如图 1-3-15 所示。设置边框距正文"上""下""左""右"各"3 磅"，单击"确定"按钮。

Step 5　切换到"底纹"选项卡,"填充"颜色为"印度红,着色 2,浅色 60%",图案"样式"为"10%",图案"颜色"为"自动"。

Step 6　选择"应用范围"为"段落",单击"确定"按钮完成。

3. 添加页面边框

操作案例:将页面边框宽度设置为 15 磅,如图 1-3-16 所示的三面艺术型边框。

参考步骤

Step 1　在文档选定区三击选中全文。

Step 2　在"段落"选项组中单击"边框和底纹"下拉按钮,在下拉列表中选择"边框和底纹"选项,在弹出的"边框和底纹"对话框中,切换到"页面边框"选项卡,如图 1-3-16 所示。

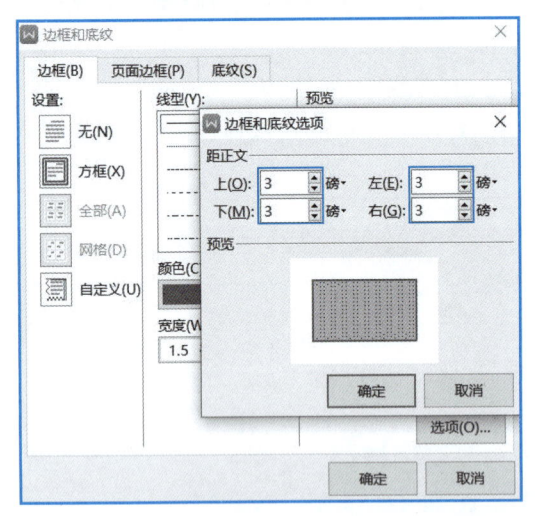

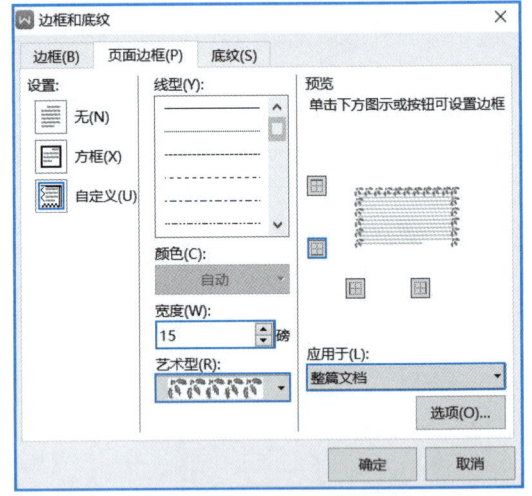

图 1-3-15　"边框和底纹选项"对话框

图 1-3-16　"页面边框"选项卡

Step 3　边框类型设置为"自定义",选择如图 1-3-16 所示的"艺术型"边框,"宽度"为"15 磅"。在"预览"区域中单击"下边线"按钮,去除下边线成为三面边框。

Step 4　选择"应用于"为"整篇文档",单击"确定"按钮。

3.2.4　创建并应用样式模板

操作案例:创建并应用样式制作公司报价单(样式是格式的集合)。报价单信息如下:

经销厂家	售价	代号
联想电脑	9,800	LX114
IBM 电脑	12,500	HF201
DELL 电脑	8,400	AH117
COMPAQ 电脑	11,300	KP230
神舟电脑	4,999	SZ150

1. 创建样式

参考步骤

Step 1 在"开始"选项卡的"样式"选项组中单击"样式和格式"对话框启动器，在弹出的"样式和格式"任务窗格(图1-3-17)中单击"新样式..."按钮，弹出"新建样式"对话框，如图1-3-18所示。

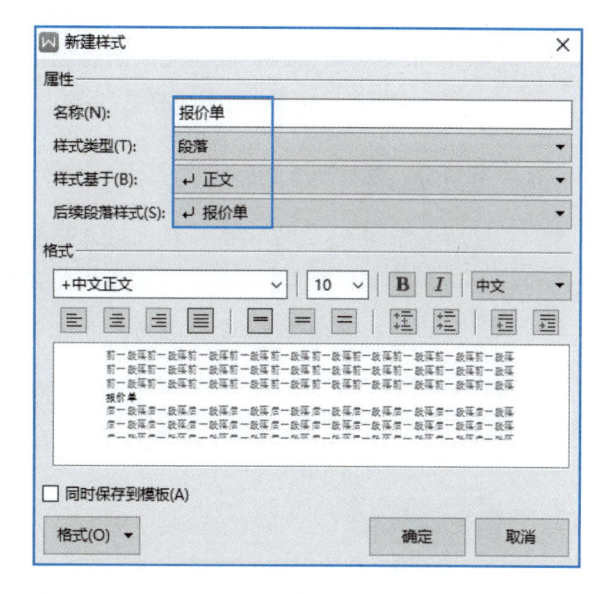

图1-3-17 "样式和格式"任务窗格

图1-3-18 "新建样式"对话框

Step 2 设置样式四要素。输入样式"名称"为"报价单"；选择"样式类型"为"段落"；选择"样式基于"为"正文"；"后续段落样式"为"报价单"。

2. 设置样式的格式

参考步骤

Step 1 设置段落格式。在"新建样式"对话框中，依次选择"格式"→"段落"菜单命令，弹出"段落"对话框，设置行间距"最小值"为"0磅"。

Step 2 设置制表位格式。在"新建样式"对话框中，依次选择"格式"→"制表位"菜单命令，弹出"制表位"对话框，如图1-3-19所示。

- "制表位位置"为"2字符"；选择"对齐方式"为"左对齐"；选择"前导符"为"1 无"，单击"设置"按钮。

- "制表位位置"为"6厘米"；选择"对齐方式"为"小数点对齐"；选择"前导符"为"1 无"，单击"设置"按钮。

图 1-3-19 "制表位"对话框

- "制表位位置"为"10 厘米";选择"对齐方式"为"右对齐";选择"前导符"为"5 ……",单击"设置"按钮。单击"确定"按钮完成制表位设置。

Step 3 单击"确定"按钮完成格式设置。

> **补充说明**
>
> （1）清除制表位：在水平标尺上用鼠标将制表位拖出标尺即可。也可在"制表位"对话框的"制表位位置"列表框中选中要清除的制表位后，单击"清除"按钮。
>
> （2）更改制表位位置：直接拖动制表符可以粗略调整；也可在"制表位"对话框中选择清除后重新设置。

3. 修改样式

参考步骤

Step 1 在"开始"选项卡的"样式"选项组中单击"样式和格式"对话框启动器，在"样式和格式"任务窗格的"报价单"右侧的下拉菜单中选择"修改"菜单项，弹出"修改样式"对话框。

Step 2 在"修改样式"对话框中依次选择"格式"→"字体"菜单命令，弹出"字体"对话框。

Step 3 设置中文字体为"楷体_GB 2312""四号"，英文字体为 Impact。

Step 4 单击"确定"按钮保存样式更改。

Step 5 在"修改样式"对话框中单击"确定"按钮。

4. 应用样式

参考步骤

Step 1 定位一空行，在"开始"选项卡的"样式"选项组中单击"样式和格式"对话框启动器，在"样式和格式"任务窗格中选择"报价单"选项。

Step 2 输入五段正文内容。输入"经销厂家"后，按 Tab 键自动跳转到下一个"小数点对齐制表位"处，输入"售价"，再按 Tab 键跳转到"居中制表位"处，输入"代号"。其余各段操作相同。

3.2.5 创建并应用模板

操作案例: 用模板建立一个"诗歌灯谜"文件(模板是样式的集合),如图 1-3-20 所示。

图 1-3-20 诗歌灯谜

样式要求:

(1)8 段共同格式:字号为小五号,居中对齐,行间距设置为最小值"12 磅"。

(2)各段特有格式为:

样式 1:双线边框,黑色,文本 1,浅色 15% 底纹,段落左、右各缩进 14 个字符,白色字体,后续样式 2。

样式 2:黑色,文本 1,浅色 50% 底纹,段落左、右各缩进 10 个字符,行距为 12 磅,白色字体,后续样式 3。

样式 3:白色,背景 1,深色 25% 底纹,段落左、右各缩进 6 个字符,行距为 14 磅,黑色字体,后续样式 4。

样式 4:白色,背景 1,深色 15% 底纹,段落左、右各缩进 4 个字符,行距为 20 磅,黑色字体,后续样式 5。

样式 5:基准样式 3,后续样式 6。

样式 6:基准样式 2,后续样式 7。

样式 7:基准样式 1,后续样式 8。

样式 8:底纹的图案样式为"浅色竖线",左、右各缩进 15.5 个字符,行距为 24 磅,后续样式为正文。

参考步骤

Step 1 依次单击"文件"→"新建"→"本机上的模板",在"模板"对话框中选择"空文档",新建"模板"。在"开始"选项卡的"样式"选项组中单击"样式和格式"对话框启动器,逐一新建八种样式。

Step 2 更改设置段落后续样式,保存模板"诗歌灯谜.dotx"。

Step 3 应用模板。依次单击"文件"→"新建"→"本机上的模板",在"模板"对话框中选择"诗歌灯谜.dotx",新建文档。逐段输入文字,保存"诗歌灯谜.docx",即可完成"诗歌灯谜"文档制作。

思考及课后练习

1. "边框和底纹"有哪几种设置方式？
2. 怎样删除"边框和底纹"、"首字下沉"和"分栏"效果？
3. "样式"和"模板"的区别和联系是什么？

实训 4 表格和图形的绘制

4.1 实训目的

- 掌握表格创建和删除的方法。
- 掌握修改表格的各种方法。
- 掌握表格格式的设置方法。
- 掌握在表格中添加、修改底纹或填充色的方法。
- 掌握用公式进行表格计算的方法。
- 掌握表格中单元格序号的编排以及表格的排序。
- 掌握添加图形对象、改变图形对象的大小以及删除图形对象的方法。
- 了解使用"绘图工具"选项卡中的工具美化图形对象。

4.2 实训内容

4.2.1 创建和删除表格

1. 创建表格

操作案例:创建"学生成绩表",如图 1-4-1 所示。

姓名	大学英语	计算机基础	高等数学	Protel 99
高厚学	83	75	86	88
刘明德	76	81	78	84
谢行知	87	92	90	96
张洋洋	94	89	85	82
徐思瑾	68	71	77	95

图 1-4-1 学生成绩表

参考步骤

Step 1 依次选择"插入"→"表格"→"插入表格"命令选项,弹出"插入表格"对话框,如图 1-4-2 所示,设置列数、行数分别为 5、6,单击"确定"按钮。

Step 2 定位插入点,按图 1-4-1 所示输入表格的内容。

2. 删除表格

单击表格全选按钮,选中整个表格,依次选择"表格工具"→"布局"→"删除"→"删除表格"命令选项。

注: 删除后,再按"Ctrl+Z"快捷键撤销,以便后续操作。

图 1-4-2 "插入表格"对话框

4.2.2 修改表格

1. 插入和删除行或列

操作案例: 删除表格第五行,在最下方增加一个新的空行;在表格的最左侧增加"学号"列,右侧增加"总分"列。

参考步骤

Step 1 在第五行左侧单击,选中第五行,或定位插入点于该行,依次选择"表格工具"→"删除"→"删除行"命令选项,删除该行。

Step 2 将插入点定位在表格的最后一行,依次选择"表格工具"→"在下方插入行"命令选项,在表格的最下方增加一个新的空行。

Step 3 将插入点定位在 Protel 99 列,依次选择"表格工具"→"在右侧插入列"命令选项,在表格的最右侧增加一列,在表头输入"总分"。用同样的方法在左侧增加一列,并在表头输入"学号",并输入该列数据,得到如图 1-4-3 所示的新表格。

	A	B	C	D	E	F	G
1	学号	姓名	大学英语	计算机基础	高等数学	Protel 99	总分
2	061701	高厚学	83	75	86	88	
3	061729	刘明德	76	81	78	84	
4	061768	谢行知	87	92	90	96	
5	061735	徐思瑾	68	71	77	95	
6							

图 1-4-3 插入和删除行和列后的学生成绩表

2. 插入和删除单元格

操作案例：删除表格右下角的单元格,观察效果后撤销删除操作。

> **参考步骤**

Step 1　将插入点定位于右下角的单元格。

Step 2　在单元格内右击,在弹出的快捷菜单中选择"删除单元格"命令或依次选择"表格工具"→"删除"→"单元格"命令选项,弹出如图1-4-4所示的对话框。

Step 3　选择删除方式后,单击"确定"按钮。

Step 4　单击"快速访问工具栏"中的"撤销"按钮 ↻ ,取消刚才的删除操作。

3. 调整行高、列宽

操作案例：指定第一列和最后一列宽度为1.3厘米,第一行的行高为1.6厘米。其余行的行高0.75厘米,其余列的列宽为1.8厘米。

> **参考步骤**

Step 1　将鼠标放在第一列的正上方,鼠标状态变成一个向下的箭头时单击,选中第一列,在选中区域内右击,在弹出的快捷菜单中选择"表格属性"命令,在弹出的"表格属性"对话框中切换到"列"选项卡,如图1-4-5所示设置"指定宽度"为"1.3厘米"。用同样的方法选定并设置最后一列和其余列的列宽。

图1-4-4　"删除单元格"对话框　　　　图1-4-5　"列"选项卡

Step 2　选中第一行,依次选择"表格工具"→"表格属性"选项组,设置"高度"为"1.6厘米"。用同样的方法选定并设置其余行的行高为0.75厘米。

> **补充说明**
>
> 将鼠标指针移到表格行(或列)线上,鼠标指针变成双向箭头时,拖动鼠标将行高或列宽粗略调整为合适的大小。

4. 合并单元格

操作案例：合并C1,D1,E1,F1单元格。

参考步骤

Step 1 拖动选择需要合并的单元格。

Step 2 依次选择"表格工具"→"合并单元格"命令选项完成单元格合并。

5. 拆分单元格

操作案例：将合并后的单元格拆分为 2 行，再将拆分后的下面一个单元格拆分为 4 列。

参考步骤

Step 1 选中合并后的单元格，依次选择"表格工具"→"拆分单元格"命令选项，弹出"拆分单元格"对话框，如图 1-4-6 所示。拆分单元格为 1 列 2 行，单击"确定"按钮完成单元格的拆分。

Step 2 选中上一步拆分后的下面一个单元格，依次选择"表格工具"→"拆分单元格"命令选项，拆分单元格为 4 列 1 行，单击"确定"按钮完成单元格的拆分。

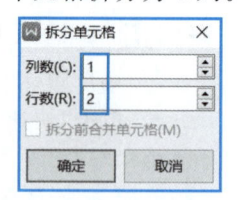

图 1-4-6 "拆分单元格"对话框

Step 3 输入内容，调整拆分后的 2 行行高为 0.8 厘米，结果如图 1-4-7 所示。

学号	姓名	科目成绩				总分
		大学英语	计算机基础	高等数学	Protel 99	
061701	高厚学	83	75	86	88	
061729	刘明德	76	81	78	84	
061768	谢行知	87	92	90	96	
061735	徐思瑾	68	71	77	95	

图 1-4-7 合并和拆分单元格后的学生成绩表

4.2.3 表格格式的设置

1. 自动设置表格格式

操作案例：将"学生成绩表"设置成"无样式,网格型"格式，如图 1-4-8 所示。

学号	姓名	科目成绩				总分
		大学英语	计算机基础	高等数学	Protel 99	
061701	高厚学	83	75	86	88	
061729	刘明德	76	81	78	84	
061768	谢行知	87	92	90	96	
061735	徐思瑾	68	71	77	95	

图 1-4-8 学生成绩表自动设置表格格式效果

参考步骤

Step 1 全选表格，然后依次选择"表格样式"→"其他"菜单命令，弹出"预设样式"列表框,如图 1-4-9 所示。

图 1-4-9 "预设样式"列表框

Step 2 在"最佳匹配"列表框中选择"无样式,网格型"选项,结果如图 1-4-8 所示。

2. 给表格添加边框

操作案例: 将"学生成绩表"设置为 1.5 磅绿色双线外部框线,第一行添加"白色,背景 1,深色-25％"底纹,字体为楷体_GB 2312,字号为小四号,结果如图 1-4-10 所示。

学号	姓名	科目成绩				总分
		大学英语	计算机基础	高等数学	Protel 99	
061701	高厚学	83	75	86	88	
061729	刘明德	76	81	78	84	
061768	谢行知	87	92	90	96	
061735	徐思瑾	68	71	77	95	

图 1-4-10 学生成绩表加边框效果

参考步骤

Step 1 拖动选择第一行,单击"表格工具"→"表格样式"选项组中的"底纹"按钮,右侧的下拉按钮,选择"白色,背景 1,深色-25％",如图 1-4-11 所示。

Step 2 选中第一行,在"开始"选项卡的"字体"选项组中,单击"字体"下拉列表中的"楷体_GB 2312"选项,在"字号"下拉列表中选择"小四"选项。

Step 3 选择整张表格,单击"表格工具"→"表格样式"选项组中的"边框"按钮,在下拉列表中选择"边框和底纹",打开"边框和底纹"对话框,如图 1-4-12 所示。在"设置"类别中选择"自定义",在"样式"下拉列表中选择"双线",在"宽度"下拉列表中选择"1.5 磅",单击"颜色"

下拉按钮,选择"绿色",在"预览"区域,分别单击上、下、左、右外部框线按钮完成设置,结果如图 1-4-10 所示。

图 1-4-11 "底纹"下拉菜单

图 1-4-12 "边框"选项卡

> **补充说明**
>
> 在"底纹"选项卡中可以设置表格或单元格的底纹,如将右下角单元格的底纹"图案"样式设置为"深色上斜线"。

3. 设置表格单元格中文本的对齐方式

操作案例:将"学生成绩表"单元格中的文本设置为"水平居中"。

参考步骤

Step 1 选中整张表格。

Step 2 右击表格,在弹出的快捷菜单中选择"单元格对齐方式"菜单中的"水平居中"命令。

> **补充说明**
>
> 选择整张表格,依次选择"表格工具"→"对齐方式"下拉列表中的"水平居中"按钮,可以使整张表格水平和垂直居中对齐显示,如图 1-4-13 所示。

图 1-4-13 "对齐方式"下拉列表

4.2.4 文本与表格互换

操作案例： 将下列 5 行文字转换成一个 5 行 2 列的表格，如图 1-4-14 所示。

```
学号        姓名
061701      高厚学
061729      刘明德
061768      谢行知
061735      徐思瑾
```

学号	姓名
061701	高厚学
061729	刘明德
061768	谢行知
061735	徐思瑾

图 1-4-14 转换表格效果

参考步骤

Step 1 定位插入点，输入以上文本。

Step 2 选中这 5 行文字。

Step 3 依次选择"插入"→"表格"→"文本转换成表格"菜单命令，弹出"将文字转换成表格"对话框，如图 1-4-15 所示。

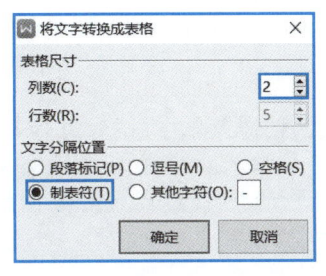

图 1-4-15 "将文字转换成表格"对话框

Step 4 在"表格尺寸"中设置"列数"为"2"，"文字分隔位置"设置为"制表符"，则该段文字便转换成了一个 5 行 2 列的表格，适当调整列宽，效果如图 1-4-14 所示。

补充说明

表格转换成文字的步骤请读者自行练习。

4.2.5 添加图形对象、改变图形对象的大小以及删除图形对象

操作案例： 绘制"彩云追月"的图形并组合成一个整体，如图 1-4-16 所示。

(a)   (b)

图 1-4-16   彩云追月

1. 添加图形对象

参考步骤

Step 1   绘制自选图形，具体操作步骤如下：

(1) 在"插入"选项卡的"插图"选项组中依次选择"形状"→"基本形状"菜单命令，选择"新月形"选项，在适当位置拖动"十"字形光标画图。

(2) 依次选择"形状"→"标注"菜单命令，选择"云形标注"选项，在适当位置拖动"十"字形光标画图。

(3) 依次选择"形状"→"星与旗帜"菜单命令，选择"十字星"选项，在适当位置拖动"十"字形光标画两颗星星，一个在云朵左上方，一个在云朵右下方。

Step 2   将文字插入自选图形，操作如下：

右击其他非标注自选图形，在弹出的快捷菜单中选择"编辑文字"菜单命令，可以添加或修改文字。

2. 改变图形对象的大小

操作案例：将"云形标注"图形的高度设置为 1.1 厘米，宽度设置为 2.86 厘米。

参考步骤

右击"云形标注"图形，在弹出的快捷菜单中选择"其他布局选项"菜单命令，在弹出的"布局"对话框中切换到"大小"选项卡，如图 1-4-17 所示，精确调整图形的高度和宽度。

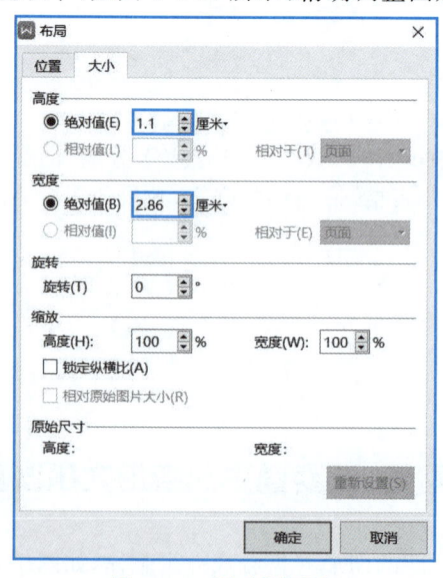

图 1-4-17   "大小"选项卡

> **补充说明**
>
> 粗略调整：直接拖动控制点至合适大小，注意文字和图形结合的效果。

3. 删除图形对象

操作案例：删除距离月亮远的那颗星星。

参考步骤

右击要删除的星星，在弹出的快捷菜单中选择"剪切"菜单命令。

> **补充说明**
>
> 选中要删除的图形，按 Delete 键也可删除。

4.2.6 使用"绘图工具"选项卡中的工具美化图形对象

1. 改变"线条颜色"和"填充颜色"

操作案例：给星星和月亮填充黄色，线条设置为黄色。

参考步骤

Step 1 按 Shift 键分别选中星星和月亮，在"绘图工具"选项卡中单击"轮廓"按钮 右侧的下拉按钮，在下拉列表中选择"黄色"选项。

Step 2 别选中星星和月亮，在"绘图工具"选项卡中单击"填充"按钮 右侧的下拉按钮，在下拉列表中选择"黄色"选项。

2. 添加、改变或取消图形对象的阴影

操作案例：给"云形标注"图形添加阴影，设置为"外部-右下斜偏移"，注意根据月亮的位置来调整阴影的位置。

参考步骤

Step 1 添加图形对象的阴影：选中"云形标注"后，在"绘图工具"选项卡中依次单击"形状效果"→"阴影"按钮，在下拉菜单中选择"外部-右下斜偏移"选项。单击"更多设置"按钮，在右侧"属性"任务窗格中的"形状选项"选项卡下的"效果"选项中可以微调阴影的透明度、大小和距离等效果，如图 1-4-18 所示。

Step 2 取消图形对象的阴影：选中图形后，依次单击"形状效果"→"阴影"按钮，在下拉列表中选择"无阴影"选项即可。

图 1-4-18 "属性"任务窗格

3. 组合图形

按 Shift 键的同时逐个单击,选中要组合的图形,在"绘图工具"选项卡中单击"组合"按钮 组合 右侧的下拉按钮,在下拉列表中选择"组合"命令即可完成。

思考及课后练习

1. 如何绘制斜线表头,有几种方法?
2. 怎样旋转图形?
3. 使用公式求图 1-4-10 中每门功课的平均分。

实训 5
图文混排与页面设置

5.1 实训目的

- 掌握插入、编辑和处理图片的方法。
- 掌握创建和编辑艺术字的基本方法。
- 掌握页面编排以及页面设置的基本方法。
- 掌握文件打印的基本方法。

5.2 实训内容

5.2.1 插入、编辑和处理图片

1. 插入图片

操作案例: 在"龙芯闪耀中国.doc"一文中插入三幅图片,如图 1-5-1～图 1-5-3 所示。

图 1-5-1 龙芯中科 LOGO

图 1-5-2 龙芯 3-A

图 1-5-3　龙芯中科技术有限公司

参考步骤

Step 1　准备图片。

上网搜索并下载有关龙芯中科的图片,保存到"此电脑"的"图片"文件夹中或按"Print Screen"键进行屏幕抓图。

Step 2　插入图片。

定位插入点,屏幕抓图后,在插入点处右击,在弹出的快捷菜单中选择"粘贴"菜单选项,或者在"插入"选项卡中单击"图片"按钮,在弹出的"插入图片"对话框中指定"位置"为"图片"文件夹,选择要插入的图片,单击"打开"按钮即可。

2. 图文混排

操作案例： 分别按要求设置如下排版效果。

(1)将第一幅图片(图 1-5-1)的位置设置为水平和垂直绝对位置 0 厘米;文字环绕方式设置为"紧密型",距正文左、右都为 0.3 厘米;图片高度为 2.5 厘米。

(2)将第二幅图片(图 1-5-2)的位置设置为水平绝对位置 5 厘米和垂直绝对位置 0 厘米;文字环绕方式设置为"四周型",图片高度为 2 厘米。

(3)将第三幅图片(图 1-5-3)的位置设置为水平绝对位置 0 厘米和垂直绝对位置 2 厘米;文字环绕方式设置为"衬于文字下方","水印"效果,水平"居中"对齐。

设置的结果如图 1-5-4 所示。

参考步骤

Step 1　选中图 1-5-1,在"图片工具"选项卡中单击"大小和位置"对话框启动器,弹出"布局"对话框,切换到"位置"选项卡,水平绝对位置和垂直绝对位置都设置为 0 厘米;切换到"文字环绕"选项卡,设置"环绕方式"为"紧密型","距正文"的"左""右"距离都设置为"0.3 厘米";切换到"大小"选项卡,设置图片高度为 2.5 厘米,其余设置保持默认,单击"确定"按钮,如图 1-5-5 所示。或在"图片工具"选项卡中单击"环绕"按钮,在下拉菜单中选择"紧密型环绕"完成相应设置。

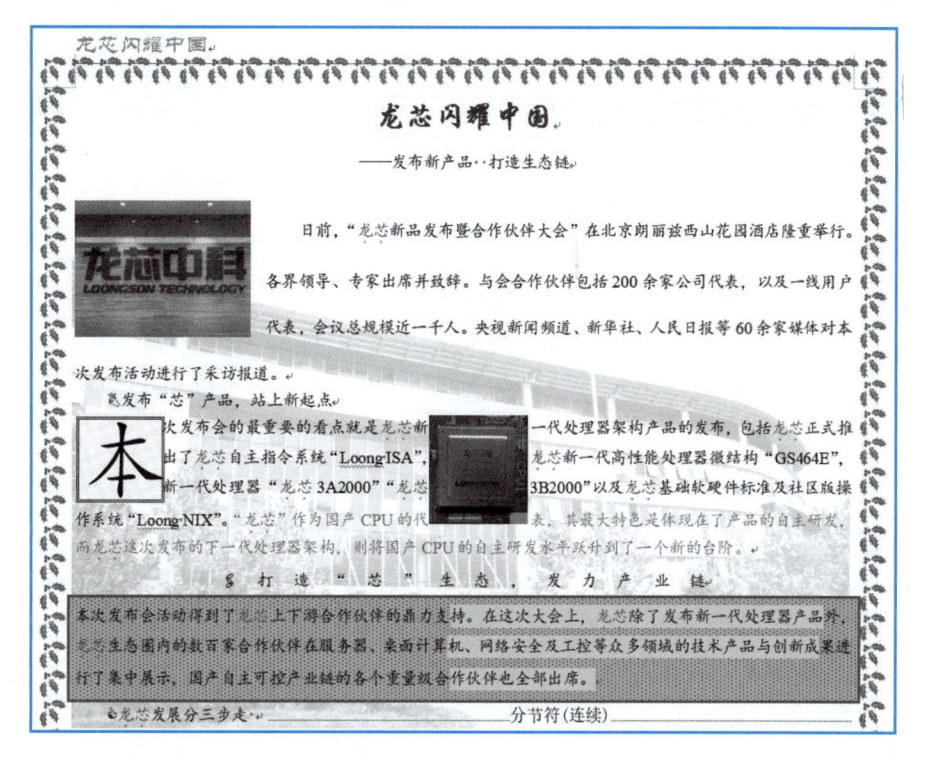

图 1-5-4　图文混排效果

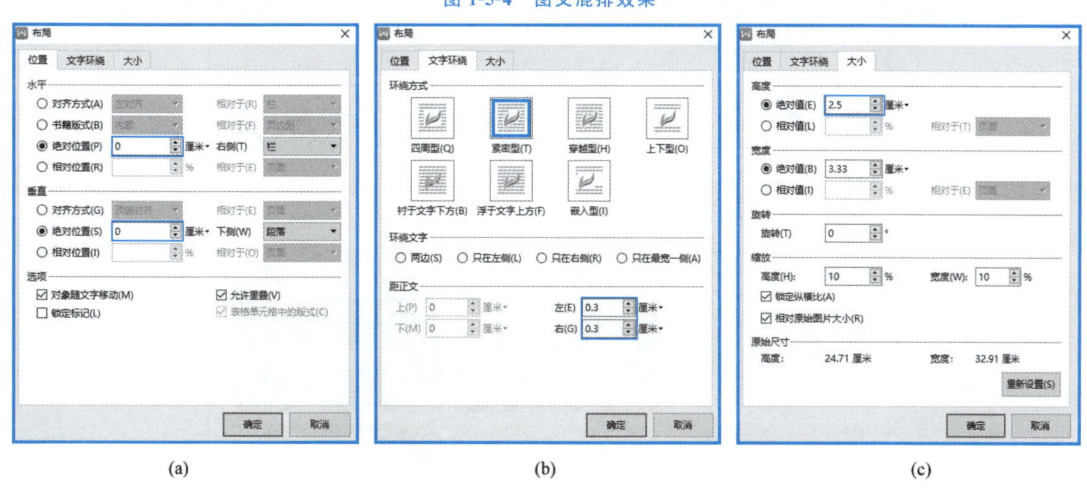

图 1-5-5　"布局"对话框

Step 2　选中图 1-5-2 所示图片,在"图片工具"选项卡中单击"大小和位置"对话框启动器,弹出"布局"对话框,切换到"位置"选项卡,水平绝对位置设置为 5 厘米,垂直绝对位置设置为 0 厘米;切换到"文字环绕"选项卡,设置"环绕方式"为"四周型";切换到"大小"选项卡,设置图片高度为 2 厘米,其余设置保持默认,单击"确定"按钮。

Step 3　在"页面布局"选项卡中单击"背景"按钮,在下拉菜单中单击"水印",然后在下拉菜单中选择"插入水印",在弹出的"水印"对话框中勾选"图片水印"复选框,单击"选择图片"按钮,在"选择图片"对话框中查找水印图片(见图 1-5-3)并插入,选择缩放比例和冲蚀效果。进入"页眉和页脚"编辑模式,选中水印图片,在"位置"选项卡中设置水平绝对位置为 0 厘米,垂直绝对位置为 2 厘米;文字环绕方式设置为"衬于文字下方",水平"居中"对齐。

5.2.2 插入并编辑艺术字

1. 插入艺术字

操作案例： 制作龙芯宣传图标（图1-5-6），插入后设置其环绕方式为衬于文字下方。

图1-5-6　宣传图标

参考步骤

Step 1 在"插入"选项卡中单击"形状"按钮，在"基本形状"组中选择"同心圆"图形，按住Shift键绘制线条粗细为3磅的"同心圆"，高度和宽度均为4.2厘米，无填充色；同理绘制"心形"图形，设置填充颜色和线条颜色都为"红色"，高度和宽度均为1.4厘米。

Step 2 在"插入"选项卡中单击"艺术字"按钮，在下拉列表中选择如图1-5-7所示艺术字样式。

图1-5-7　"艺术字"下拉列表

Step 3 在文档中单击，插入"艺术字"文本框，输入"驿动龙芯·闪耀中国"，如图1-5-8所示。选中文字，设置"字体"为"方正姚体"，"字号"为"28"。同理输入"永远的呵护"艺术字，"字号"为"16"。

Step 4 选中输入的艺术字，在"文本工具"选项卡中设置文本填充颜色和文本轮廓颜色都为"红色"，文本阴影效果为"无阴影"，如图1-5-9所示。

图 1-5-8　编辑"艺术字"文本框

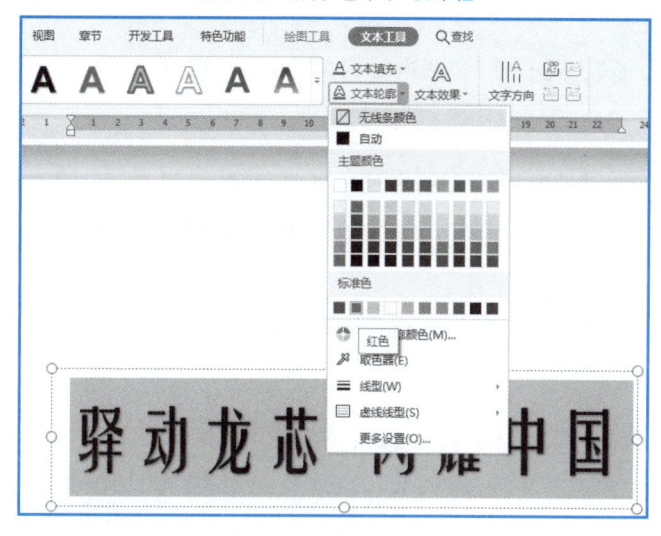

图 1-5-9　设置艺术字格式

2. 设置艺术字形状、大小和位置

操作案例：改变艺术字形状和大小，"驿动龙芯·闪耀中国"文本效果为"转换"→"上弯弧"，大小为 4.5 cm×7 cm；"永远的呵护"的大小为 3.4 cm×1.4 cm，并调整它们同图形"同心圆"和"心形"的位置关系。

参考步骤

Step 1　单击输入的艺术字，在"文本工具"选项卡中设置"文本效果"为"转换"→"上弯弧"，如图 1-5-10 所示，大小为 4.5 cm×7 cm。

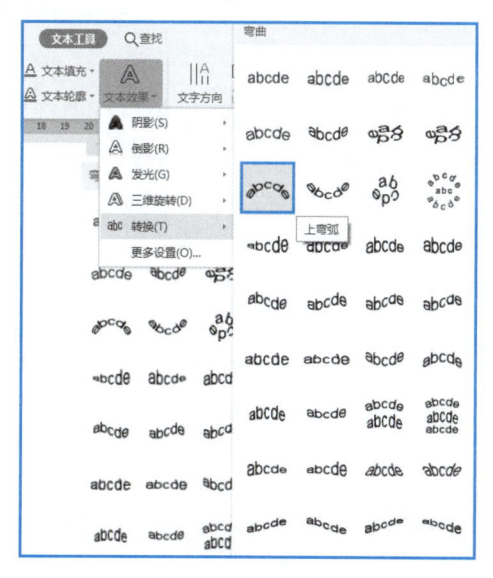

图 1-5-10　"文本效果"为"转换"→"上弯弧"

Step 2 在圆形边框中拖动控制点改变文字的大小和弧度。

Step 3 拖动调整图形和艺术字之间的位置关系(按"Ctrl+方向"键微调)。

Step 4 选中艺术字"永远的呵护",设置大小为 3.4cm×1.4cm,调整位置,方法同上。

3. 组合图形和艺术字

操作案例:将"心形"、"同心圆"和两次插入的艺术字组合在一起。

▎参考步骤▎

Step 1 按住 Shift 键的同时逐个单击选中四个对象。

Step 2 右击其中一个图形,在弹出的快捷菜单中选择"组合"→"组合"命令即可。

4. 图文混排

操作案例:将宣传图标衬于"龙芯志愿者协会"名称和日期文字的下方,右对齐。

▎参考步骤▎

Step 1 右击宣传图标,在弹出的快捷菜单中选择"其他布局选项"菜单命令,在弹出的"布局"对话框中切换到"文字环绕"选项卡,设置"环绕方式"为"衬于文字下方","水平对齐方式"为"右对齐"。

Step 2 适当调整垂直方向上的位置。

5.2.3 页面编排以及页面设置的基本方法

1. 创建页眉和页脚

操作案例:设置页眉内容为"龙芯闪耀中国",红色,小四号,华文隶书,左对齐;页脚内容为第 X 页(X 为当前页的页码),右对齐。

▎参考步骤▎

Step 1 在"插入"选项卡的"页眉和页脚"选项组中,单击"页眉"命令按钮,选择"编辑页眉"。系统首先显示页眉的编辑区域,输入内容"龙芯闪耀中国",如图 1-5-11 所示。

图 1-5-11 "页眉和页脚"编辑区域及其工具栏

Step 2 选中"龙芯闪耀中国",在"开始"选项卡的"字体"选项组中单击"字体颜色"按钮和"字号"按钮,设置颜色为"红色",并设置字号为"小四号",字体为"华文隶书"。

Step 3 在"开始"选项卡的"段落"选项组中单击"段落"对话框启动器,在"段落"对话框的"缩进和间距"选项卡中设置"对齐方式"为"左对齐"。

Step 4 在"页眉和页脚"选项卡"导航"选项组中单击"页眉页脚切换"按钮,切换到页脚的编辑区域,在"页面和页脚"选项组中单击"页码"按钮,样式选择"第 1 页",位置为"底端右侧",插入当前页的页码。

Step 5 在"页眉和页脚"选项组中单击"关闭"按钮。

> **补充说明**
>
> 注意不能用"两端对齐"来取代"左对齐",虽然在此处两者效果相似。

2. 删除页眉或页脚

操作案例:删除页脚的页码。

参考步骤

在"页面和页脚"选项组中单击"页码"按钮,选择"删除页脚"命令选项即可。

5.2.4 文件打印

1. 打印预览

操作案例:对"龙芯闪耀中国.docx"的两页文档同时进行打印预览。

参考步骤

Step 1 打开文档"龙芯闪耀中国.docx"。

Step 2 单击快速访问工具栏中的"打印预览"按钮。

Step 3 单击预览窗口右下角的"显示比例"按钮,单击"全屏显示"时即可实现全页预览,如图 1-5-12 所示。

Step 4 单击"开始"选项卡按钮,退出"打印预览"状态,返回"编辑"窗口。

2. 打印文档指定部分

操作案例:打印文档"龙芯闪耀中国.docx",共打印 8 份。

参考步骤

Step 1 打开文档"龙芯闪耀中国.docx"。

Step 2 依次选择"文件"→"打印"菜单命令,在弹出的"打印"对话框(图 1-5-13)的"打印机"组中选择当前打印机,在"页码"选项组中选择"全部",在打印"份数"选项组中设置"份数"为"8"。

Step 3 单击"打印"按钮,文档将送到指定的打印机上打印,共打印 8 份。

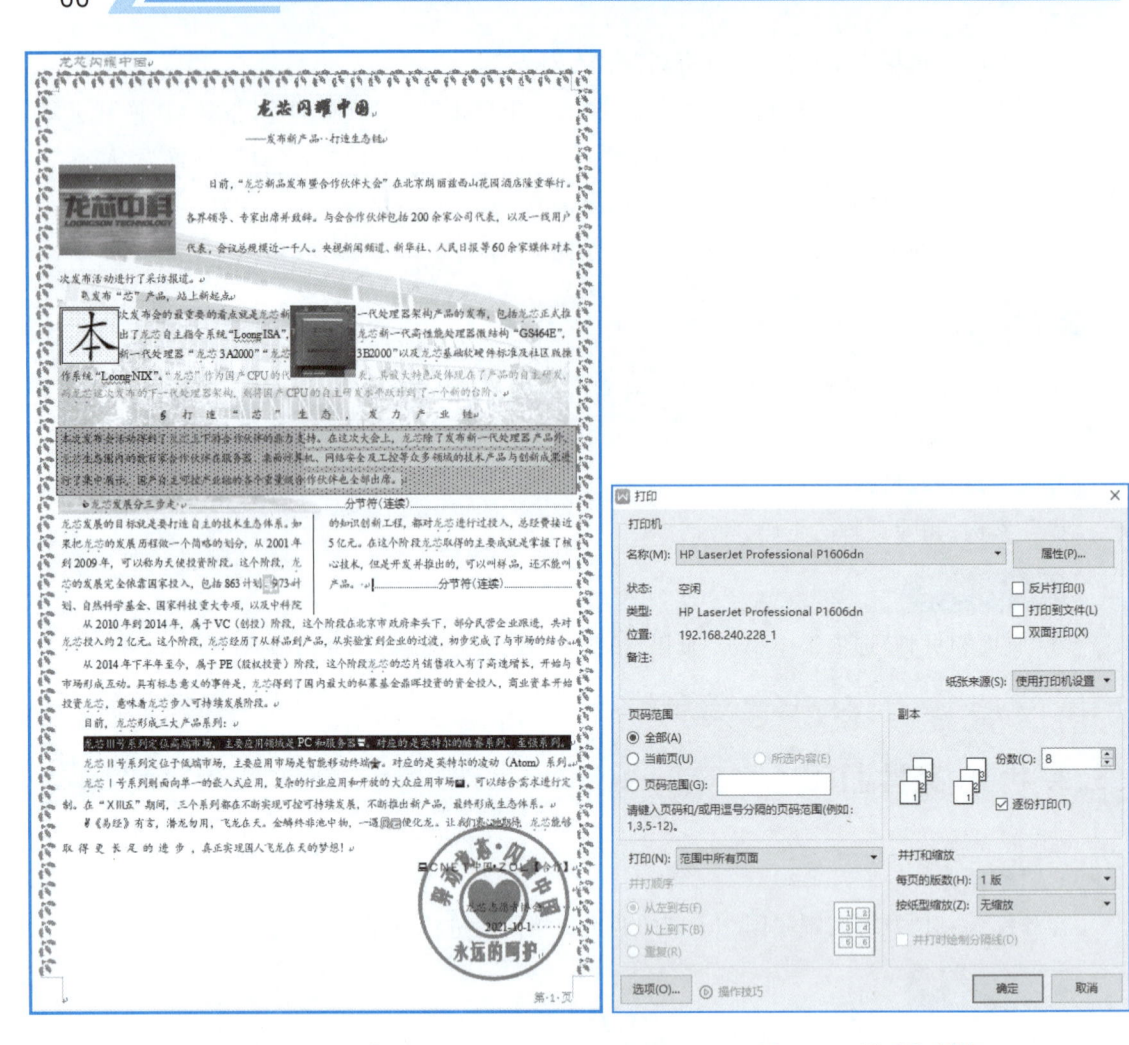

图 1-5-12 "打印预览"窗口　　　　　　　　图 1-5-13 "打印"对话框

思考及课后练习

1. 如何对"艺术字"进行旋转？
2. 艺术字可以设置图文混排效果吗？能不能设置成"水印"效果？
3. 除了在"页眉页脚"中插入页码外，有没有其他方法可以插入页码？
4. 打印预览有何作用？
5. 在打印预览窗口中能直接进行文档打印吗？

实训 6
WPS Office 2019 表格数据的编辑与格式化

6.1 实训目的

- 掌握 WPS 表格的启动和退出。
- 掌握创建、保存、关闭、打开、保护工作簿文件和工作表的方法。
- 掌握在 WPS 表格工作表中输入数据的方法。
- 掌握 WPS 表格工作表的编辑方法。
- 掌握 WPS 表格工作表的格式化方法。
- 掌握 WPS 表格工作表的编辑和管理。

6.2 实训内容

6.2.1 启动和退出 WPS 表格

1. WPS 表格的启动

参考步骤

以下三种方法均可启动 WPS 表格,可根据需要选择使用。

方法 1:若桌面上已经存在"WPS Office"的快捷方式,直接双击该快捷方式图标,出现 WPS 窗口,单击"新建",进入新建页,单击"表格",单击"新建空白文档",出现 WPS 表格窗口。

方法 2：选择"开始"，找到"WPS Office"并单击，即可出现 WPS 窗口，单击"新建"，进入新建页，单击"表格"，单击"新建空白文档"，出现 WPS 表格窗口。

方法 3：双击任何一个已存在的"＊.et"、"＊.xls"或"＊.xlsx"电子表格文件，即可启动 WPS 表格，并同时打开该文件。

2. WPS 表格的退出

参考步骤

以下四种方法均可退出 WPS 表格，可根据需要选择使用。

方法 1：单击 WPS 程序窗口右上角控制按钮 ✕，可退出 WPS。

方法 2：单击"文件"选项卡，单击"退出"命令。

方法 3：使用快捷键"Alt＋F4"。

方法 4：单击工作簿标题右侧的关闭按钮 ✕，如图 1-6-1 所示。

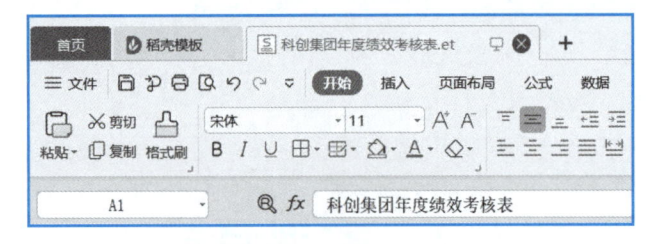

图 1-6-1　关闭工作簿

注意：方法 4 中，单击工作簿标题右侧的关闭按钮 ✕，可关闭当前的工作簿窗口，不退出 WPS。退出 WPS 或关闭工作簿时，如果有文档没有保存，会提醒用户保存。

6.2.2　创建、保存、关闭、打开、保护工作簿文件和工作表

新建 WPS 表格后，WPS 表格会自动创建一个名为"工作簿 1"的工作簿。再创建工作簿时，WPS 表格将自动按工作簿 2、工作簿 3……的顺序给新的工作簿命名。新工作簿中会自动创建 Sheet1 工作表，再新建工作表时，WPS 表格将按 Sheet2、Sheet3……的顺序给新工作表命名。当保存工作簿时，WPS 表格将在硬盘上创建一个文件名为"工作簿 1.xlsx"的工作簿文件，建议给工作簿文件和工作表另外起一个名称，以表达它们的用途，便于以后管理和查看。

注意：WPS 表格自身的工作簿文件类型为"＊.et"，如果为了后期方便交换文件，使文件与 Microsoft Office 办公软件兼容，可以在文件类型中选择"＊.xlsx"（最新版本）或"＊.xls"（早期版本）格式。

操作案例：在"我的文档"中创建一个名称为"科创集团年度绩效考核表.et"的 WPS 表格文件，将 Sheet1 工作表重命名为"科创集团年度绩效考核表"，为工作簿设置打开文件密码为"6666"，保存，关闭该工作簿后再打开，查看密码保护效果。

实训 6　WPS Office 2019 表格数据的编辑与格式化

参考步骤

Step 1　启动 WPS Office 2019,在如图 1-6-2 所示工作簿标题区域,单击"新建"→"表格"→"新建空白文档"。

图 1-6-2　新建标签

Step 2　用鼠标双击 Sheet1 工作表标签,输入"科创集团年度绩效考核表",单击快速访问工具栏中的"保存"按钮,弹出"另存文件"对话框,如图 1-6-3 所示。

图 1-6-3　"另存文件"对话框

Step 3　在图 1-6-3 所示对话框中,单击"加密"按钮,弹出"密码加密"对话框,如图 1-6-4 所示。在左侧"打开权限"区域中的"打开文件密码"和"再次输入密码"文本框中输入密码"6666",单击"应用"按钮。

Step 4　回到图 1-6-3 所示的"另存文件"对话框,在导航窗格中选择"我的文档",在"文件类型"下拉列表中选择"WPS 表格 文件(＊.et)",在"文件名"文本框中输入"科创集团年度绩效考核表",单击"保存"按钮。

Step 5　单击工作簿标题"科创集团年度绩效考核表"右侧的关闭按钮,关闭该工作簿。

Step 6　在电脑桌面上双击"此电脑"图标,打开"此电脑"窗口,在左侧导航窗格中选择"文档",如图 1-6-5 所示,可以看到已保存的"科创集团年度绩效考核表.et"工作簿。

Step 7　在图 1-6-5 所示的窗口中,双击"科创集团年度绩效考核表.et",弹出"文档已加

图 1-6-4 "密码加密"对话框

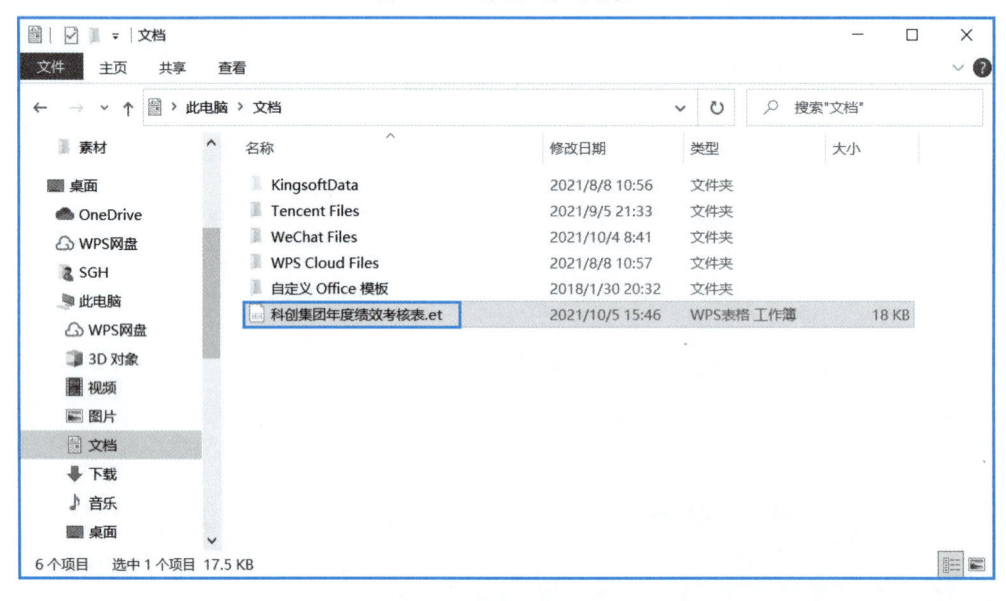

图 1-6-5 已保存的"科创集团年度绩效考核表.et"工作簿

密"对话框,如图 1-6-6 所示。在密码输入框中输入密码"6666",单击"确定"按钮,即可打开该工作簿。如果输入的密码不正确,则无法打开此文档,并提示"密码不正确,请重新输入"。

图 1-6-6 "文档已加密"对话框

> **补充说明**
>
> (1) 用户也可按下列三种方法之一，利用模板创建工作簿。
>
> 方法1：在WPS首页窗口，单击"新建"，进入新建页，单击"表格"，在左侧选择所需的品类，在主区域选择相应模板(部分模板可能要求是会员或需要购买，下同)。
>
> 方法2：在WPS首页窗口，单击左侧"从模板新建"，单击"表格"，选择相应模板。
>
> 方法3：在WPS表格窗口，单击"文件"选项卡，选择"新建"，单击右侧菜单中的"本机上的模板"，打开"模板"对话框，选择需要的模板，单击"确定"按钮。
>
> (2) 用户也可按下面步骤打开工作簿。
>
> ① 启动WPS。
>
> ② 选择左侧的"打开"命令，弹出"打开文件"对话框。
>
> ③ 在左侧的导航窗格中找到包含所需工作簿的文件夹，例如"我的文档"。
>
> ④ 双击要打开的工作簿文件，或单击选择工作簿文件，单击"打开"按钮。
>
> (3) 设置编辑权限。
>
> 如果要设置编辑权限，可在如图1-6-4所示的"密码加密"对话框右侧的"编辑权限"区域中，设置"修改文件密码"，并再次输入相同密码后，单击"应用"按钮。以后在打开文件时，可以选择"解锁编辑"或"只读打开"。如果需要进行文档编辑，则应输入修改文件密码，获取编辑权限；在"只读打开"的情况下是不能进行编辑修改的。
>
> (4) 注意关闭工作簿与退出WPS的区别。
>
> 关闭工作簿是指关闭当前正在编辑的工作簿文档而不退出WPS Office应用程序，退出WPS是指关闭所有正在编辑的文档，退出WPS Office应用程序。

6.2.3 在WPS表格工作表中输入数据

打开"科创集团年度绩效考核表.et"工作簿后，便可在"科创集团年度绩效考核表"工作表中输入数据了。

操作案例：本书WPS表格部分的用例数据都是基于图1-6-7所示的样表数据，请对照输入所有数据。输入前先对J5:J14单元格区域的数据进行数据有效性设置：小数，范围是0~100。

参考步骤

Step 1 选定J5:J14单元格区域，单击"数据"选项卡，单击功能区的"有效性"命令，打开"数据有效性"对话框，如图1-6-8所示。将有效性条件中的"允许"设置为"小数"，将"数据"设置为"介于"，将"最小值"设置为0，"最大值"设置为100，单击"确定"按钮。

Step 2 单击A1单元格，输入"科创集团年度绩效考核表"；单击A2单元格，输入"制表日期："，用同样的方法在第2~4行的对应单元格中输入文字。

Step 3 双击A~L列各列标右侧的分隔线，将各列调整到合适的宽度；按样表输入A5~A10各单元格的文本。

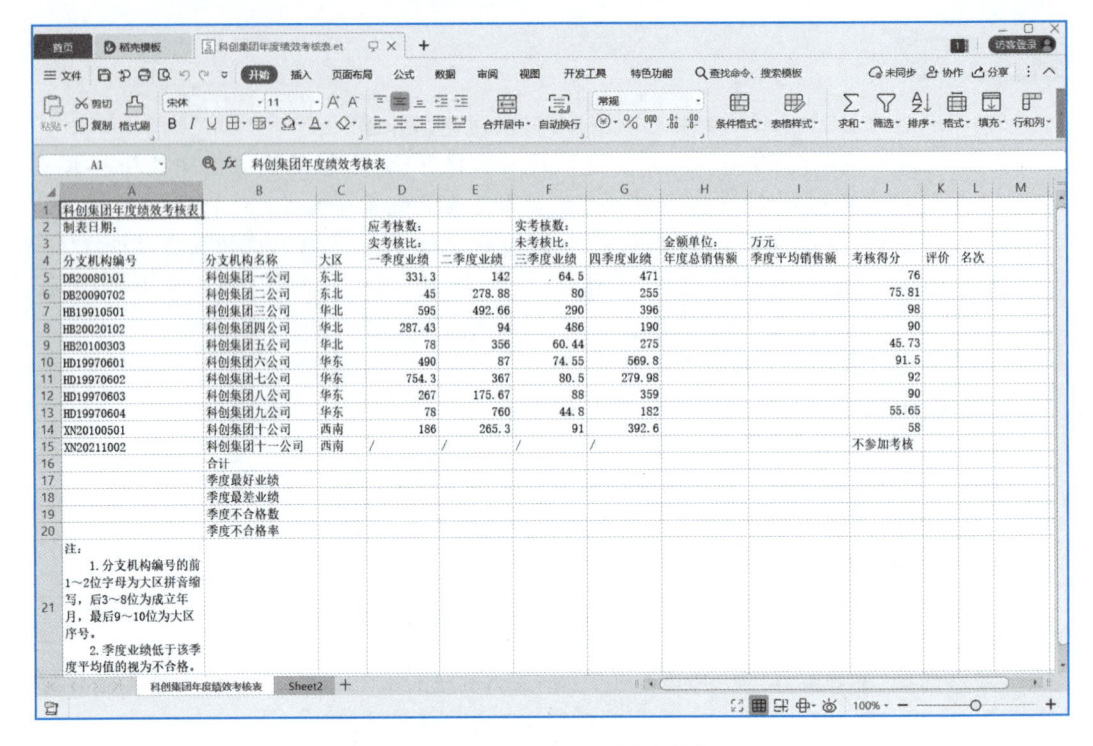

图1-6-7 科创集团年度绩效考核表

图1-6-8 "数据有效性"对话框

Step 4 单击选定A10单元格,将鼠标移动到A10单元格右下角的填充句柄上,当鼠标变成黑"+"字形时,按下鼠标左键并拖动到A13单元格,松开鼠标,这时A11~A13单元格的内容就填充好了。

Step 5 按样表输入A14、A15单元格的内容。

Step 6 在B5单元格中输入"科创集团一公司",将鼠标移动到B5单元格右下角的填充句柄上,当鼠标变成黑"+"字形时,按下鼠标左键并拖动到B15单元格,松开鼠标,这时B6~B15单元格都填充为"科创集团一公司",再依次双击B6~B15各单元格,将"一"修改为"二"~"十一"。

Step 7 在C5单元格中输入"东北",用填充句柄填充到C6,再用同样的填充方法来填写C7~C9,C10~C13,C14~C15。

实训 6　WPS Office 2019 表格数据的编辑与格式化

Step 8　按样表填写 D5:J14 区域的数值,在 J15 单元格中输入"不参加考核";按样表依次在 B16:B20、D15:G15 单元格区域的单元格内输入相应内容。

Step 9　双击 A21 单元格,进入编辑状态,输入"注:"后,按下键盘上的 Alt 键不放,按 Enter 键,光标在单元格内换行;输入 4 个空格后录入"1.分支……",用上述同样的"Alt＋Enter"快捷键方法换行;输入 4 个空格后录入"2.季度……"。

6.2.4　编辑 WPS 表格工作表

1. 删除列

操作案例:删除"科创集团年度绩效考核表"的 L 列,然后撤销操作。

▶ 参考步骤

Step 1　单击列标"L"选中 L 列。
Step 2　右击选中的区域,在弹出的快捷菜单中执行"删除"命令,完成删除。
Step 3　单击快速访问工具栏中的"撤销"按钮 ↻,恢复到原来状态。

2. 插入行

操作案例:在"科创集团年度绩效考核表"的第 17 行前插入一行。

▶ 参考步骤

Step 1　单击行号"17"选中第 17 行。
Step 2　右击选中的区域,在弹出的快捷菜单中执行"插入"命令,如图 1-6-9 所示。就会在原来第 17 行的位置插入一个空白行。
Step 3　双击 B17 单元格,输入"季度平均业绩"。

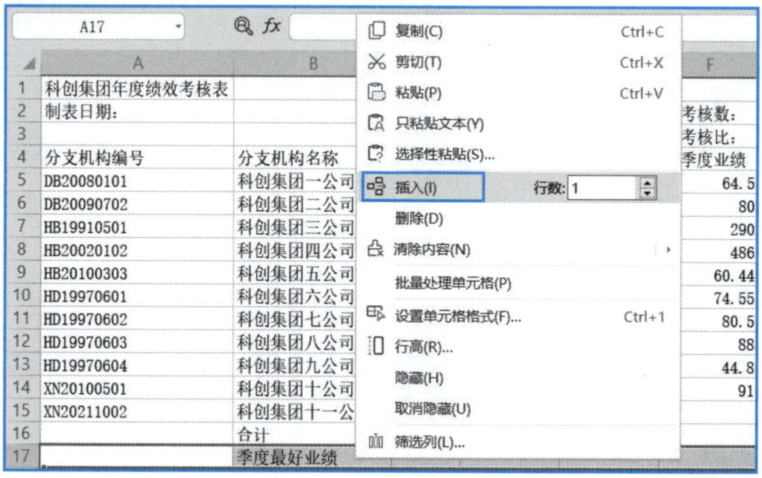

图 1-6-9　插入行

补充说明

(1)单元格内容的复制/移动:选中需要复制/移动的单元格或单元格区域,右击,从快捷菜单中选择“复制”或“剪贴”命令;右击目标单元格或单元格区域的左上角单元格,选择“粘贴”命令即可。

(2)单元格内容的清除:选中需要清除的单元格或单元格区域,按 Delete 键即可。

(3)行与列的插入:单击需要插入行或列的行号或列标,选定该行或该列,然后在选定区域上右击,从快捷菜单中设置好需要插入的“行数”或“列数”(默认为 1),单击“插入”命令即可。

(4)行与列的删除:选定需要删除的行或列,然后在选定区域上右击,从快捷菜单中选择“删除”命令即可。

6.2.5 WPS 表格工作表的格式化

操作案例:对前述已创建的考核表进行格式设置,效果如图 1-6-10 所示。要求考核得分小于 60 分(不含)时,格式设置为“浅红填充色深红色文本”,“考核得分”的小数点后保留 2 位小数,在 D3 单元格中插入批注“=实考核数/应考核数”。

	A	B	C	D	E	F	G	H	I	J	K	L
1	科创集团年度绩效考核表											
2	制表日期:			应考核数:		实考核数:						
3				实考核比:		未考核比:		金额单位:	万元			
4	分支机构编号	分支机构名称	大区	一季度业绩	二季度业绩	三季度业绩	四季度业绩	年度总销售额	季度平均销售额	考核得分	评价	名次
5	DB20080101	科创集团一公司	东北	331.3	142	64.5	471			76.00		
6	DB20090702	科创集团二公司	东北	45	278.88	80	255			75.81		
7	HB19910501	科创集团三公司	华北	595	492.66	290	396			98.00		
8	HB20020102	科创集团四公司	华北	287.43	94	486	190			90.00		
9	HB20100303	科创集团五公司	华北	78	356	60.44	275			45.73		
10	HD19970601	科创集团六公司	华东	490	87	74.55	569.8			91.50		
11	HD19970602	科创集团七公司	华东	754.3	367	80.5	279.98			92.00		
12	HD19970603	科创集团八公司	华东	267	175.67	88	359			90.00		
13	HD19970604	科创集团九公司	华东	78	760	44.8	182			55.65		
14	XN20100501	科创集团十公司	西南	186	265.3	91	392.6			58.00		
15	XN20211002	科创集团十一公司	西南	/	/	/	/			不参加考核		
16		合计										
17		季度平均业绩										
18		季度最好业绩										
19		季度最差业绩										
20		季度不合格数										
21		季度不合格率										
22	注: 1. 分支机构编号的前1~2位字母为大区拼音缩写,后3~8位为成立年月,最后9~10位为大区序号。 2. 季度业绩低于该季度平均值的视为不合格。											

图 1-6-10 格式化后的考核表

参考步骤

Step 1 设置条件格式。选定要设置条件格式的 J5:J14 单元格区域,选择“开始”选项卡,单击“条件格式”→“突出显示单元格规则”→“小于”命令,打开“小于”对话框,如图 1-6-11 所示。在“小于”对话框左侧文本框中输入数值“60”,在右侧下拉列表中选择“浅红填充色深红色文本”,单击“确定”按钮。

Step 2 设置标题格式。选中 A1:L1 单元格区域,单击"开始"选项卡中的"合并居中"按钮 ,使标题在选中区域中水平居中对齐;在"开始"选项卡中将字号设置为 16;单击行号"1",选中第 1 行,在选定区域上右击,从快捷菜单中选择"行高"命令,弹出"行高"对话框,如图 1-6-12 所示,将行高设置为 30 磅,单击"确定"按钮。

图 1-6-11 "小于"对话框

图 1-6-12 "行高"对话框

Step 3 设置文本右对齐。按住 Ctrl 键,依次选定 A2、D2、D3、F2、F3、H3、D15、G15、J15 单元格或区域,单击"开始"选项卡中的"右对齐"按钮 ,将这些单元格的文本设置为右对齐方式。

Step 4 设置文本居中对齐。按住 Ctrl 键,依次选定 A4:A15、C4:C15 单元格区域,单击"开始"选项卡中的"居中对齐"按钮 ,将这些单元格的文本设置为居中对齐方式。

Step 5 设置表格列标题。选定 A4:L4 单元格区域,单击"开始"选项卡中的"加粗"按钮 B,将表格的列标题设置为加粗显示。

Step 6 为 D3 单元格插入批注。选中 D3 单元格并右击,在弹出的快捷菜单中选择"插入批注"命令,在弹出的批注框中输入"=实考核数/应考核数",单击其他单元格退出批注编辑状态。

Step 7 设置列宽。单击列标"A",选定 A 列,按住 Shift 键不放,单击列标"L",选定 A 列~L 列的所有列,单击"开始"选项卡中的"行和列"下拉列表中的"最适合的列宽"命令,自动设置好各列的宽度,如图 1-6-13 所示。

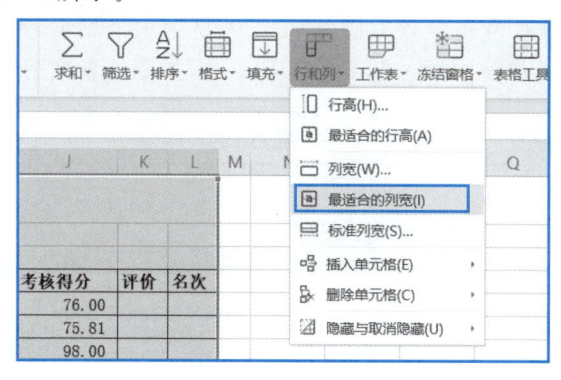

图 1-6-13 调整列宽

Step 8 设置脚注格式。选定 A22:L22 单元格区域,单击"开始"选项卡中的"合并居中"按钮 ,脚注文字会在选中区域中水平居中对齐;单击"开始"选项卡中的"左对齐"按钮 ,使得 A22 单元格中的文字左对齐显示;单击行号"22",选定第 22 行,在选定区域上右击,从快捷菜单中选择"行高"命令,弹出"行高"对话框,将行高设置为 50 磅,单击"确定"按钮。

Step 9 设置数值格式。选定 J5:J14 单元格区域,在选定区域上右击,从快捷菜单中选择"设置单元格格式"命令,弹出"单元格格式"对话框,如图 1-6-14 所示。单击"数字"选项卡,在"分类"中选择"数值",将"小数位数"设置为"2",单击"确定"按钮。

Step 10 设置表格边框。选定 A4：L21 单元格区域，单击"开始"选项卡"边框"下拉列表中的"所有框线"命令，如图 1-6-15 所示，应用程序会在指定区域绘制出表格线。

图 1-6-14 "单元格格式"对话框

图 1-6-15 "所有框线"命令

6.2.6 编辑和管理 WPS 表格工作表

1. 复制副本，插入和删除工作表

操作案例：将"科创集团年度绩效考核表"工作表复制一个副本，重命名为"科创集团年度绩效考核表（副本）"，在工作簿中插入新工作表 Sheet1，如图 1-6-16 所示，再将 Sheet1 工作表删除。

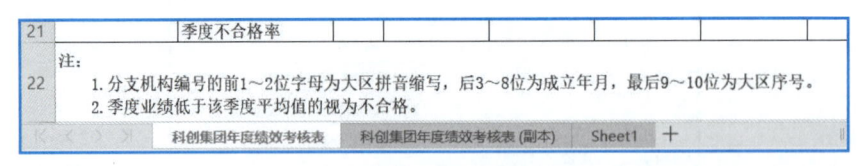

图 1-6-16 复制副本和插入新表

参考步骤

Step 1 右击"科创集团年度绩效考核表"工作表标签，在弹出的快捷菜单中选择"移动或复制工作表"命令，弹出"移动或复制工作表"对话框，如图 1-6-17 所示。在该对话框中，在"下列选定工作表之前"列表框中选择"（移至最后）"选项，勾选"建立副本"复选框，单击"确定"按钮，在当前工作簿中生成名为"科创集团年度绩效考核表（2）"的工作表。

Step 2 右击"科创集团年度绩效考核表（2）"工作表标签，在弹出的快捷菜单中选择"重命名"命令，或者双击该工作表标

图 1-6-17 "移动或复制工作表"对话框

实训 6　WPS Office 2019 表格数据的编辑与格式化

签;进入标签编辑状态,修改新名称为"科创集团年度绩效考核表(副本)",按 Enter 键或在任意单元格上单击,完成重命名。

Step 3　单击"科创集团年度绩效考核表(副本)"工作表标签右侧的"＋",插入新表 Sheet1(如果之前有过其他插入工作表的操作,Sheet 后面的值可能不是 1,而是其他数字)。

Step 4　右击 Sheet1 工作表标签,在弹出的快捷菜单中选择"删除工作表"命令,即可删除 Sheet1 工作表。

2. 冻结窗格

操作案例:将"科创集团年度绩效考核表"的窗格从 D5 单元格处冻结。这样拖动水平滚动条时,左侧 A～C 列始终保持可见;拖动垂直滚动条时,上面 1～4 行始终保持可见,以便于查看数据。

参考步骤

Step 1　在"科创集团年度绩效考核表"中选定 D5 单元格。

Step 2　单击"视图"选项卡中的"冻结窗格"命令,在展开的下拉列表中选择"冻结至第4行C列"命令,如图 1-6-18 所示。冻结窗格后拖动水平滚动条和垂直滚动条的效果如图 1-6-19 所示。

图 1-6-18　冻结窗格

图 1-6-19　冻结窗格后拖动滚动条的效果

Step 3　如果要取消冻结窗格,单击"视图"选项卡中的"冻结窗格"命令,在展开的下拉列表中选择"取消冻结窗格",解除冻结操作。

3. 工作表的保护

操作案例:对"科创集团年度绩效考核表"工作表实行数据保护,设置保护密码为"8888",使该工作表不能被未授权者修改,查看保护效果,最后撤销保护。

参考步骤

Step 1 单击单元格左上角的"全选"按钮，或按"Ctrl+A"快捷键，全选工作表。

Step 2 保护工作表。单击"审阅"选项卡中的"保护工作表"命令。弹出"保护工作表"对话框，如图 1-6-20 所示。输入密码"8888"，对用户赋予相应权限后，单击"确定"按钮，在随后出现的"确认密码"对话框中再次输入密码"8888"，单击"确定"按钮。

Step 3 在被保护的工作表中修改数据，WPS 表格会弹出提示信息，请观察效果。

Step 4 撤销工作表保护。单击"审阅"选项卡中的"撤销工作表保护"命令，在弹出的对话框中输入之前设定的密码"8888"后，单击"确定"按钮，即可撤销保护密码。

图 1-6-20 "保护工作表"对话框

Step 5 用户还可以选定工作表中的部分单元格或区域，进行数据保护，请读者自行操作测试。

思考及课后练习

1. WPS 表格中的表格与 WPS 文字中的表格有何不同？
2. 总结 WPS 表格进行数据输入时，有哪些快捷方便的方法。
3. 总结工作簿、工作表、单元格的操作主要有哪些，如何进行这些操作。
4. 总结单元格数据有哪些格式，如何进行设置。
5. 以图 1-6-10 所示的"科创集团年度绩效考核表"为依据，完成下列操作，完成后的效果如图 1-6-21 所示。

图 1-6-21 第 5 题图

(1) 在 M4 单元格中输入"备注"并加粗显示，在 M15 单元格中输入"新成立"，将 M 列设置为"最适合的列宽"。

(2)为 M4:M21 单元格区域设置好表格线,将其纳入表格整体。

(3)将表头单元格 A1 与 M1 合并居中,设置文字格式为:宋体、16 磅、红色、加粗。

(4)将列标题 A4:M4 单元格区域的背景颜色设置为"浅绿,着色 6,浅色 60%"。

(5)将 B16:B21 单元格区域的文字设置为加粗显示。

(6)将 D5:G14 单元格区域的数据格式设置为"货币",在各数值前加上人民币符号"¥",保留两位小数。

(7)对工作表的 D5:G14 单元格区域实行数据保护,设置密码为"KeChuang"。

实训 7

WPS Office 2019 表格公式与函数的使用

7.1 实训目的

- 掌握 WPS 表格中相对引用、绝对引用、混合引用和跨工作表引用的方法。
- 掌握 WPS 表格中公式的使用。
- 掌握 WPS 表格中常用函数的使用。

7.2 实训内容

7.2.1 单元格引用

新建工作簿文件"单元格引用练习.et",在 Sheet1 工作表中输入如图 1-7-1 所示的数据。新建工作表 Sheet2,输入如图 1-7-2 所示的数据。

图 1-7-1　Sheet1 工作表

图 1-7-2　Sheet2 工作表

1. 相对引用

相对引用是根据引用的相对位置来调整引用单元格的地址，用"列标行号"的形式表示。例如对第1行第4列单元格的相对引用就用"D1"表示。

试在 Sheet1 工作表的 D1 单元格中输入"＝A1＋B1"，则 D1 单元格的值为 223，如图 1-7-3 所示；然后把这个公式复制到 E2 单元格，公式就变成"＝B2＋C2"，E2 单元格的值为 245，结果如图 1-7-4 所示。相对地址是记录引用对象与被引用对象的相对位置来获取数据的，它会随着引用对象位置的改变而改变被引用对象。请结合这个实例分析操作结果。

图 1-7-3　Sheet1 单元格的相对引用 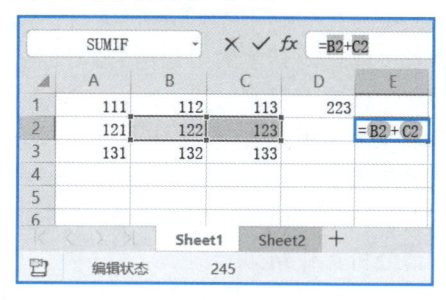　　　　图 1-7-4　Sheet1 相对引用地址的复制

2. 绝对引用

绝对引用是工作表中固定引用某一单元格的方式，不受复制或移动的位置影响，用"＄列标＄行号"的形式表示。例如对第2行第4列单元格的绝对引用就用"＄D＄2"表示。

试在 Sheet1 工作表的 D2 单元格中输入"＝＄A＄2＋＄B＄2"，则 D2 单元格的值为 243，如图 1-7-5 所示；然后把这个公式复制到 D3 单元格，公式依然是"＝＄A＄2＋＄B＄2"，D3 单元格的值也依然为 243，结果如图 1-7-6 所示。绝对地址是对被引用对象的固定引用，在复制时它不会改变被引用对象。请结合这个实例分析操作结果。

图 1-7-5　Sheet1 单元格的绝对引用 　　　　图 1-7-6　Sheet1 绝对引用地址的复制

3. 混合引用

混合引用是指在行和列上同时使用了相对引用方式和绝对引用方式，例如列标固定、行号相对用"＄列标行号"；列标相对、行号固定则用"列标＄行号"表示。

试在 Sheet2 工作表的 D1 单元格中输入"＝＄A1＋B＄1"，则 D1 单元格的值为 423，如图 1-7-7 所示；接着把这个公式复制到 D2 单元格，公式变成"＝＄A2＋B＄1"，D2 单元格的值为 433，结果如图 1-7-8 所示；然后把 D1 单元格的公式复制到 E2 单元格，这个公式变成"＝＄A2＋C＄1"，E2 单元格的值为 434，结果如图 1-7-9 所示。混合地址复制时，相对引用的部分会随着引用单元格和被引用单元格的相对位置的改变而改变，而绝对引用的部分是固定不变的。请结合这个实例分析操作结果。

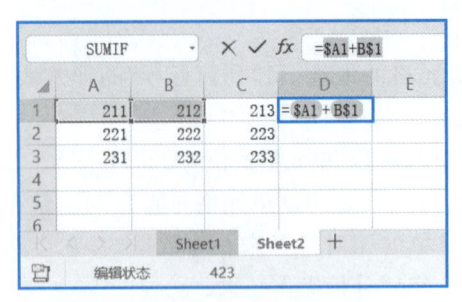

图 1-7-7　Sheet2 单元格的混合引用 　　　　图 1-7-8　Sheet2 混合引用地址的复制举例(1)

读者可以试用其他的引用组合,复制后观察和分析操作结果。

4. 跨工作表引用

跨工作表引用是通过"工作表名!单元格地址"的引用方式实现的,没有工作表名时默认为当前工作表。

试在 Sheet2 的 D4 单元格中输入"＝Sheet1！A1＋A1",得到的结果为 322,如图 1-7-10 所示。请分析操作结果。

图 1-7-9　Sheet2 混合引用地址的复制举例(2) 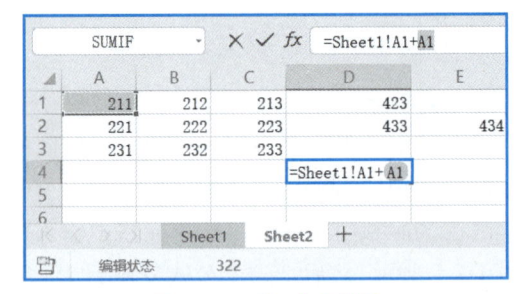　　　　图 1-7-10　跨工作表引用

跨工作表引用中使用的地址可以是相对地址、绝对地址,也可以是混合地址,读者可自行使用,查看操作结果。

7.2.2　使用公式

操作案例:打开"科创集团年度绩效考核表.et"工作簿,选定"科创集团年度绩效考核表"工作表,利用公式计算各分支机构的"年度总销售额"和"季度平均销售额"。

参考步骤

Step 1　选定 H5 单元格,输入公式"＝D5＋E5＋F5＋G5",按 Enter 键,便计算出了"科创集团一公司"的年度总销售额。

Step 2　选定 H5 单元格,鼠标指针指向 H5 单元格的右下角,鼠标指针变成黑"＋"字形后,按住鼠标左键向下拖动鼠标,将公式复制到 H6:H14 单元格区域中,由于是相对引用,复制后的公式会自动进行调整,完成各分支机构的"年度总销售额"计算。

Step 3　选定 I5 单元格,输入公式"＝(D5＋E5＋F5＋G5)/4",按 Enter 键,便计算出了"科创集团一公司"的季度平均销售额。

Step 4　选中 I5 单元格,鼠标指针指向 I5 单元格的右下角,鼠标指针变成黑"＋"字形后,按住鼠标左键向下拖动鼠标,将公式复制到 I6:I14 单元格区域中,公式会自动进行调整,完成各分支机构的"季度平均销售额"计算。

计算结果如图 1-7-11 所示。

	A	B	C	D	E	F	G	H	I	J	K	L	M
1	科创集团年度绩效考核表												
2	制表日期：			应考核数：		实考核数：							
3				实考核比：		未考核比：		金额单位：	万元				
4	分支机构编号	分支机构名称	大区	一季度业绩	二季度业绩	三季度业绩	四季度业绩	年度总销售额	季度平均销售额	考核得分	评价	名次	
5	DB20080101	科创集团一公司	东北	331.3	142	64.5	471	1008.8	252.2	76.00			
6	DB20090702	科创集团二公司	东北	45	278.88	80	255	658.88	164.72	75.81			
7	HB19910501	科创集团三公司	华北	595	492.66	290	396	1773.66	443.415	98.00			
8	HB20020102	科创集团四公司	华北	287.43	94	486	190	1057.43	264.3575	90.00			
9	HB20100303	科创集团五公司	华北	78	356	60.44	275	769.44	192.36	45.73			
10	HD19970601	科创集团六公司	华东	490	87	74.55	569.8	1221.35	305.3375	91.50			
11	HD19970602	科创集团七公司	华东	754.3	367	80.5	279.98	1481.78	370.445	92.00			
12	HD19970603	科创集团八公司	华东	267	175.67	88	359	889.67	222.4175	90.00			
13	HD19970604	科创集团九公司	华东	78	760	44.8	182	1064.8	266.2	55.65			
14	XN20100501	科创集团十公司	西南	186	265.3	91	392.6	934.9	233.725	58.00			
15	XN20211002	科创集团十一公司	西南	/	/	/	/			不参加考核			
16		合计											
17		季度平均业绩											
18		季度最好业绩											
19		季度最差业绩											
20		季度不合格数											
21		季度不合格率											
22	注： 1. 分支机构编号的前1～2位字母为大区拼音缩写，后3～8位为成立年月，最后9～10位为大区序号。 2. 季度业绩低于该季度平均值的视为不合格。												

图 1-7-11　使用公式填写总销售额和平均销售额

7.2.3　使用函数

1. SUM( )、AVERAGE( )、MAX( )和 MIN( )函数的使用

操作案例：利用 WPS 表格提供的函数计算“合计”、“季度平均业绩”、“季度最好业绩”和“季度最差业绩”。

参考步骤

Step 1　计算合计值。选定 D16 单元格，单击编辑区中的“插入函数”按钮 *fx*，弹出“插入函数”对话框，如图 1-7-12 所示。在“或选择类别”下拉列表中选择“常用函数”选项，在“选择函数”列表框中选择“SUM”，单击“确定”按钮，弹出“函数参数”对话框，如图 1-7-13 所示。在“数值 1”文本框中输入“D5:D14”(也可以使用该文本框右侧的区域选择按钮从工作表中选取求和区域)，单击“确定”按钮。

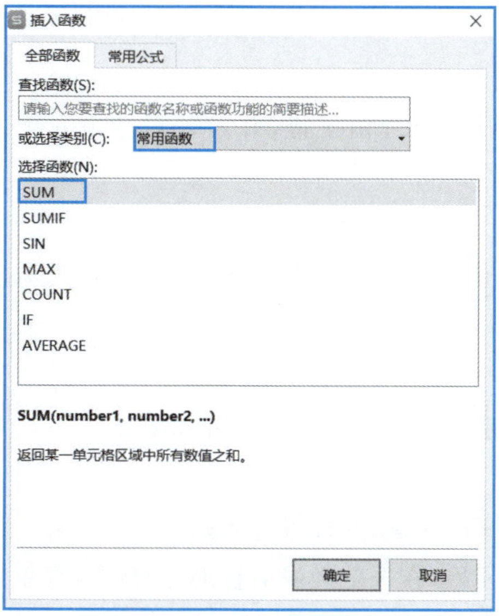

图 1-7-12　“插入函数”对话框

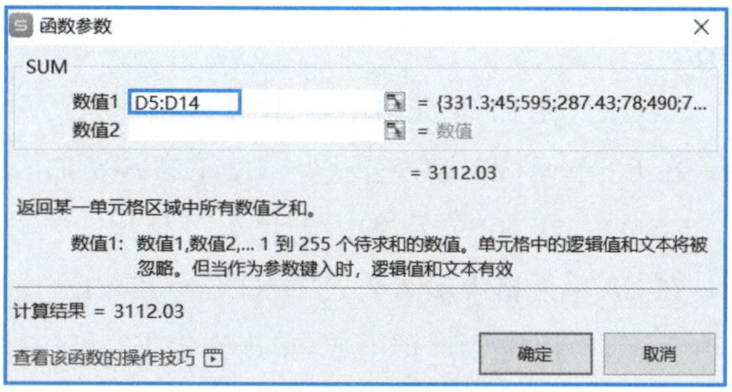

图 1-7-13　“函数参数”对话框

拖动 D16 单元格右下角的填充句柄向右一直到 I16 单元格，复制公式计算出所有分支机构每季度、年度及季度平均销售额的合计值。

Step 2　计算季度平均业绩。选定 D17 单元格，单击编辑区中的"插入函数"按钮 fx，弹出"插入函数"对话框。在"或选择类别"下拉列表中选择"常用函数"选项，在"选择函数"列表框中选择"AVERAGE"，单击"确定"按钮。在弹出的"函数参数"对话框的"数值 1"文本框中输入"D5:D14"（也可以使用该文本框右侧的区域选择按钮 从工作表中选取要求平均值的区域），单击"确定"按钮。

拖动 D17 单元格右下角的填充句柄向右一直到 G17 单元格，复制公式计算出所有分支机构每季度的平均业绩。

Step 3　显示季度最好业绩。选定 D18 单元格，单击编辑栏中的"插入函数"按钮 fx，弹出"插入函数"对话框。在"或选择类别"下拉列表中选择"统计"选项，在"选择函数"列表框中选择"MAX"，单击"确定"按钮。在弹出对话框的"数值 1"文本框中输入"D5:D14"，单击"确定"按钮。

拖动 D18 单元格右下角的填充句柄向右一直到 G18 单元格，复制公式显示出每季度所有分支机构中最好的业绩。

Step 4　显示季度最差业绩。选定 D19 单元格，单击编辑栏中的"插入函数"按钮 fx，弹出"插入函数"对话框。在"或选择类别"下拉列表中选择"统计"选项，在"选择函数"列表框中选择"MIN"，单击"确定"按钮。在弹出对话框的"数值 1"文本框中输入"D5:D14"，单击"确定"按钮。

拖动 D19 单元格右下角的填充句柄向右一直到 G19 单元格，复制公式显示出每季度所有分支机构中最差的业绩。

2. COUNTA( )、COUNT( )、IF( )和 NOW( )函数的使用

操作案例： 利用 WPS 表格提供的函数计算"科创集团年度绩效考核表"的"应考核数"和"实考核数"，给出评价等级，插入当前时间。

参考步骤

Step 1　在 E2 单元格中统计"应考核数"。

在 E2 单元格中输入函数"=COUNTA(B5:B15)"，按 Enter 键，并设置对齐方式为左对齐。

Step 2　在 G2 单元格中统计"实考核数"。

在 G2 单元格中输入函数"=COUNT(D5:D15)"，按 Enter 键，并设置对齐方式为左对齐。

Step 3　在 E3 单元格中统计"实考核比"。

在 E3 单元格中输入公式"=G2/E2"，按 Enter 键，并设置对齐方式为左对齐。

Step 4　在 G3 单元格中统计"未考核比"。

在 G3 单元格中输入公式"=(E2−G2)/E2"，按 Enter 键，并设置对齐方式为左对齐。

Step 5　按住 Ctrl 键不放，单击选定 E3 和 G3 单元格，在选定区域上右击，选择"设置单元格格式"，弹出"单元格格式"对话框，如图 1-7-14 所示。在"数字"选项卡的"分类"中，选择"百分比",设置 2 位小数,单击"确定"按钮。

Step 6　单击选定 D21:G21 单元格区域,在选定区域上右击,选择"设置单元格格式",弹出"单元格格式"对话框,如图 1-7-14 所示。在"数字"选项卡的"分类"中,选择"百分比",设置 2 位小数,单击"确定"按钮。

Step 7　每个分支机构按其"考核得分"给出评价等级(得分在[90,100]区间的定为"优秀",在[80,90)区间的定为"良好",在[60,80)区间的定为"合格",在[0,60)区间的确定为"不通过")。

在 K5 单元格中输入函数"＝IF(J5＞＝90,″优秀″,IF(J5＞＝80,″良好″,IF(J5＞＝60,″合格″,″不通过″)))",按 Enter 键,计算出"科创集团一公司"的评价等级为"合格"。

图 1-7-14　"单元格格式"对话框

拖动 K5 单元格右下角的填充句柄,复制公式至 K14 单元格,给出每个分支机构的评价。双击列标"K"右侧的分隔线,将 K 列调整到最适合的宽度。

Step 8　在 B2 单元格中插入当前制表时间,有以下两种方法。

方法 1:单击选定 B2 单元格,输入函数"＝NOW()",按 Enter 键,将自动插入系统当前的日期和时间。

方法 2:在 B2 单元格上右击,从快捷菜单中选择"设置单元格格式",弹出"单元格格式"对话框,在"数字"选项卡的"分类"区域中选择"日期",在右侧"类型"中选择第 1 项"2001 年 3 月 7 日",单击"确定"按钮。

设置 B2 单元格的对齐方式为左对齐。

设置完成后的"科创集团年度绩效考核表"的效果如图 1-7-15 所示。

	A	B	C	D	E	F	G	H	I	J	K	L
1						科创集团年度绩效考核表						
2	制表日期:	2021年10月7日		应考核数:	11	实考核数:	10					
3				实考核比:	90.91%	未考核比:	9.09%	金额单位:	万元			
4	分支机构编号	分支机构名称	大区	一季度业绩	二季度业绩	三季度业绩	四季度业绩	年度总销售额	季度平均销售额	考核得分	评价	名次
5	DB20080101	科创集团一公司	东北	331.3	142	64.5	471	1008.8	252.2	76.00	合格	
6	DB20090702	科创集团二公司	东北	45	278.88	80	255	658.88	164.72	75.81	合格	
7	HB19910501	科创集团三公司	华北	595	492.66	290	396	1773.66	443.415	98.00	优秀	
8	HB20020102	科创集团四公司	华北	287.43	94	486	190	1057.43	264.3575	90.00	优秀	
9	HB20100303	科创集团五公司	华北	78	356	60.44	275	769.44	192.36	45.73	不通过	
10	HD19970601	科创集团六公司	华东	490	87	74.55	569.8	1221.35	305.3375	91.50	优秀	
11	HD19970602	科创集团七公司	华东	754.3	367	80.5	279.98	1481.78	370.445	92.00	优秀	
12	HD19970603	科创集团八公司	华东	267	175.67	88	359	889.67	222.4175	90.00	优秀	
13	HD19970604	科创集团九公司	华东	78	760	44.8	182	1064.8	266.2	55.65	不通过	
14	XN20100501	科创集团十公司	西南	186	265.3	91	392.6	934.9	233.725	58.00	不通过	
15	XN20211002	科创集团十一公司	西南	/	/	/	/			不参加考核		
16		合计		3112.03	3018.51	1359.79	3370.38	10860.71	2715.1775			
17		季度平均业绩		311.203	301.851	135.979	337.038					
18		季度最好业绩		754.3	760	486	569.8					
19		季度最差业绩		45	87	44.8	182					
20		季度不合格数										
21		季度不合格率										
22	注: 1. 分支机构编号的前1~2位字母为大区拼音缩写,后3~8位为成立年月,最后9~10位为大区序号。 2. 季度业绩低于该季度平均值的视为不合格。											

图 1-7-15　"科创集团年度绩效考核表"的计算结果

7.2.4 函数综合应用实例

以"科创集团年度绩效考核表"为例,练习和掌握条件统计、文本、时间等函数的使用方法。包括COUNTIF()、MID()、CONCATENATE()、DATEDIF()、TODAY()等函数的使用方法,重点是函数的嵌套使用。

操作案例1:统计每季度所有分支机构中"季度不合格数"和"季度不合格率"。按照表格中的说明,季度业绩低于该季度平均值的视为不合格。

参考步骤

Step 1 在D20单元格中输入函数"=COUNTIF(D5:D14,"<"&D17)",按Enter键,计算出一季度的不合格数。其中D17的值为"季度平均业绩"。拖动D20单元格右下角的填充句柄,复制公式至G20单元格,计算出二、三、四季度的不合格数。

Step 2 在D21单元格中输入公式"=D20/G2",按Enter键,计算出一季度的不合格率。拖动D21单元格右下角的填充句柄,复制公式至G21单元格,计算出二、三、四季度的不合格率。

统计结果如图1-7-16所示。

16	合计	3112.03	3018.51	1359.79	3370.38
17	季度平均业绩	311.203	301.851	135.979	337.038
18	季度最好业绩	754.3	760	486	569.8
19	季度最差业绩	45	87	44.8	182
20	季度不合格数	6	6	8	5
21	季度不合格率	60.00%	60.00%	80.00%	50.00%
22	注: 1.分支机构编号的前1~2位字母为大区拼音缩写,后3~8位为成立年月,最后9~10位为大区序号。 2.季度业绩低于该季度平均值的视为不合格。				

图1-7-16 统计季度不合格数与不合格率

操作案例2:实现由"分支机构编号"和编号规则提取各分支机构的"成立年月",计算"运行时间"。根据表中的说明,分支机构编号的前1~2位字母为大区拼音缩写,后3~8位为成立年月,最后9~10位为大区序号。

参考步骤

Step 1 单击列标"D",选定D列,在选定区域上右击,从快捷菜单中选择"插入 列数:2"命令,单击"√"按钮,如图1-7-17所示。单击选定D4单元格,输入"成立年月",选定E4单元格,输入"运行时间"。

Step 2 提取各分支机构的"成立年月"。在D5单元格中输入由"分支机构编号"提取的"成立时间"的公式:"=CONCATENATE(MID(A5,3,4),"年",MID(A5,7,2),"月")",按Enter键后在该单元格中显示"2008年01月"字样。拖动D5单元格右下角的填充句柄复制公式至D15单元格,提取到所有分公司的成立年月。

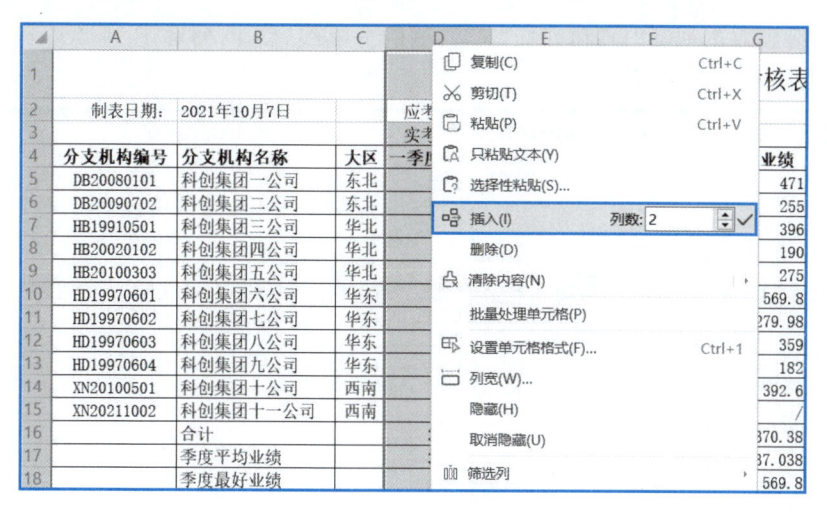

图 1-7-17　插入列

> **补充说明**
>
> (1) MID()为提取文本函数。
>
> 利用 MID()函数取出"分支机构编号"中的年份(第3~6位,从第3位开始的连续4位,用 MID(A5,3,4)表示)和月份(第7~8位,从第7位开始的连续2位,用 MID(A5,7,2)表示)。
>
> (2) CONCATENATE()为文本连接函数。
>
> 利用 CONCATENATE()函数将提取的年份和"年"以及月份和"月"进行连接,构成完整的年月字符串。

Step 3　在 E5 单元格中,输入根据"成立年月"计算出的"运行时间"。

单击选定 E5 单元格,输入公式"=CONCATENATE(DATEDIF(D5,TODAY(),"y"),"年",DATEDIF(D5,TODAY(),"ym"),"个月")",按 Enter 键后在该单元格中显示"13年9个月"字样,再使用鼠标拖动的方法将公式复制到 E15 单元格,计算出各分支机构的"运行时间"。

> **补充说明**
>
> (1)时间和日期函数 TODAY()用于返回日期格式的当前日期。
>
> (2)DATEDIF()用于计算两个日期之间的天数、月数或年数。
>
> 语法:DATEDIF(Start_Date,End_Date,Unit)。
>
> Start_Date——起始日期;
>
> End_Date——结束日期;
>
> Unit——所需信息的返回类型。
>
> Unit 参数可以如下:
>
> "y":返回两个日期间隔的年数。
>
> "m":返回两个日期间隔的月份数。
>
> "d":返回两个日期间隔的天数。
>
> "yd":返回扣除周年之外,两个日期间隔的天数。
>
> "md":返回扣除周年和月份之外,两个日期间隔的天数。
>
> "ym":返回扣除周年之外,两个日期间隔的月份数。

Step 4 分别双击列标"D"和列标"E"右侧的分隔线,将 D 列和 E 列调整到最适合的宽度。填充结果如图 1-7-18 所示。

	B	C	D	E	F	G	H	I
					科创集团年度绩效考核表			
	2021年10月7日				应考核数:	11	实考核数:	10
					实考核比:	90.91%	未考核比:	9.09%
	分支机构名称	大区	成立年月	运行时间	一季度业绩	二季度业绩	三季度业绩	四季度业绩
	科创集团一公司	东北	2008年01月	13年9个月	331.3	142	64.5	471
	科创集团二公司	东北	2009年07月	12年3个月	45	278.88	80	255
	科创集团三公司	华北	1991年05月	30年5个月	595	492.66	290	396
	科创集团四公司	华北	2002年01月	19年9个月	287.43	94	486	190
	科创集团五公司	华北	2010年03月	11年7个月	78	356	60.44	275
	科创集团六公司	华东	1997年06月	24年4个月	490	87	74.55	569.8
	科创集团七公司	华东	1997年06月	24年4个月	754.3	367	80.5	279.98
	科创集团八公司	华东	1997年06月	24年4个月	267	175.67	88	359
	科创集团九公司	华东	1997年06月	24年4个月	78	760	44.8	182
	科创集团十公司	西南	2010年05月	11年5个月	186	265.3	91	392.6
	科创集团十一公司	西南	2021年10月	0年0个月	/	/	/	/
	合计				3112.03	3018.51	1359.79	3370.38

图 1-7-18 增加"成立年月"和"运行时间"列

思考及课后练习

1. 在 WPS 表格中,什么是公式?什么是函数?怎样输入和复制它们?

2. 在 WPS 表格中,常用函数有哪些?请验证它们的功能。

3. 在 WPS 表格中,什么是相对引用、绝对引用、混合引用、跨表引用?它们在公式和函数的复制中有什么区别?

4. 创建一个如图 1-7-19 所示的"职工信息表",填写"身份证号",从身份证号中提取"性别"和"出生日期",并计算"年龄",填写到相应单元格中。

	A	B	C	D	E	F	G	H
1				科创集团职工信息表				
2	序号	姓名	性别	身份证号	出生日期	年龄	专业特长	工作岗位
3	1	张学进						
4	2	李明中						
5	3	王单						
6	4	赵为民						
7	5							

图 1-7-19 第 4 题图

操作提示:

(1)身份证号码的结构

新一代公民身份号码是特征组合码,由十七位数字本体码和一位校验码组成。排列顺序从左至右依次为:六位数字地址码,八位数字出生日期码,三位数字顺序码和一位数字校验码。

地址码(前六位数):表示编码对象常住户口所在县(市、旗、区)的行政区划代码,按 GB/T 2260—2007 的规定执行。

出生日期码(第七位至十四位):表示编码对象出生的年、月、日,按 GB/T 7408—2007 的规定执行,年、月、日代码之间不用分隔符。

顺序码(第十五位至十七位):表示在同一地址码所标识的区域范围内,对同年、同月、同日出生的人编定的顺序号,顺序码的奇数分配给男性,偶数分配给女性。简单地说,第十七位代表性别,奇数为男,偶数为女。

校验码(第十八位数):作为尾号的校验码,是由号码编制单位按统一的公式计算出来的。如果校验码是 0~9,则直接使用该数字;若尾号是 10,就用罗马数字 X 来代替,以保证身份证总位数为 18 位,符合国家标准。

(2)性别计算

以填写图 1-7-19 中第 1 位职工"张学进"的"性别"C3 单元格为例,利用文本函数 MID(D3,17,1)从其身份证号码(D3 单元格)中取出顺序码最后一位(第十七位),然后利用 VALUE(MID(D3,17,1))函数将字符串转换成数值,通过比较 VALUE(MID(D3,17,1))/2 和 INT(VALUE(MID(D3,17,1))/2)的值是否相等来判断是奇数还是偶数,如果不相等则为奇数,相等则是偶数。

其中,INT(number)函数是用来求不大于 number 的最大整数,如 INT(3.5)的值为 3,INT(-3.5)的值为-4,INT(2)的值为 2。

例如:如果判断的数是 5,那么关系表达式"VALUE("5")/2=INT(VALUE("5")/2)"的左边 VALUE("5")/2 的值为 2.5,右边 INT(VALUE("5")/2)的值为 2,左右两边的值不相等,关系表达式的返回值为 FALSE;如果判断的数是 4,则关系表达式的返回值为 TRUE。这样就可将关系表达式作为条件写入逻辑函数"IF(条件,条件成立返回值,条件不成立返回值)"中,条件为 TRUE 时输出"女",条件为 FALSE 时输出"男"。

单元格 C3 的参考公式:

=IF(VALUE(MID(D3,17,1))/2=INT(VALUE(MID(D3,17,1))/2),"女","男")

(3)出生日期和年龄的提取和计算,可参考教材内容编制函数。

实训 8 数据管理与图表制作

8.1 实训目的

- 掌握 WPS 表格中工作表数据的排序。
- 掌握 WPS 表格中工作表数据的筛选。
- 掌握 WPS 表格中工作表数据的分类汇总。
- 掌握 WPS 表格中图表的创建。
- 掌握 WPS 表格中图表的编辑。
- 熟悉 WPS 表格工作表与图表的打印。

8.2 实训内容

8.2.1 数据排序

1. 排序概念

排序是将已建立好的表记录按某一关键字规定的顺序重新排列,产生一个新的表文件。WPS 表格中的排序分为单字段排序和多字段排序。排序的方式分为升序和降序,数值型字段按照值的大小排序,字符型字段根据 ASCII 码或汉字机内码的大小排序。

2. 排序方法

（1）单字段排序

操作案例：打开"科创集团年度绩效考核表.et"工作簿，选定"科创集团年度绩效考核表"工作表，删除"成立年月"和"运行时间"所在列，利用"降序"命令，将表中的数据按照"考核得分"降序排序。

▼参考步骤▼

Step 1 将光标置于列标"D"上按下鼠标左键拖动选定 D 列和 E 列，在选定区域上右击，从快捷菜单中选择"删除"命令，删除这两列。

Step 2 选定 A4:L14 单元格区域，单击"开始"选项卡中"排序"下拉按钮，从下拉列表中选择"自定义排序"选项，弹出"排序"对话框，如图 1-8-1 所示。勾选"数据包含标题"复选框，设置列"主要关键字"为"考核得分"，排序依据为"数值"，次序为"降序"，单击"确定"按钮，排序结果如图 1-8-2 所示。

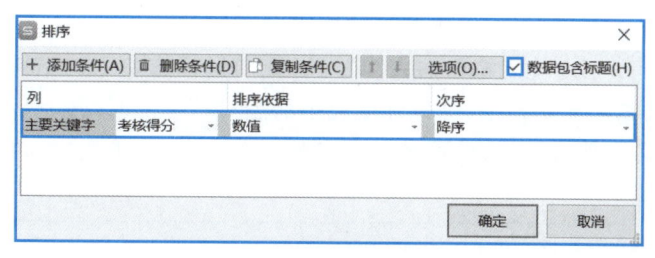

图 1-8-1 "排序"对话框

分支机构编号	分支机构名称	大区	一季度业绩	二季度业绩	三季度业绩	四季度业绩	年度总销售额	季度平均销售额	考核得分	评价	名次

制表日期：2021年10月7日　应考核数：11　实考核数：10
实考核比：90.91%　未考核比：9.09%　金额单位：万元

分支机构编号	分支机构名称	大区	一季度业绩	二季度业绩	三季度业绩	四季度业绩	年度总销售额	季度平均销售额	考核得分	评价	名次
HB19910501	科创集团三公司	华北	595	492.66	290	396	1773.66	443.415	98.00	优秀	
HD19970602	科创集团七公司	华东	754.3	367	80.5	279.98	1481.78	370.445	92.00	优秀	
HD19970601	科创集团六公司	华东	490	87	74.55	569.8	1221.35	305.3375	91.50	优秀	
HB20020102	科创集团四公司	华北	287.43	94	486	190	1057.43	264.3575	90.00	优秀	
HD19970603	科创集团八公司	华东	267	175.67	88	359	889.67	222.4175	90.00	优秀	
DB20080101	科创集团一公司	东北	331.3	142	64.5	471	1008.8	252.2	76.00	合格	
DB20090702	科创集团二公司	东北	45	278.88	80	255	658.88	164.72	75.81	合格	
XN20100501	科创集团十公司	西南	186	265.3	91	392.6	934.9	233.725	58.00	不过	
HD19970604	科创集团九公司	华东	78	760	44.8	182	1064.8	266.2	55.65	不过	
HB20100303	科创集团五公司	华北	78	356	60.44	275	769.44	192.36	45.73	不过	
XN20211002	科创集团十一公司	西南							不参加考核		
	合计		3112.03	3018.51	1359.79	3370.38	10860.71	2715.1775			
	季度平均业绩		311.203	301.851	135.979	337.038					
	季度最好业绩		754.3	760	486	569.8					
	季度最差业绩		45	87	44.8	182					
	季度不合格数		6	6	8	5					
	季度不合格率		60.00%	60.00%	80.00%	50.00%					

注：
1. 分支机构编号的前1~2位字母为大区拼音缩写，后3~8位为成立年月，最后9~10位为大区序号。
2. 季度业绩低于该季度平均值的视为不合格。

图 1-8-2 按"考核得分"降序排序结果

（2）多字段排序

操作案例：在图 1-8-2 中，排序主要关键字为"考核得分"，从表中可以看出，有两个分支机构的考核得分均为 90.00 分，如果要对得分相同的这两个单位再进行排序，就要用到第二个排序关键字。例如：指定排序规则是首先按"考核得分"降序排序，如果"考核得分"相同，则按"分支机构名称"升序排列。

参考步骤

Step 1 选定 A4:L14 单元格区域,单击"开始"选项卡中"排序"下拉按钮,从下拉列表中选择"自定义排序"选项,弹出"排序"对话框,如图 1-8-3 所示。勾选"数据包含标题"复选框,在"主要关键字"栏选择"考核得分",排序依据为"数值",次序为"降序"。

图 1-8-3 多字段"排序"对话框

Step 2 单击"添加条件"按钮,在"次要关键字"栏选择"分支机构名称",排序依据为"数值",次序为"升序"。设置完成后,单击"确定"按钮。

Step 3 分别在 L5、L6 单元格中输入"1""2",拖动鼠标选中 L5、L6 单元格,将鼠标移动到 L6 单元格右下角的填充句柄上,当鼠标变成小的黑"＋"字形时,按下鼠标左键拖动至 L14 单元格,松开鼠标,名次填写完毕,设置名次文字对齐方式为"水平居中",排序结果如图 1-8-4 所示。

	A	B	C	D	E	F	G	H	I	J	K	L
1					科创集团年度绩效考核表							
2	制表日期:	2021年10月7日		应考核数:	11	实考核数:	10		金额单位:	万元		
3				实考核比:	90.91%	未考核比:	9.09%					
4	分支机构编号	分支机构名称	大区	一季度业绩	二季度业绩	三季度业绩	四季度业绩	年度总销售额	季度平均销售额	考核得分	评价	名次
5	HB19910501	科创集团三公司	华北	595	492.66	290	396	1773.66	443.415	98.00	优秀	1
6	HD19970602	科创集团七公司	华东	754.3	367	80.5	279.98	1481.78	370.445	92.00	优秀	2
7	HD19970601	科创集团六公司	华东	490	87	74.55	569.8	1221.35	305.3375	91.50	优秀	3
8	HD19970603	科创集团八公司	华东	267	175.67	88	359	889.67	222.4175	90.00	优秀	4
9	HB20020102	科创集团四公司	华北	287.43	94	486	190	1057.43	264.3575	90.00	优秀	5
10	DB20080101	科创集团一公司	东北	331.3	142	64.5	471	1008.8	252.2	76.00	合格	6
11	DB20090702	科创集团二公司	东北	45	278.88	80	255	658.88	164.72	75.81	合格	7
12	XN20100501	科创集团十公司	西南	186	265.3	91	392.6	934.9	233.725	58.00	不通过	8
13	HD19970604	科创集团九公司	华东	78	760	44.8	182	1064.8	266.2	55.65	不通过	9
14	HB20100303	科创集团五公司	华北	78	356	60.44	275	769.44	192.36	45.73	不通过	10
15	XN20211002	科创集团十一公司	西南							不参加考核		
16		合计		3112.03	3018.51	1359.79	3370.38	10860.71	2715.1775			
17		季度平均业绩		311.203	301.851	135.979	337.038					
18		季度最好业绩		754.3	760	486	569.8					
19		季度最差业绩		45	87	44.8	182					
20		季度不合格数		6	6	8	5					
21		季度不合格率		60.00%	60.00%	80.00%	50.00%					
22	注: 1.分支机构编号的前1~2位字母为大区拼音缩写,后3~8位为成立年月,最后9~10位为大区序号。 2.季度业绩低于该季度平均值的视为不合格。											

图 1-8-4 多字段排序的结果

8.2.2 数据筛选

1. 筛选概念

筛选是从一个大的数据表格中查找出满足条件的信息记录,并且将它显示出来,而将不满足条件的记录隐藏起来。

2. 筛选方法

(1) 自动筛选

操作案例 1: 打开"科创集团年度绩效考核表.et"工作簿,选定"科创集团年度绩效考核表"工作表,筛选出"东北"和"华北"大区的分支机构。

参考步骤

Step 1　选定 A4:L15 单元格区域。

Step 2　单击"开始"选项卡中的"筛选"下拉按钮,从下拉列表中选择"筛选"选项。这时工作表每个列标题的右侧会出现下拉按钮▼。

Step 3　单击"大区"列标题右侧的下拉按钮,弹出"筛选"对话框,如图 1-8-5 所示。在"内容筛选"区域选择"东北"和"华北"两项,单击"确定"按钮。筛选结果如图 1-8-6 所示。

Step 4　已做筛选的列标题右侧的图标变为▼,要取消本次筛选,可单击此按钮,再次打开图 1-8-5 所示的对话框,勾选"全选"后单击"确定"按钮。

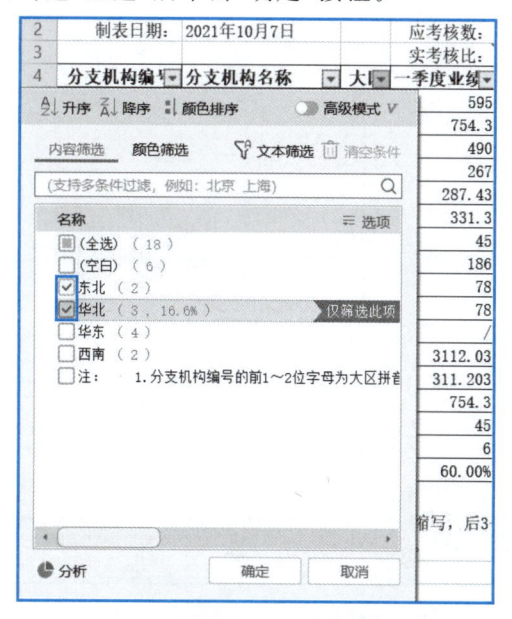

图 1-8-5　"大区"筛选

图 1-8-6　"大区"筛选结果

操作案例 2: 在已筛选的结果中还可以做再次筛选。例如,需要在图 1-8-6 所示的结果中筛选出"考核得分"在 90 分(含)以上的分支机构。

参考步骤

Step 1　单击"考核得分"列标题右侧的下拉按钮▼,弹出"筛选"对话框,单击"数字筛选"

按钮,弹出级联菜单,如图1-8-7所示。选择"大于或等于",弹出"自定义自动筛选方式"对话框,如图1-8-8所示。在"大于或等于"右侧的文本框中输入"90",单击"确定"按钮,筛选结果如图1-8-9所示。

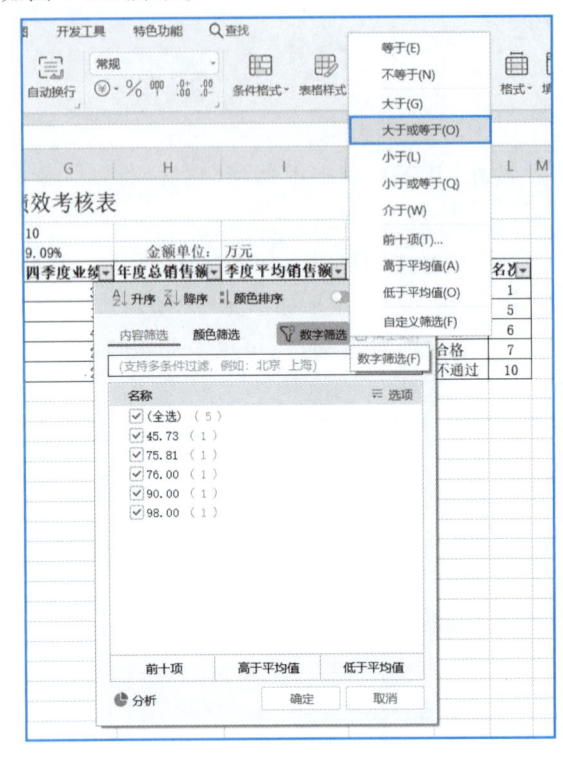

图 1-8-7　数字筛选

图 1-8-8　"自定义自动筛选方式"对话框

图 1-8-9　两重筛选结果

Step 2　如果要取消本次筛选,可单击已筛选的列标题右侧图标 ,再次打开"筛选"对话框,勾选"全选"后单击"确定"按钮。

Step 3　如果要取消整个工作表的筛选,单击"开始"选项卡中的"筛选"下拉按钮,从下拉列表中单击"筛选"选项,取消筛选。

(2)高级筛选

高级筛选可以解决更加复杂的筛选问题。它可以读取事先录入的筛选条件,依据筛选条件对指定工作表执行筛选操作,筛选的结果不仅可以在原表中显示,还可以把符合条件的数据输出到其他指定位置。

操作案例:打开"科创集团年度绩效考核表.et"工作簿,选定"科创集团年度绩效考核表"工作表,复制一份副本,重命名为"高级筛选",筛选出符合如下条件的记录:

位于"西南"大区,或者"华东"大区中"年度总销售额"在1 000万元(含)以上的分支机构。

参考步骤

Step 1　建立筛选条件区域,输入筛选条件。

选择 P1:Q3 单元格区域,输入筛选条件,如图 1-8-10 所示。

注意:设置筛选条件时,垂直方向的条件是"或"的关系,水平方向的条件是"且"的关系。

Step 2　选定 A4:L15 单元格区域。

Step 3　单击"开始"选项卡中的"筛选"下拉按钮,从下拉列表中选择"高级筛选"选项,弹出"高级筛选"对话框,如图 1-8-11 所示。

Step 4　选择"将筛选结果复制到其他位置"单选按钮;"列表区域"文本框的内容系统已自动填入,无须更改;在"条件区域"文本框中输入条件区域地址"＄P＄1:＄Q＄3";在"复制到"文本框中输入准备显示筛选结果的区域左上角单元格地址"＄A＄25",单击"确定"按钮。这里的地址可以手工输入,也可以单击各文本框右侧的"　"按钮从工作表中选取范围,自动填入地址。

筛选结果如图 1-8-12 所示。

P	Q
大区	年度总销售额
西南	
华东	>=1000

图 1-8-10　高级筛选的条件

图 1-8-11　"高级筛选"对话框

分支机构编号	分支机构名称	大区	一季度业绩	二季度业绩	三季度业绩	四季度业绩	年度总销售额	季度平均销售额	考核得分	评价	名次
HD19970602	科创集团七公司	华东	754.3	367	80.5	279.98	1481.78	370.445	92.00	优秀	2
HD19970601	科创集团六公司	华东	490	87	74.55	569.8	1221.35	305.3375	91.50	优秀	3
XN20100501	科创集团十公司	西南	186	265.3	91	392.6	934.9	233.725	58.00	不通过	8
HD19970604	科创集团九公司	华东	78	760	44.8	182	1064.8	266.2	55.65	不通过	9
XN20211002	科创集团十一公司	西南	/						不参加考核		

图 1-8-12　"高级筛选"结果

8.2.3　数据分类汇总

1. 分类汇总概念

在数据处理时,有时需要对工作表中的记录(行)按某个列进行分类,然后对每一类别的指定数据进行汇总,这种操作可以利用 WPS 表格的"分类汇总"功能快速完成。

2. 分类汇总方法

操作案例:打开"科创集团年度绩效考核表.et"工作簿,选定"科创集团年度绩效考核表"工作表,复制一份副本,重命名为"分类汇总",按"大区"分类,统计各大区每季度业绩及"年度总销售额"之和。

参考步骤

Step 1 打开"科创集团年度绩效考核表.et"工作簿,选定"科创集团年度绩效考核表"工作表,复制一份副本放到最后,重命名为"分类汇总"。

Step 2 选定"分类汇总"工作表的 A4:L14 单元格区域。

Step 3 按"大区"排序。单击"开始"选项卡中"排序"下拉按钮,从下拉列表中选择"自定义排序"选项,弹出"排序"对话框,勾选"数据包含标题"复选框,设置列"主要关键字"为"大区",排序依据为"数值",次序为"升序"(升序降序都可以),单击"确定"按钮,排序结果如图 1-8-13 所示。

图 1-8-13 按"大区"升序排序结果

Step 4 单击"数据"选项卡中的"分类汇总"命令按钮,弹出"分类汇总"对话框,如图 1-8-14 所示。"分类字段"的下拉列表中选择"大区";"汇总方式"的下拉列表中选择"求和";"选定汇总项"的列表中勾选"一季度业绩"、"二季度业绩"、"三季度业绩"、"四季度业绩"及"年度总销售额"的复选框,单击"确定"按钮,分类汇总结果如图 1-8-15 所示。

在结果中,出现"1 2 3"分级按钮组,分别显示 3 个级别的汇总结果。单击"1"按钮,只显示全部数据的汇总结果,即总计结果;单击"2"按钮,只显示每组数据的汇总结果,即小计;单击"3"按钮,显示全部数据。

单击左侧组合树中的"-"号隐藏该分类的数据,只显示该分类的汇总信息,单击"+"号表示将隐藏的数据显示出来。

图 1-8-14 "分类汇总"对话框

如果要取消分类汇总,打开如图 1-8-14 所示的"分类汇总"对话框,单击"全部删除"按钮即可。

实训 8　数据管理与图表制作

	4	分支机构编号	分支机构名称	大区	一季度业绩	二季度业绩	三季度业绩	四季度业绩	年度总销售额	季度平均销售额	考核得分	评价	名次
	5	DB20080101	科创集团一公司	东北	331.3	142	64.5	471	1008.8	252.2	76.00	合格	6
	6	DB20090702	科创集团二公司	东北	45	278.88	80	255	658.88	164.72	75.81	合格	7
	7			东北 汇	376.3	420.88	144.5	726	1667.88				13
	8	HB19910501	科创集团三公司	华北	595	492.66	290	396	1773.66	443.415	98.00	优秀	1
	9	HB20020102	科创集团四公司	华北	287.43	94	486	190	1057.43	264.3575	90.00	优秀	5
	10	HB20100303	科创集团五公司	华北	78	356	60.44	275	769.44	192.36	45.73	不通过	10
	11			华北 汇	960.43	942.66	836.44	861	3600.53				16
	12	HD19970602	科创集团七公司	华东	754.3	367	80.5	279.98	1481.78	370.445	92.00	优秀	2
	13	HD19970601	科创集团六公司	华东	490	87	74.55	569.8	1221.35	305.3375	91.50	优秀	3
	14	HD19970603	科创集团八公司	华东	267	175.67	88	359	889.67	222.4175	90.00	优秀	4
	15	HD19970604	科创集团九公司	华东	78	760	44.8	182	1064.8	266.2	55.65	不通过	9
	16			华东 汇	1589.3	1389.67	287.85	1390.78	4657.6				18
	17	XN20100501	科创集团十公司	西南	186	265.3	91	392.6	934.9	233.725	58.00	不通过	8
	18			西南 汇	186	265.3	91	392.6	934.9				8
	19			总计	3112.03	3018.51	1359.79	3370.38	10860.91				55

图 1-8-15　"分类汇总"结果

8.2.4　创建图表

将数据以图表的形式展现,能有效提高数据的直观性、美观度和说服力。

操作案例:打开"科创集团年度绩效考核表.et"工作簿,选定"科创集团年度绩效考核表"工作表,复制一份副本,重命名为"图表",将每个分支机构(十一公司除外)的"年度总销售额"以图表形式呈现出来。

▶ 参考步骤

Step 1　选定工作表中的"分支机构区域"B4:B14 单元格区域,按住 Ctrl 键不放,再选定"年度总销售额"的数据区域 H4:H14。

Step 2　单击"插入"选项卡中的"全部图表"按钮,弹出如图 1-8-16 所示的"插入图表"对话框。

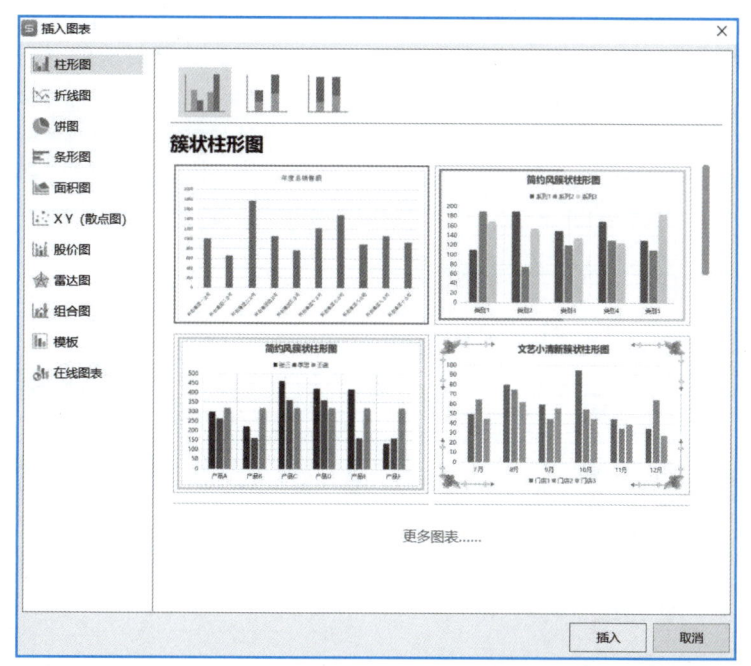

图 1-8-16　"插入图表"对话框

Step 3　根据展示的需要在对话框左侧选择图表类型,在右侧选择该类型下的不同样式。

本例选择的是"柱形图"下"簇状柱形图"的第 1 幅图。选择完后单击"插入"按钮。插入图表如图 1-8-17 所示。

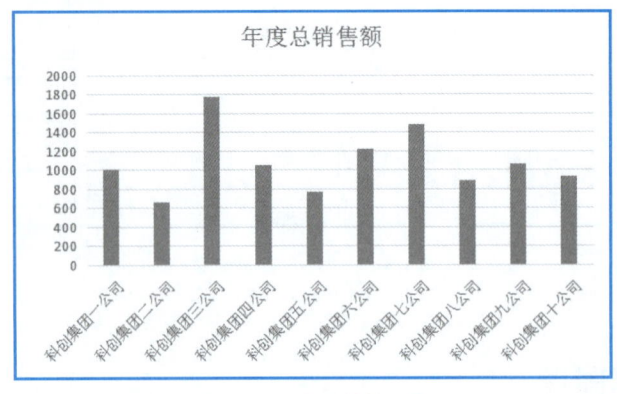

图 1-8-17　插入的柱形图

8.2.5　编辑图表

图表的编辑操作主要包括：
(1)图表的选定：直接单击图表。
(2)图表的移动：选定后拖动鼠标。
(3)改变图表的大小：选定图表后，通过拖动图表四周的控制点改变图表的大小。
(4)图表的删除：选定后按 Delete 键。
(5)改变图表类型：在图表空白处右击，在弹出的快捷菜单中选择"更改图表类型"选项，弹出"更改图表类型"对话框，并重新选择图表类型，选定后单击"插入"按钮。
(6)修改图表元素：单击图表中的不同元素，在窗口右侧会打开对应的"属性"任务窗格，如图 1-8-18 所示，通过对其属性的修改来更改图表的显示效果；双击图表标题可对其文本进行修改。单击选定图表，单击图表右侧顶端的"图表元素"浮动按钮，可以添加/删除图表元素，如图 1-8-19 所示。

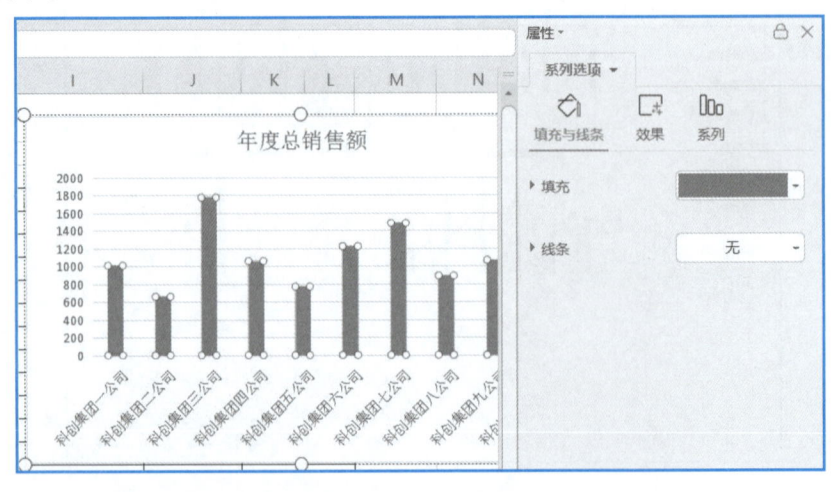

图 1-8-18　元素属性

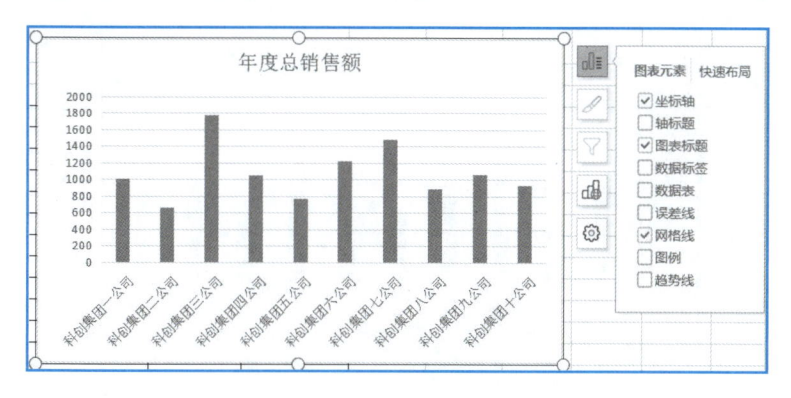

图 1-8-19 "图表元素"浮动按钮

(7)编辑数据源：在图表空白处右击，在弹出的快捷菜单中选择"选择数据"选项，弹出"编辑数据源"对话框，如图 1-8-20 所示。修改数据源后单击"确定"按钮。

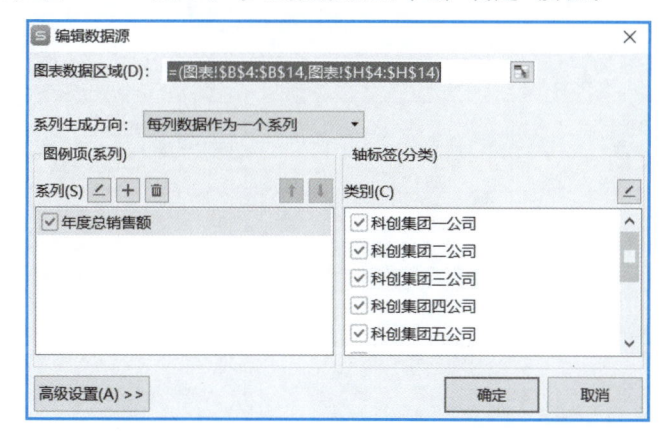

图 1-8-20 "编辑数据源"对话框

操作案例：针对图 1-8-17 所示的图表，修改数据源为"季度平均销售额"，修改柱状图的颜色为绿白渐变；添加"轴标题"和"图例"元素；修改图表标题为"科创集团季度平均销售额"，绿色，黑体，字号 14 磅。

参考步骤

Step 1 修改数据源为"季度平均销售额"。在图表空白处右击，在弹出的快捷菜单中选择"选择数据"选项，弹出"编辑数据源"对话框，如图 1-8-20 所示。单击"图表数据区域"文本框右侧的图标，在工作表中选定"分支机构区域"B4:B14，按住 Ctrl 键不放，再选定"季度平均销售额"的数据区域 I4:I14，则对话框"图表数据区域"的文本框内容修改为"＝图表！＄B＄4:＄B＄14,图表！＄I＄4:＄I＄14"，"系列"框内的内容修改为"季度平均销售额"，"类别"框的内容不变，单击"确定"按钮。变更数据源后的图表如图 1-8-21 所示。

Step 2 修改柱状图的颜色为绿白渐变。右击图表中的空白区域，从快捷菜单中选择"设置图表区域格式"，打开"属性"任务窗格，单击图表中的柱状图形，"属性"任务窗格的状态如图 1-8-22 所示。设置"填充"方式为"渐变填充"，设置左右端点的色标分别为"绿色"和"白色"，删除中间不需要的色标。

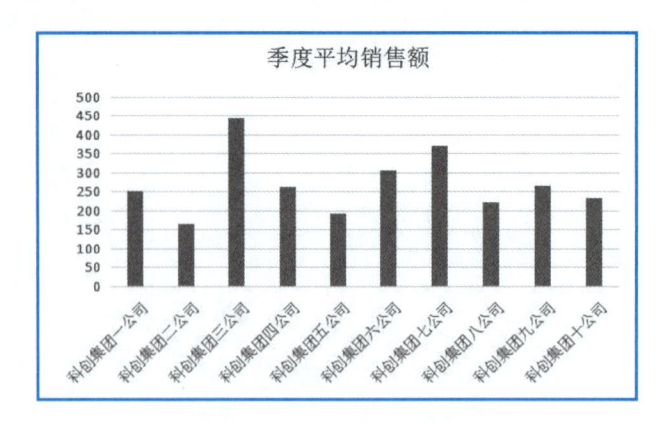

图 1-8-21　修改数据源后的图表

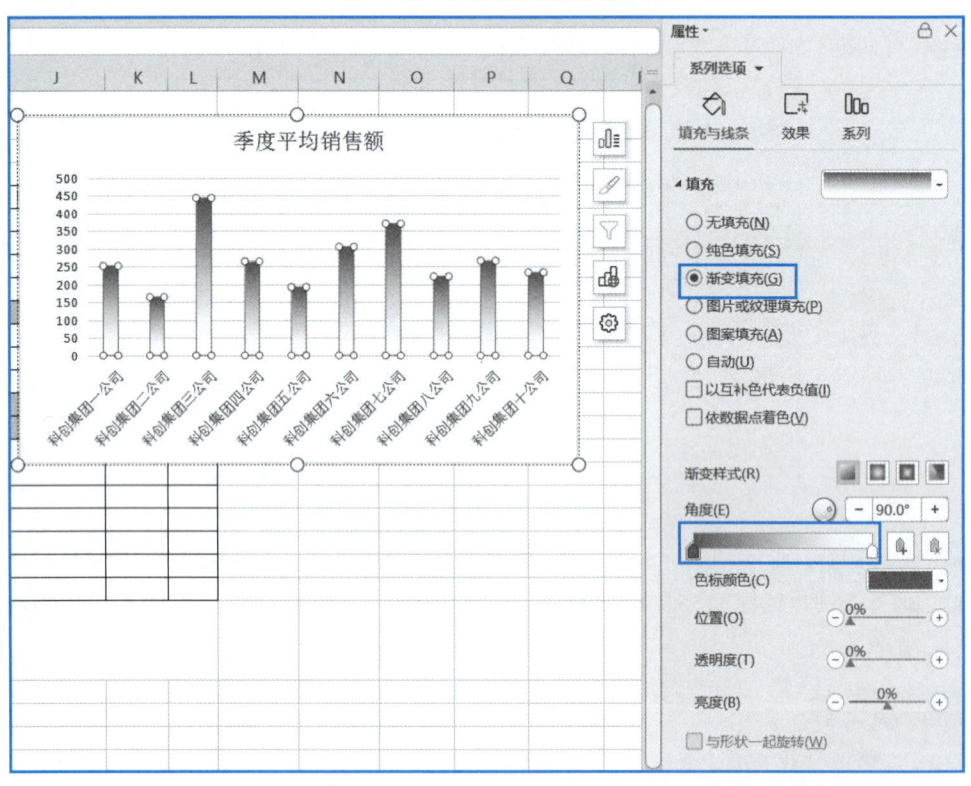

图 1-8-22　设置柱状图形填充

Step 3　添加"轴标题"和"图例"元素。单击选定图表,单击图表右侧顶端的"图表元素"浮动按钮,弹出"图表元素"浮动按钮,如图 1-8-19 所示。勾选"轴标题"和"图例"复选框,在图表中添加这两个元素。双击水平方向坐标轴标题,修改为"分支机构";双击垂直方向坐标轴标题,修改为"单位:万元"。

Step 4　修改图表标题。双击图表标题,修改为"科创集团季度平均销售额",在"开始"选项卡中,设置标题格式为:绿色,黑体,字号 14 磅。

重新编辑后的图表,最终效果如图 1-8-23 所示。更多的修改请读者自行测试。

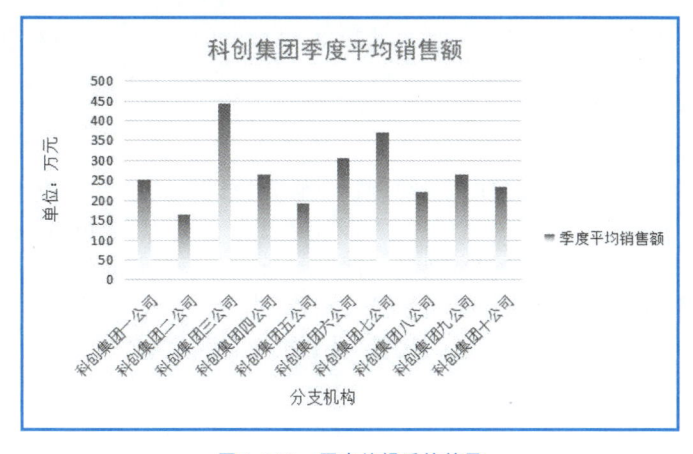

图 1-8-23　图表编辑后的效果

8.2.6　工作表打印设置

1. 页面设置

单击"页面布局"选项卡，其功能区如图 1-8-24 所示。

图 1-8-24　"页面布局"选项卡

（1）设置纸张大小

单击图 1-8-24 中的"纸张大小"按钮，可以选择合适的打印纸张。如果所有规格的纸张都不合适，则单击"其他纸张大小"选项，打开"页面设置"对话框"页面"选项卡，可以设置纸张方向、缩放、选择打印机、设置纸张等。设置完毕后单击"确定"按钮。

（2）设置纸张方向

单击图 1-8-24 中的"纸张方向"按钮，可以选择"纵向"或"横向"，也可以在"页面设置"对话框"页面"选项卡中设置。设置完毕后单击"确定"按钮。

（3）设置页边距

单击图 1-8-24 中的"页边距"按钮，可以从内置的"常规/窄/宽"中选择。也可以单击"自定义页边距"，弹出"自定义页边距"对话框，详细修改上、下、左、右，以及页眉和页脚的边距值，还可以设置水平和垂直方向是否需要居中打印等。设置完毕后单击"确定"按钮。

（4）设置打印缩放

在实际工作中，有时为了保证在一页纸上打印完整的内容，需要将表的所有行、列，或者整个表打印到一页纸上，这就要用到"打印缩放"功能。

单击图 1-8-24 中的"打印缩放"按钮，可以选择是否将整个工作表/列/行打印到一页上，或调整"缩放比例"的值，还可以单击"自定义缩放"，在"页面设置"对话框"页面"选项卡中的"缩放"区域调整缩放设置。设置完毕后单击"确定"按钮。

（5）设置打印标题或表头

单击图 1-8-24 中的"打印标题或表头"按钮，打开"页面设置"对话框"工作表"选项卡。在"顶端标题行"和"左端标题列"右侧的文本框内输入地址范围或单击右边的区域选择图标，从工作表中选择区域范围。设置好的"顶端标题行"和"左端标题列"的区域内容会打印在每一页纸上。设置完毕后单击"确定"按钮。

（6）打印页眉和页脚

单击图1-8-24中的"打印页眉和页脚"按钮，打开"页面设置"对话框"页眉/页脚"选项卡。展开"页眉"和"页脚"的下拉列表可以选择页眉/页脚；也可以单击"自定义页眉"按钮，弹出"页眉"对话框，自定义页眉的内容和位置；类似的，单击"自定义页脚"按钮，自定义页脚的内容和位置。设置页眉/页脚时，还可通过"奇偶页不同"或"首页不同"为奇数页、偶数页或首页设置不同内容的页眉/页脚。设置完毕后单击"确定"按钮。

如果要删除页眉/页脚，则打开"页面设置"对话框"页眉/页脚"选项卡，在"页眉"或"页脚"的下拉列表中选择"（无）"即可。

2. 工作表打印及输出

操作案例：打开"科创集团年度绩效考核表.et"工作簿，选定"科创集团年度绩效考核表"工作表。将整个工作表横向打印到一页A4纸张上；打印时要求水平和垂直方向居中，页边距上、下为2.5cm，左、右为2cm；设置页眉为"笃志前行 追求卓越"，居中打印；设置页脚为"第1页，Sheet1"；设置打印机名为"Microsoft Print to PDF"，预览打印效果；输出PDF文件。

参考步骤

Step 1 设置打印方向为横向，将整个工作表打印在一页上，设置打印机名为"Microsoft Print to PDF"，纸张大小为A4。

单击"页面布局"选项卡中的"纸张大小"命令，展开下拉列表，选择"其他纸张大小"选项，打开"页面设置"对话框"页面"选项卡，如图1-8-25所示。按图中的内容进行参数设置。

Step 2 设置水平、垂直居中，页边距上、下为2.5 cm，左、右为2 cm。

在图1-8-25中，单击"页边距"选项卡，切换到"页边距"选项卡，如图1-8-26所示。按图中的内容进行参数设置。

图1-8-25 "页面设置"对话框"页面"选项卡

图1-8-26 "页面设置"对话框"页边距"选项卡

Step 3 设置页眉、页脚。

在图1-8-26中，单击"页眉/页脚"选项卡，切换到"页眉/页脚"选项卡，单击"自定义页眉"按钮，打开"页眉"对话框，如图1-8-27所示，在页眉中间区域输入"笃志前行 追求卓越"，单击"确定"按钮，回到"页面设置"对话框"页眉/页脚"选项卡，从"页脚"下拉列表中选择"第1页，

Sheet1",如图 1-8-28 所示。

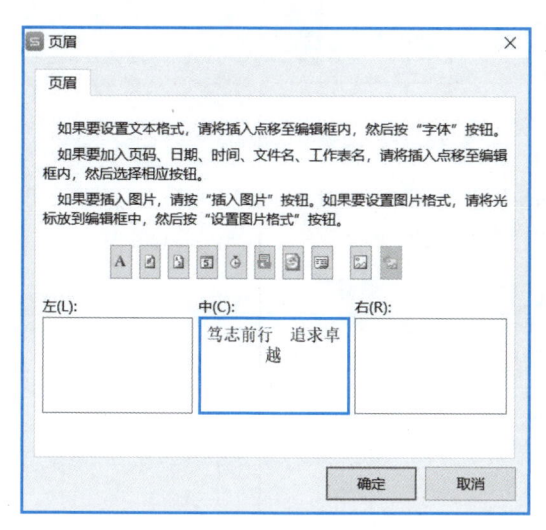

图 1-8-27 "页眉"对话框

图 1-8-28 "页面设置"对话框"页眉/页脚"选项卡

Step 4 打印预览。

在图 1-8-28 中,单击"工作表"选项卡,切换到"工作表"选项卡,如图 1-8-29 所示。"打印区域"为空时表示打印当前整个工作表;也可以输入打印范围,或单击文本框右侧的区域选择按钮从工作表中选取打印范围。

设置完毕后,单击"打印预览"按钮,预览模拟打印的效果,如图 1-8-30 所示。单击"返回"或"关闭"按钮返回到工作表编辑状态。

图 1-8-29 "页面设置"对话框"工作表"选项卡

从预览结果来看,还可以将工作表中的行高值调大,尽量使打印出来的内容相对纸张来说比较饱满。请读者自行测试。

Step 5 输出 PDF 文件。

在图 1-8-30 中,单击"直接打印"按钮,因为我们之前选择的打印机名为"Microsoft Print to PDF",意思是将打印结果输出为 PDF 文件,弹出"将打印输出另存为"对话框,如图 1-8-31

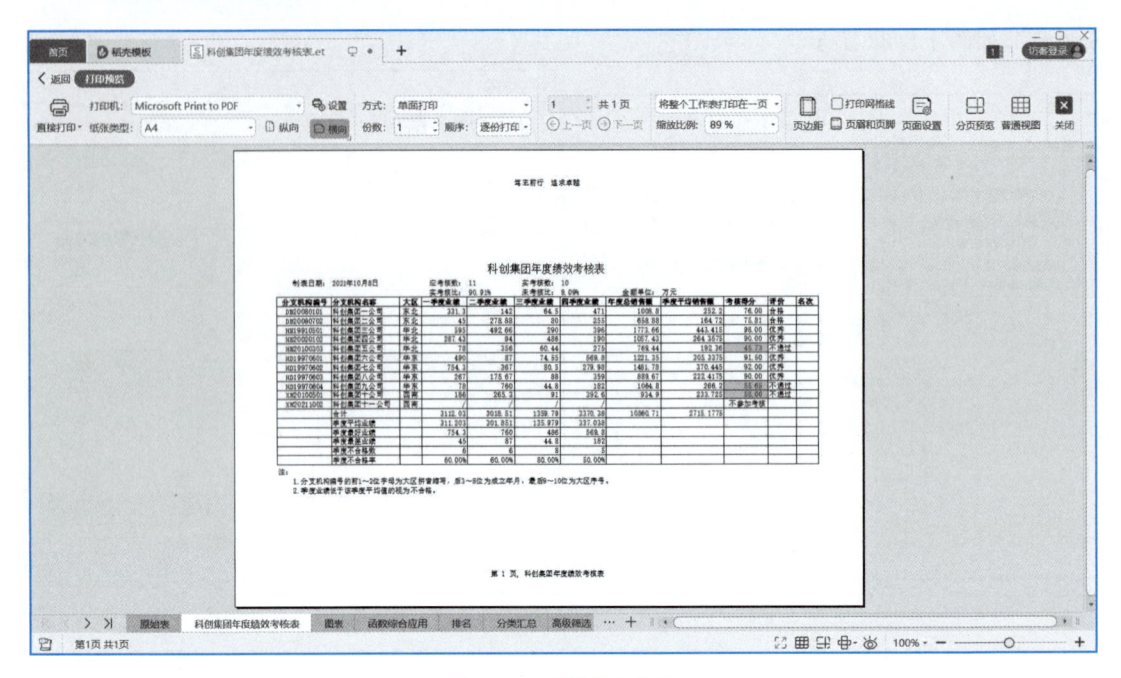

图 1-8-30 预览打印效果

所示。选择文件保存的位置，输入文件名后单击"保存"按钮，系统会在指定位置生成 PDF 文件。

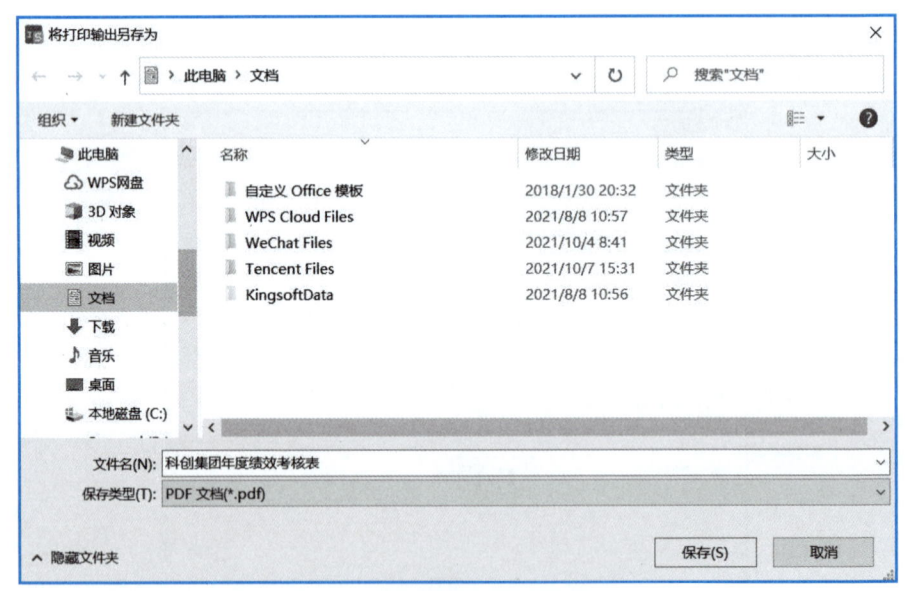

图 1-8-31 "将打印输出另存为"对话框

如果选择的"打印机名"为一实际联机的打印机，可以在设置打印份数后，打印到纸上。

思考及课后练习

1. 在 WPS 表格中，什么是数据的排序、筛选和分类汇总？它们有什么作用？
2. 在 WPS 表格中，常用图表有哪些？如何创建它们？通过上机进行验证。

3. 在 WPS 表格中,如何打印工作表和图表？通过上机进行验证。

4. 就图 1-8-4 所示的工作表,完成下列操作：

(1) 将"科创集团年度绩效考核表"工作表建立一份副本,放到最后,重命名为"实训 8-习题",选定"实训 8-习题"工作表。

(2) 将单元格区域 J4:K15 的对齐方式设置为水平和垂直居中。

(3) 将数据区域 A4:L14 按"年度总销售额"降序排列,并按"1、2、3……"的顺序在"名次"列标上数字。

(4) 选定"分支机构编号"区域 A4:A14 和四个季度业绩区域 D4:G14,制作出"堆积条形图",并修改图表标题为"科创集团年度绩效考核表"。操作结果如图 1-8-32 所示。

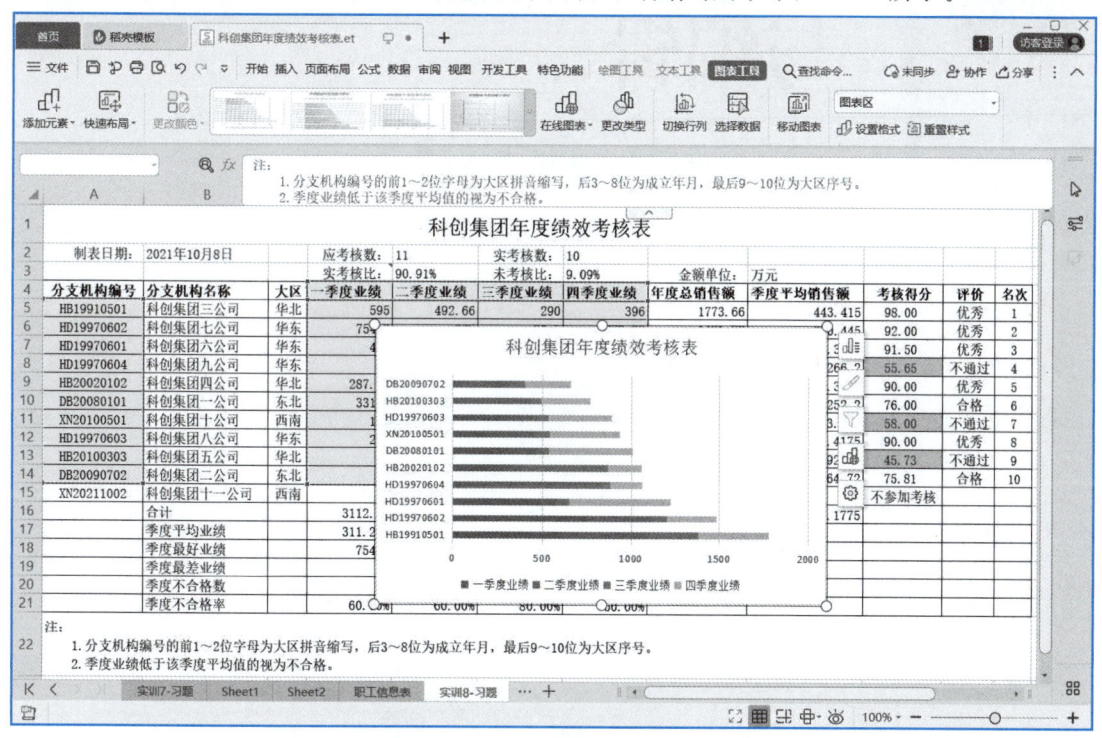

图 1-8-32　第 4 题图

(5) 将含有图表的"实训 8-习题"工作表页面设置为 A4 纸,横向打印,输出 PDF 文件。

实训 9 简单演示文稿的制作与编辑

9.1 实训目的

- 掌握 WPS Office 2019 演示文稿的启动和退出。
- 掌握创建演示文稿的常用方法。
- 掌握编辑幻灯片的基本方法。
- 掌握幻灯片基本元素的应用。

9.2 实训内容

使用 WPS Office 2019 演示文稿制作以下演示文稿,如图 1-9-1 所示。

9.2.1 启动与退出 WPS 演示文稿

1. 启动 WPS 演示文稿

方法 1:用鼠标单击屏幕左下角"开始"按钮,或者按键盘的"开始"键,打开"开始"菜单,单击 WPS Office,启动 WPS Office 2019 应用程序。

方法 2:若桌面上有 WPS Office 的快捷图标,则双击该图标即可启动 WPS Office。

方法 3:打开任意一个 WPS 演示文档将同时启动 WPS 演示文稿。

2. 退出 WPS 演示文稿

方法 1:单击 WPS 演示文稿窗口标题栏最右边的"×"按钮。

实训 9　简单演示文稿的制作与编辑

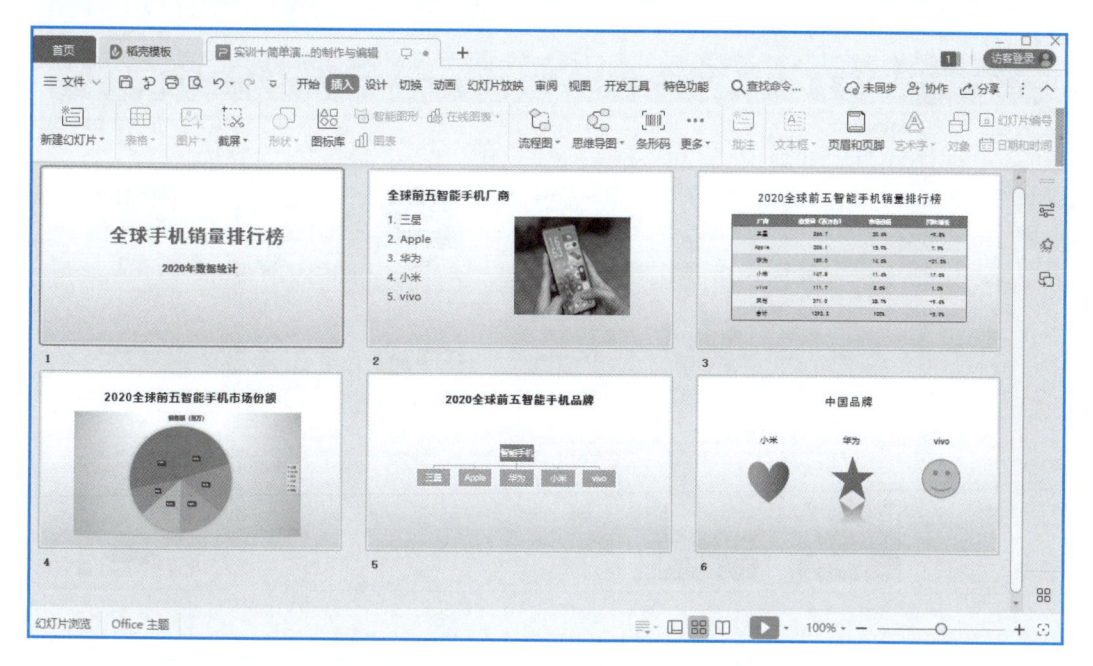

图 1-9-1　"演示文稿"效果

方法 2：单击"文件"选项卡，选择"退出"菜单命令。
方法 3：按"Ctrl＋W"快捷键。

9.2.2　新建演示文稿,并制作第 1 张幻灯片

1. 新建演示文稿

操作案例：创建演示文稿，命名为"实训 9 简单演示文稿的制作与编辑"，保存在"我的文档"中。

参考步骤

Step 1　启动 WPS Office 演示文稿应用程序,先启动 WPS Office,单击左侧"新建"菜单或标题栏上的"＋"号按钮,选择"演示"选项卡,打开如图 1-9-2 所示窗口。在图 1-9-2 中单击"新建空白文档",即新建了一个包含一张标题幻灯片的空白演示文稿,如图 1-9-3 所示。

Step 2　依次选择"文件"选项卡→"保存"或"另存为"命令,或单击快速访问工具栏中的"保存"按钮,弹出"另存文件"对话框,在"文件名"文本框中输入文件的名称,如图 1-9-4 所示,单击"保存"按钮,保存完毕。

图 1-9-2　新建演示文稿

图 1-9-3　"演示文稿"窗口

2. 制作第 1 张幻灯片

操作案例:

(1)设置"幻灯片版式"为"标题幻灯片"。

(2)设置标题为"全球手机排行榜",字体为"黑体",字号为"60"号,字形为"加粗",效果为"阴影",颜色为"蓝色"。

(3)设置副标题为"2020 年数据统计",字体为"黑体",字号为"32 号",字形为"加粗",颜色为"黑色"。

实训 9　简单演示文稿的制作与编辑

图 1-9-4　"另存文件"对话框

> 参考步骤

Step 1　继续上面的步骤,选中编号为 1 的幻灯片,依次选择"开始"选项卡→"版式"命令,在弹出的版式列表中选择"标题幻灯片"版式,如图 1-9-5 所示。

Step 2　在标题框中输入"全球手机销量排行榜"文本;选中标题框或标题框中的文字,单击"开始"选项卡→"字体"选项组→"字体"对话框启动器,弹出"字体"对话框,设置字体为"黑体",字号为"60",字形为"加粗",单击"字体颜色"下拉按钮,选择"蓝色"选项,单击"确定"按钮。如图 1-9-6 所示。在"开始"选项卡→"字体"选项组中单击"阴影"按钮 S,设置字符阴影效果。

图 1-9-5　选择幻灯片版式

图 1-9-6　"字体"对话框

Step 3　在副标题框中输入"2020 年数据统计",依照 Step 2 的方法或通过"字体"选项组中的命令,设置文字字体为"黑体",字号为"32",字形为"加粗",颜色为"黑色"。

Step 4　选中标题框,移动鼠标至标题框虚线处,拖动鼠标,将标题框移到合适位置。用同样的方法将副标题框移到合适的位置。

Step 5　单击快速访问工具栏中的"保存"按钮,第 1 张幻灯片制作并保存完毕,如图 1-9-7 所示。

图 1-9-7　第 1 张幻灯片

9.2.3　制作第 2 张幻灯片

操作案例:

(1)设置"幻灯片版式"为"标题和内容"。

(2)标题为"全球前五智能手机厂商",字体为"黑体",字号为"36 号",字形为"加粗",默认颜色。

(3)标题框下方的占位符中内容为"1.三星 2.Apple 3.华为 4.小米 5.vivo",字体为"微软雅黑",字号为"32 号",每行前面进行编号("1.2.3……")。

(4)插入本地图片素材。

参考步骤

Step 1　继续 9.2.2 节的操作,依次选择"开始"选项卡→"新建幻灯片"命令,在弹出的幻灯片版式列表中选择"标题和内容"版式。

Step 2　在标题框中输入"全球前五智能手机厂商"文本,并设置文字字体为"黑体",字号为"36 号",字形为"加粗"。

Step 3　在标题框下面的占位符中输入"三星",按 Enter 键,前面的项目符号("●")不能删除。

Step 4　依次输入"Apple(换行)华为(换行)小米(换行)vivo"文本内容。

注:根据 IDC 国际数据公司统计结果进行的排名。

Step 5　选中标题下方的占位符,设置字体为"微软雅黑",字号为"32 号",单击"开始"选项卡→"编号"按钮右侧小箭头,弹出"编号"面板,设置文本编号为数字编号,如图 1-9-8 所示。

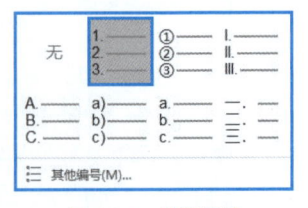

图 1-9-8　设置编号

实训 9　简单演示文稿的制作与编辑

Step 6　单击"插入"选项卡→"图片"命令,选择"本地图片",弹出"插入图片"对话框,选择预先准备好的图片素材插入幻灯片,调整大小、位置。

Step 7　单击快速访问工具栏中的"保存"按钮,第 2 张幻灯片制作完毕,如图 1-9-9 所示。

图 1-9-9　第 2 张幻灯片

9.2.4　制作第 3 张幻灯片

操作案例:

(1)设置"幻灯片版式"为"标题和内容"。

(2)设置标题为"2020 全球前五智能手机销量排行榜",字体为"黑体",字号为"36 号",默认颜色。

(3)表格内容见表 1-9-1。

表 1-9-1　　　　　　　　　　表格数据

厂商	出货量(百万台)	市场份额	同比增长
三星	266.7	20.6%	−9.8%
Apple	206.1	15.9%	7.9%
华为	189.0	14.6%	−21.5%
小米	147.8	11.4%	17.6%
vivo	111.7	8.6%	1.0%
其他	371.0	28.7%	−9.4%
合计	1292.2	100%	−5.9%

(4)设置表格中的文字水平和垂直居中。

(5)设置表格边框设置为"蓝色""1.5 磅"。

参考步骤

Step 1　继续 9.2.3 节的操作,依次选择"开始"选项卡→"幻灯片"选项组中的"新建幻灯片"命令,在弹出的幻灯片版式列表中选择"标题和内容"版式。

Step 2　在标题框中输入"2020 全球前五智能手机销量排行榜"文本,并设置文字的字体为"黑体",字号为"36 号"。

Step 3 单击占位符中的表格图标,或依次选择"插入"→"表格"→"插入表格"命令,打开"插入表格"对话框,分别在"列数"和"行数"微调框中输入需要的数值"8"和"4",如图 1-9-10 所示,单击"确定"按钮。

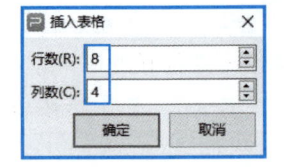

图 1-9-10 "插入表格"对话框

Step 4 在表格内输入表 1-9-1 的内容,表格内的字体设置为"黑体",字号为"18 号"。

Step 5 单击表格,使表格处于选中状态,适当调整表格的大小和位置。

Step 6 通过单击"表格工具"→"水平居中"和"垂直居中"按钮,实现表格内文字的水平和垂直居中,如图 1-9-11 所示。

图 1-9-11 表格中数据居中显示

Step 7 选中表格对象,选择"表格样式"选项卡,设置"笔颜色"为"蓝色",设置"笔样式"为"实线",设置"笔划粗细"为"1.5磅",然后单击"表格样式"组中"边框"按钮,在弹出的列表中选择"外部框线"按钮,如图 1-9-12 所示。保存所做的结果,第 3 张幻灯片制作完毕。

图 1-9-12 第 3 张幻灯片

9.2.5　制作第 4 张幻灯片

操作案例：

(1) 设置"幻灯片版式"为"标题和内容"。

(2) 设置标题为"2020 全球前五智能手机市场份额",字体为"黑体",字号为"36 号",默认颜色。

(3) 设置图表类型为"饼图",子图表类型为"分离型三维饼图"。

(4) 图表中的数据如图 1-9-13 所示。

	销售额（百万）
三星	266.7
Apple	206.1
华为	189.0
小米	147.8
vivo	111.7
其他	371.0

图 1-9-13　图表数据表

参考步骤

Step 1　继续 9.2.4 节的操作,新建一张"标题和内容"版式的幻灯片。

Step 2　在标题框中输入"2020 全球前五智能手机市场份额"文本,并设置字体为"黑体",字号为"36 号"。

Step 3　单击占位符中的图表图标,或单击"插入"→"插图"选项组中的"图表"按钮,打开"插入图表"对话框,选中"饼图"中的"分离型三维饼图",单击"插入"按钮。如图 1-9-14 所示。

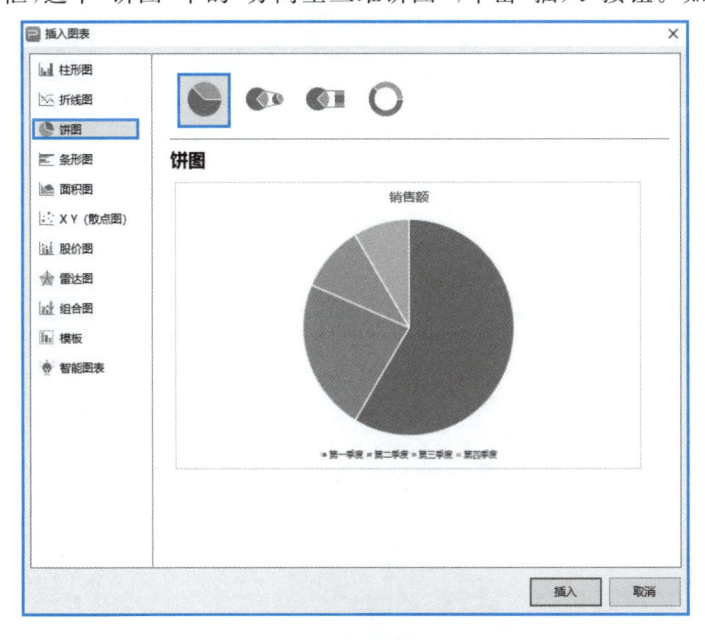

图 1-9-14　"插入图表"对话框

Step 4　选中图表,选择"图表工具"选项卡→"编辑数据"命令,弹出图表的数据源编辑窗口,即 WPS 表格编辑环境,在 WPS 表格中修改数据,WPS 演示文稿中的图表也会随之发生改变,如图 1-9-15 所示。

Step 5　选中图表,在图表右侧出现快速工具栏,单击"样式"按钮,选择合适的样式,如图 1-9-16 所示。

第 4 张幻灯片制作完毕,效果如图 1-9-17 所示。

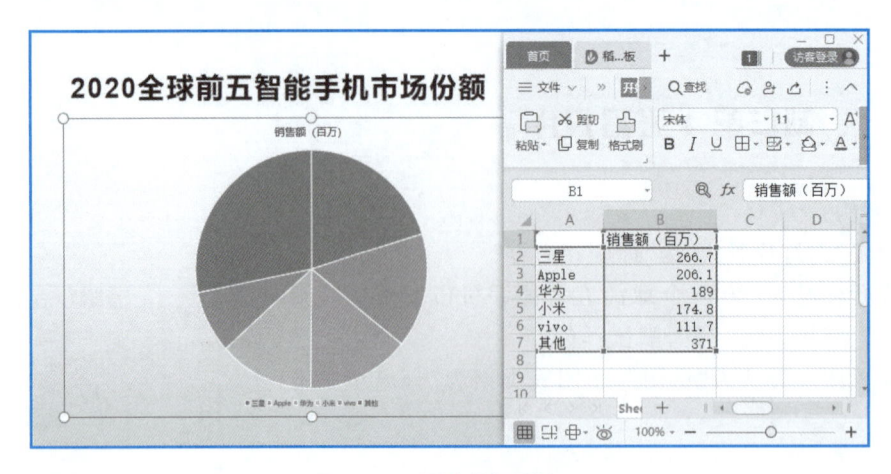

图 1-9-15 "图表数据源"窗口

图 1-9-16 设置图表样式

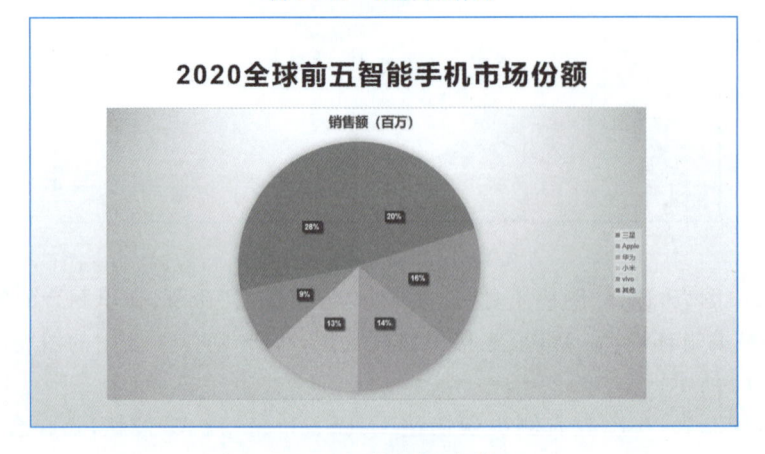

图 1-9-17 第 4 张幻灯片

9.2.6　制作第 5 张幻灯片

操作案例：
（1）设置"幻灯片版式"为"标题和内容"。
（2）设置标题为"2020 全球前五智能手机品牌"，字体为"黑体"，字号为"36 号"，默认颜色。
（3）利用智能图形创建组织结构图，分为 1 个标题 5 个品牌，即"智能手机"标题和"三星"、"Apple"、"华为"、"小米"及"vivo"等 5 个手机品牌。

参考步骤

Step 1　继续 9.2.5 节的操作，设置幻灯片版式为"仅标题"。

Step 2　在标题框中输入"2020 全球前五智能手机品牌"文本，并设置文字的字体为"黑体"，字号为"36 号"。

Step 3　单击"插入"选项卡→"智能图形"按钮，打开"选择智能图形"对话框，如图 1-9-18 所示。选择"层次结构"组中的"组织结构图"，单击"插入"按钮，在幻灯片中插入了一个组织结构图。

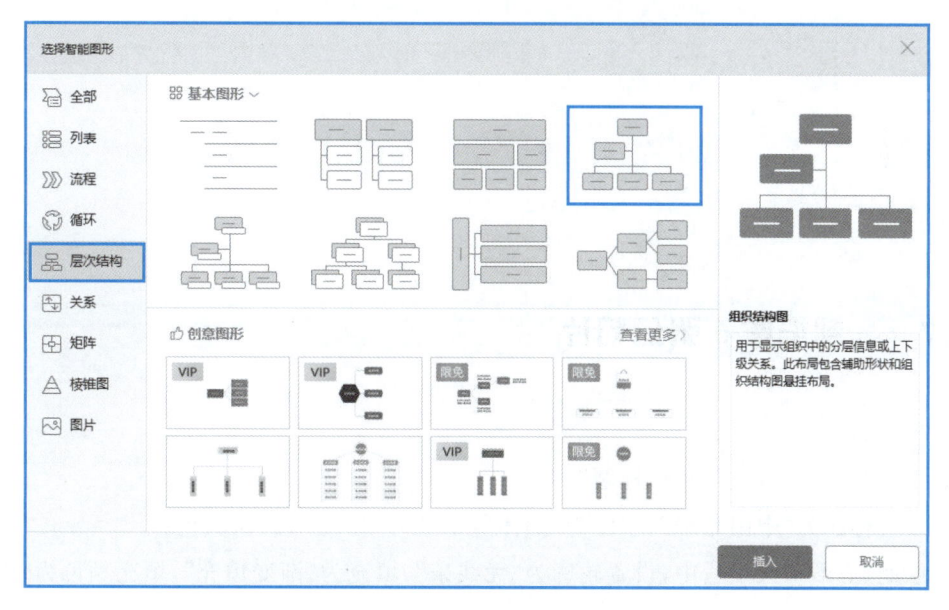

图 1-9-18　"选择智能图形"对话框

Step 4　单击组织结构图右下角元素，在其右侧弹出快速工具栏，单击"添加项目"按钮，选择"在后面添加项目"，如图 1-9-19 所示。

Step 5　在"组织结构图"中"文本"占位符位置或左侧的文字输入区，依次输入文本"智能手机"、"三星"、"Apple"、"华为"、"小米"和"vivo"。

Step 6　使用"设计"选项卡中的"更改颜色"按钮，根据实际情况，设置相应的图形颜色。第 5 张幻灯片制作完毕，如图 1-9-20 所示。

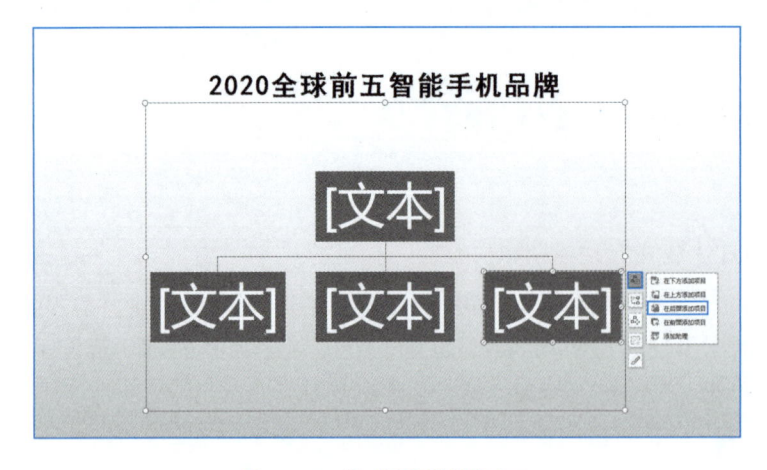

图 1-9-19 "智能图形"编辑窗口

图 1-9-20 第 5 张幻灯片

9.2.7 制作第 6 张幻灯片

操作案例：

(1) 设置"幻灯片版式"为"仅标题"。

(2) 设置标题为"中国品牌"，字体为"黑体"，字号为"36 号"，默认颜色。

(3) 绘制"心形"，大小适中，设置轮廓为"无线条"，填充为"渐变填充"，填充颜色为"中海洋绿-森林绿"。

(4) 绘制"五角星"，大小适中，设置轮廓为"无线条"，填充颜色为"红色"，形状倒影为"半倒影-接触"。

(5) 绘制"笑脸"，大小适中，设置轮廓为"绿色，1.5 磅"，填充颜色为"橙色"，形状阴影为"向上偏移"。

(6) 每个图形上方插入文本框，文字分别为"小米""华为""vivo"。

实训 9　简单演示文稿的制作与编辑　117

参考步骤

Step 1　继续 9.2.6 节的操作，设置幻灯片版式为"仅标题"。

Step 2　在标题框中输入"中国品牌"文本；并设置文字的字体为"黑体"，字号为"36"。

Step 3　依次选择"插入"选项卡→"插图"选项组中的"形状"命令，弹出形状列表，如图 1-9-21 所示。单击"基本形状"组中的"心形"图形，在幻灯片中按下鼠标左键拖动，绘制一个大小合适的心形图形。按照同样方法，选取"基本形状"组中"笑脸"图形和"星与旗帜"下的"五角星"图形，在幻灯片中绘制合适大小的图形。

Step 4　选中"心形"图形，单击"绘图工具"选项卡→"填充"按钮右侧下拉按钮，弹出"填充"颜色面板，如图 1-9-22 所示。在"渐变填充"色块中选择"中海洋绿-森林绿"；单击"轮廓"按钮右侧下拉按钮，弹出"轮廓"颜色面板，如图 1-9-23 所示，单击"无线条颜色"选项。

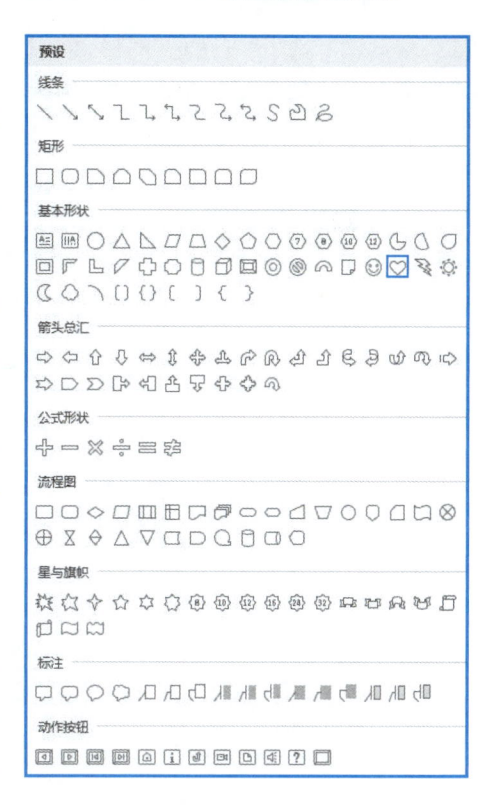

图 1-9-21　形状列表

图 1-9-22　"填充"颜色面板

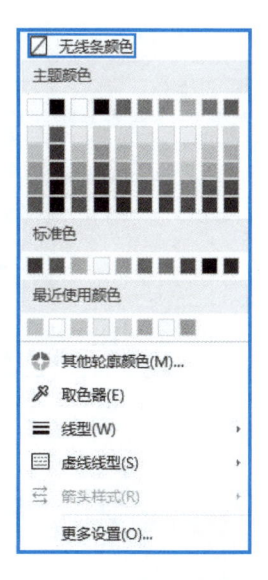

图 1-9-23　"轮廓"颜色面板

Step 5　按照同样的方法设置"五角星"图形颜色为"红色"，轮廓为"无线条颜色"；"笑脸"图形颜色为"橙色"，轮廓为"绿色"，"线型"为"1.5 磅"。

Step 6 选中"五角星"图形,单击"绘图工具"选项卡→"形状效果"命令,弹出"形状效果"级联菜单,选择"倒影",在弹出的"倒影"列表中单击"半倒影,接触"选项;按照同样的方法设置"笑脸"阴影为"向上偏移",如图 1-9-24 所示。

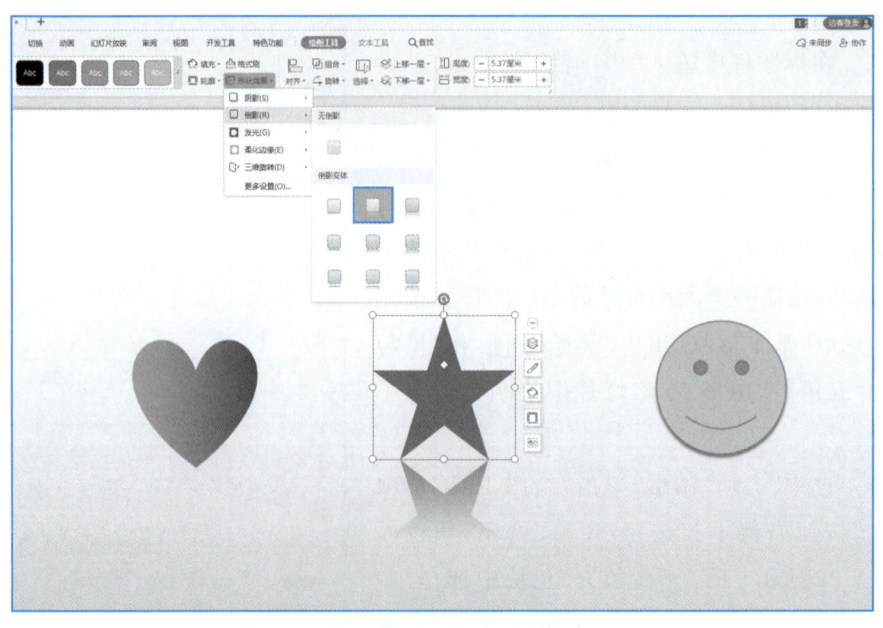

图 1-9-24 设置图形阴影

Step 7 在每个形状上方再插入文本框。单击"插入"选项卡→"文本框",选择"横向文本框",用鼠标在"心形"图形上方拖出一个文本框,输入文字"小米",按照同样的方法再插入两个横向文本框,分别输入"华为""vivo"。

按"Ctrl+S"快捷键保存设计结果,第 6 张幻灯片制作完毕,如图 1-9-25 所示。

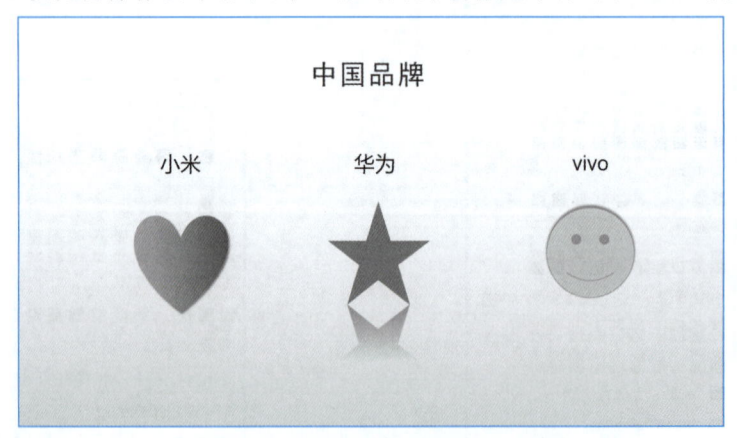

图 1-9-25 第 6 张幻灯片

思考及课后练习

1. 练习在幻灯片中插入系统自带的剪贴画。
2. 练习在图表幻灯片中修改图表的标题。

实训 10 演示文稿的效果设置

10.1 实训目的

- 掌握幻灯片美化的基本方法与技巧。
- 掌握幻灯片的动画技术及其设置方法。
- 掌握幻灯片中超级链接的建立。
- 掌握幻灯片输出的方法。

10.2 实训内容

使用 WPS 演示文稿制作以下效果的演示文稿,如图 1-10-1 所示。

10.2.1 应用在线设计方案设计幻灯片

操作案例:
(1)打开实训 9 中保存的演示文稿("实训 9 简单演示文稿的制作与编辑.pptx")。
(2)为演示文稿设置免费的在线设计方案。
(3)筛选免费在线设计方案,选择"蓝色简约部门工作总结"。

信息技术基础实训指导（WPS版）

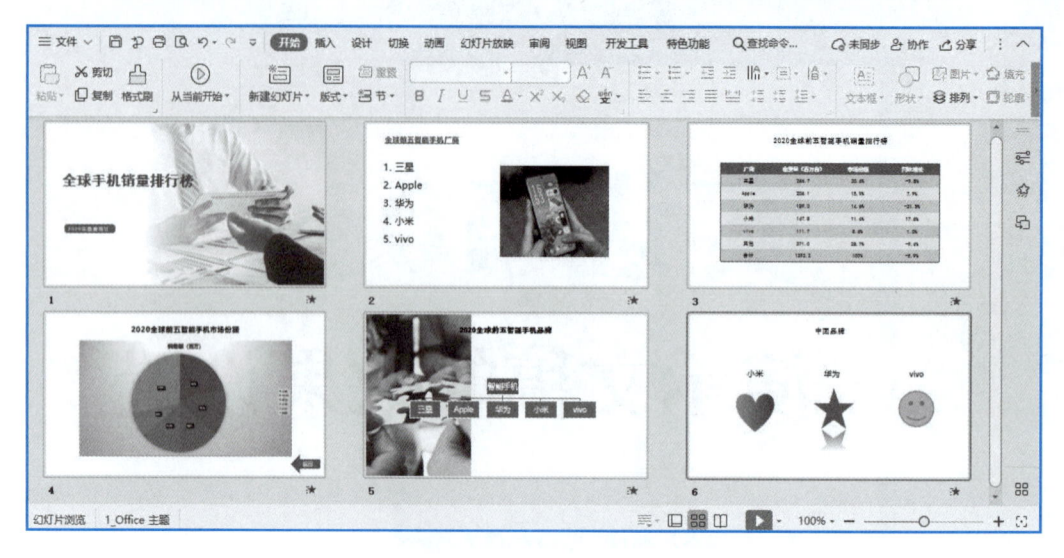

图 1-10-1　实训任务效果

参考步骤

Step 1　启动WPS演示文稿，依次选择"文件"→"打开"菜单命令，弹出"打开"对话框，选择"我的文档"中的"实训9 简单演示文稿的制作与编辑"，单击"打开"按钮。

Step 2　依次选择"设计"选项卡→"更多设计"按钮，弹出"在线设计方案"对话框，单击右侧的"免费专区"，筛选出免费的设计风格，如图1-10-2所示。

图 1-10-2　"在线设计方案"对话框

Step 3　在图1-10-2页面中，选中"蓝色简约部门工作总结"，单击"应用风格"，将此风格应用于所有幻灯片。

Step 4　应用此主题后，第一页幻灯片标题自动换行，进行调整使其仅占一行，最终效果如图1-10-3所示，在线设计效果设置完成。

实训 10　演示文稿的效果设置

图 1-10-3　在线设计完成效果

10.2.2　应用魔法功能设计幻灯片

操作案例：

(1) 利用 WPS 演示文稿的魔法功能设计幻灯片。

(2) 对设计方案进行多次随机更换，直到满意为止。

参考步骤

Step 1　打开演示文稿，继续 10.2.1 节的操作。

Step 2　选择"设计"选项卡→"魔法"命令。系统此时会自动进行幻灯片设计，形成一整套的设计方案，此处使用一次魔法命令来观察效果，使用前后效果如图 1-10-4 和图 1-10-5 所示。

图 1-10-4　使用魔法效果前

图 1-10-5 使用魔法效果后

10.2.3 应用幻灯片母版设计幻灯片

操作案例：

（1）利用幻灯片母版，添加幻灯片编号，添加自动更新的日期。

（2）在母版的页脚区域中输入"全球手机销量排行榜"，字体为"宋体"，字号为"16号"。

参考步骤

Step 1 打开使用"蓝色简约部门工作总结"设计风格的幻灯片，选择"视图"选项卡，单击"幻灯片母版"按钮，切换到母版视图，如图 1-10-6 所示。

图 1-10-6 幻灯片母版视图

Step 2 依次选择"插入"选项卡→"页眉和页脚"按钮,弹出"页眉和页脚"对话框,如图 1-10-7 所示。

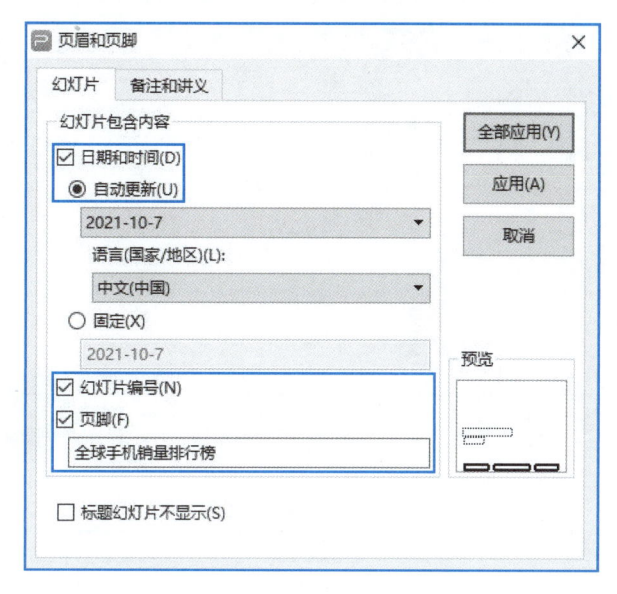

图 1-10-7 "页眉和页脚"对话框

Step 3 在对话框中勾选"日期和时间"复选框,再选中"自动更新"单选按钮。

Step 4 勾选"幻灯片编号"复选框,勾选"页脚"复选框并在"页脚"文本框中输入"全球手机销量排行榜",再单击"全部应用"按钮,"页眉和页脚"对话框关闭。

Step 5 在幻灯片母版视图中选中"页脚"文本框中的文字,设置字体为"宋体",字号为"16 号"并适当改变大小和位置,再设置日期和时间到合适的字体、字号,调整大小和位置。

Step 6 单击"幻灯片母版"选项卡中的"关闭"按钮,关闭幻灯片母版,返回普通视图模式,设置完成。

10.2.4 应用一键美化功能美化幻灯片

操作案例:

使用一键美化功能美化幻灯片,将枯燥的文字以图形的形式展现出来。

参考步骤

Step 1 打开幻灯片,选中需要一键美化的幻灯片。

Step 2 单击幻灯片底部的"一键美化"按钮,WPS 进行自动排版,从中选择一个合适的排版样式,如图 1-10-8 所示,单击后原幻灯片被新的排版样式所代替,美化后的效果如图 1-10-9 所示。

图 1-10-8　一键美化表格

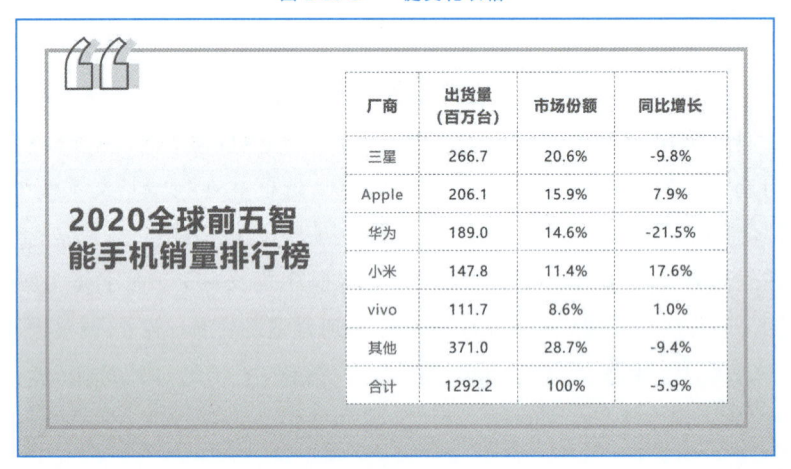

图 1-10-9　使用一键美化后效果

10.2.5　设置幻灯片切换效果

操作案例：
(1) 将所有幻灯片的切换效果设置为"棋盘"→"纵向"。
(2) 设置换片方式为"单击鼠标时换片"，速度为"1.5 秒"，声音为"风铃"。

参考步骤

Step 1　选择"切换"选项卡，在切换效果预览窗口选择"棋盘"效果，单击"效果选项"，在弹出的列表中选择"纵向"命令，如图 1-10-5 所示。此时设置好了选中幻灯片的切换效果。

Step 2　在"声音"下拉列表中选择"风铃"。

Step 3　将"速度"设置为"01.50"，勾选"换片方式"下"单击鼠标时换片"复选框。设置页面如图 1-10-10 所示。

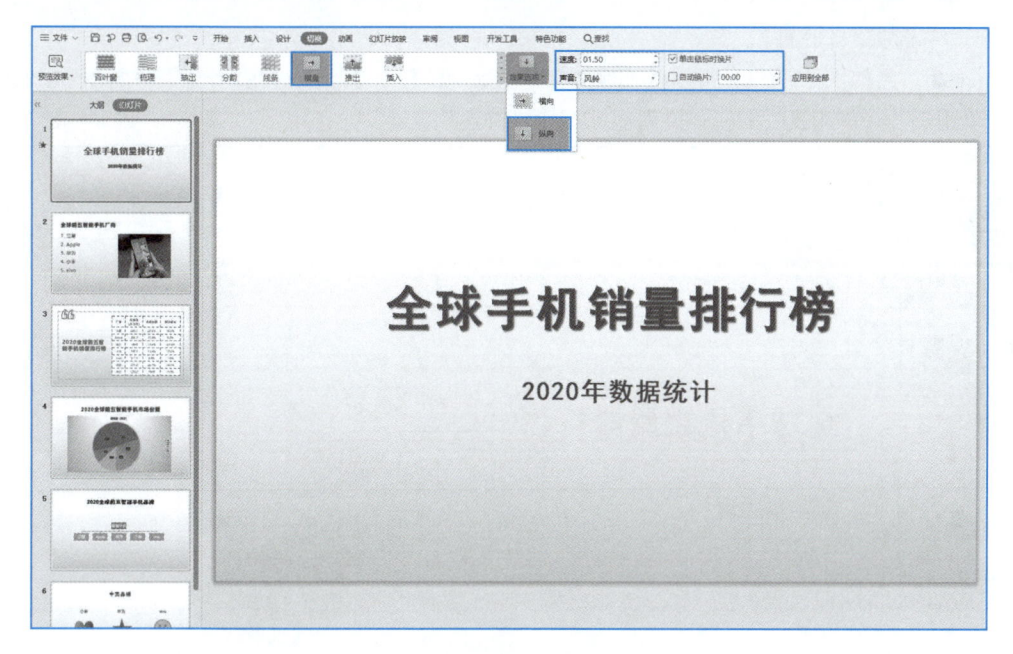

图 1-10-10　幻灯片切换设置

Step 4　单击"应用到全部"按钮,所有幻灯片的切换效果设置完成。

Step 5　单击"预览效果"按钮,可以观看到选中幻灯片的切换效果。

单击视图切换按钮中的"幻灯片放映"按钮,可以观看所有幻灯片的动画效果。

10.2.6　设置对象的动画效果

操作案例:

(1)设置文本对象动画:将所有幻灯片的标题进入效果设置为"飞入",启动动画方式为"单击时",方向为"自底侧",速度为"快速"。设置第1张幻灯片的副标题进入效果为"劈裂",启动动画方式为在上一动画之后0.5秒。设置第2张幻灯片的内容进入动画为"切入",并设置效果为"更改字体颜色,红色,非常快"强调动画,启动动画方式为在上一动画之后。

(3)设置表格对象动画:第3张幻灯片的表格的动画设置为"圆形扩展"动画效果,启动动画方式为在上一动画之后。

(4)设置图表动画:第4张幻灯片中饼图的进入效果设置为"翻转式由远及近",启动动画方式为上一动画之后,速度为"非常快"。

(5)设置智能图形动画:第5张幻灯片的组织结构图的进入效果设置为鼠标单击时"缓慢移出"。

(6)设置图形对象动画:第6张幻灯片的图形的进入效果设置为由幻灯片中心"放大/缩小",启动动画方式为在上一动画之后1秒,重复4次。

参考步骤

Step 1　选中第1张幻灯片,选中标题,选择"动画"选项卡,在动画预览窗口中选择"飞入"效果。

Step 2　单击"自定义动画"按钮,在窗口右侧打开"自定义动画"任务窗格,在"方向"后的下拉列表中选择"自底部"。

Step 3　在如图 1-10-11 所示的右侧"自定义动画"任务窗格中,在"开始"后的下拉列表中选择"单击时",在"速度"后的下拉列表中选择"快速"。

图 1-10-11　"自定义动画"任务窗格

Step 4　依次选中第 2～6 张幻灯片中的标题,重复 Step 1～3,设置标题的动画效果,即可将 6 张幻灯片标题设为相同的动画。

Step 5　选中第 1 张幻灯片的副标题,选择"动画"选项卡,在动画预览窗口中选择"劈裂",在右侧的"自定义动画"任务窗格"开始"下拉列表中选择"之后"。

Step 6　单击副标题动画后面的下拉按钮,选择"计时",如图 1-10-12 所示,弹出"劈裂"对话框,设置"延迟"微调框为"0.5",如图 1-10-13 所示。

图 1-10-12　选择"计时"选项

Step 7 选中第 2 张幻灯片的内容占位符,选择"动画"选项卡,在动画预览窗口中选择"切入",在右侧的"自定义动画"任务窗格"开始"下拉列表中选择"之后"。

Step 8 保持第 2 张幻灯片的内容占位符为选中状态,单击右侧的"自定义动画"任务窗格中的"添加效果"按钮,单击"强调"组中的"更改字体"效果,如图 1-10-14 所示。

图 1-10-13 动画效果之"计时"选项卡

图 1-10-14 "强调"动画列表

Step 9 单击在右侧的"自定义动画"任务窗格中添加的第二个动画,在"开始"下拉列表中选择"之后"。在"字体颜色"下拉列表中选择"红色",在"速度"下拉列表中选择"非常快",如图 1-10-15 所示,单击"预览"按钮可以观看设置效果。

Step 10 选中第 3 张幻灯片中的表格,选择"动画"选项卡,单击"圆形扩展"按钮,在右侧的"自定义动画"任务窗格"开始"下拉列表中选择"之后",在"方向"下拉列表中选择"内",在"速度"下拉列表中选择"非常快"。

Step 11 选中第 4 张幻灯片中的饼图,选择"动画"选项卡,选择"翻转式由远及近",在右侧的"自定义动画"任务窗格"开始"下拉列表中选择"之后",在"速度"下拉列表中选择"非常快"。

Step 12 选中第 5 张幻灯片中的组织结构图,选择"动画"选项卡,选择"缓慢移出",在右侧的"自定义动画"任务窗格"开始"下拉列表中选择"单击时",在"速度"下拉列表中选择"快速"。

Step 13 选中第 6 张幻灯片中的五角星,选择"动画"选项卡,选择"放大/缩小",在右侧的"自定义动画"任务窗格"开始"下拉列表中选择"之后",在"尺寸"下拉列表中选择"较大",在"速度"下拉列表中选择"非常快"。

Step 14 单击"自定义动画"任务窗格中图形动画后面的下拉按钮,选择"效果选项"命令,如图 1-10-16 所示。

图 1-10-15 设置动画效果

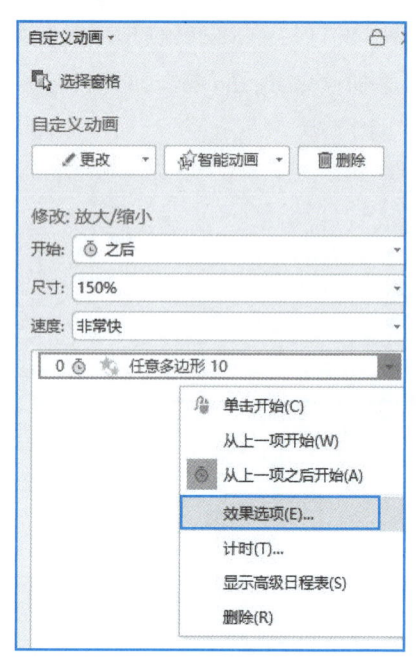

图 1-10-16 选择图形动画的效果选项

Step 15 弹出"放大/缩小"对话框,在如图 1-10-17 所示的"效果"选项卡中,勾选"自动翻转"复选框,在如图 1-10-18 所示的"计时"选项卡中设置"延迟"为 1 秒,"重复"为 4 次。

图 1-10-17 "效果"选项卡

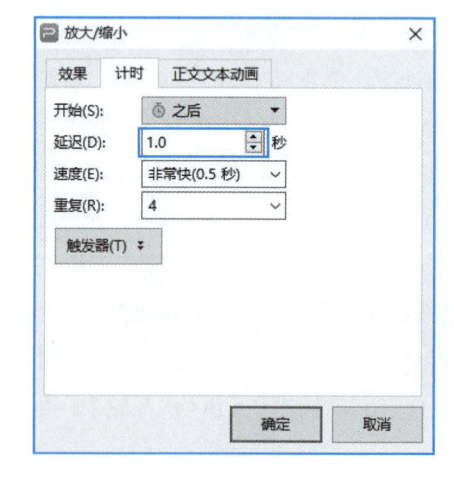

图 1-10-18 "计时"选项卡

Step 16 选中心形和笑脸,重复 Step 13～15,设置其他两个图形的动画与五角星图形的动画相同。

Step 17 按"Ctrl+S"快捷键,保存设置结果,单击"幻灯片放映"按钮,观看设置的效果。

10.2.7 超链接的制作

操作案例:

将第 2 张幻灯片内的标题链接到第 6 张幻灯片。

参考步骤

Step 1 选取第 2 张幻灯片,选择标题"全球前五智能手机厂商"文本,单击"插入"选项卡中的"超链接"按钮,弹出"插入超链接"对话框,如图 1-10-19 所示。

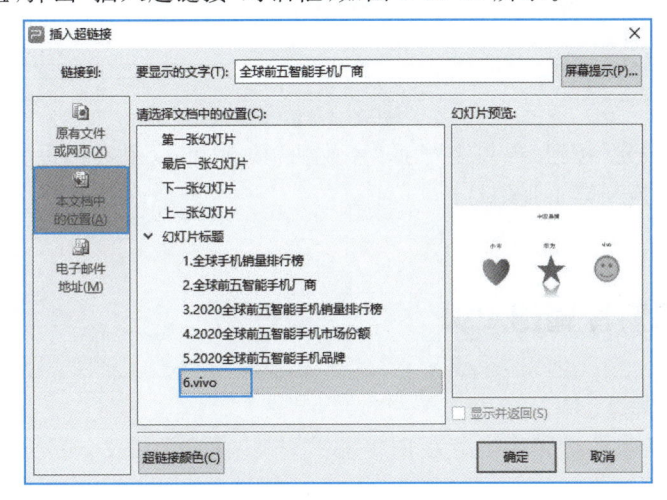

图 1-10-19 "插入超链接"对话框

Step 2 单击左边"本文档中的位置"图标,在"请选择文档中的位置"列表框中选择"6.vivo"选项,在右边的"幻灯片预览"框中显示第 6 张幻灯片。

Step 3 单击"确定"按钮,再单击"幻灯片放映"按钮,可以观看到设置的效果,用鼠标单击第 2 张幻灯片标题,将超链到第 6 张幻灯片。

10.2.8 制作动作按钮

操作案例:

在第 6 张幻灯片中添加一个左箭头,添加文字"返回",并链接到第 1 张幻灯片。

参考步骤

Step 1 选取第 6 张幻灯片,依次选择"插入"→"形状"→"左箭头",在幻灯片上按下鼠标左键拖动十字形光标,画出一个左箭头,然后在左箭头上右击,在快捷菜单中选择"编辑文字"选项,输入"返回",如图 1-10-20 所示。

Step 2 单击"插入"选项卡中的"超链接"按钮,打开"插入超链接"对话框,如图 1-10-19 所示。选择本文档中的"第一张幻灯片"。

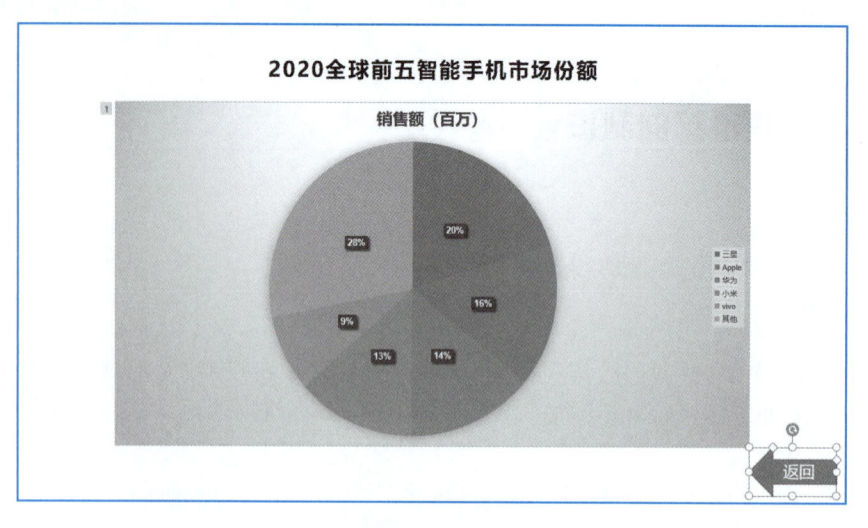

图 1-10-20 "返回"按钮

Step 3 单击"确定"按钮,再单击"幻灯片放映"按钮,可以观看到设置的效果,用鼠标单击"返回"按钮,将切换到第 1 张幻灯片。

10.2.9 幻灯片输出 PDF

操作案例:

将演示文稿中所有的幻灯片输出为 PDF 格式,输出内容为讲义,每页 6 张。

参考步骤

Step 1 打开演示文稿,依次选择左上角"文件"选项卡→"输出为 PDF"命令,打开如图 1-10-21 所示的"输出为 PDF"对话框,可以选择输出幻灯片的范围、文件的位置等,本例"输出范围"为"1→6"。

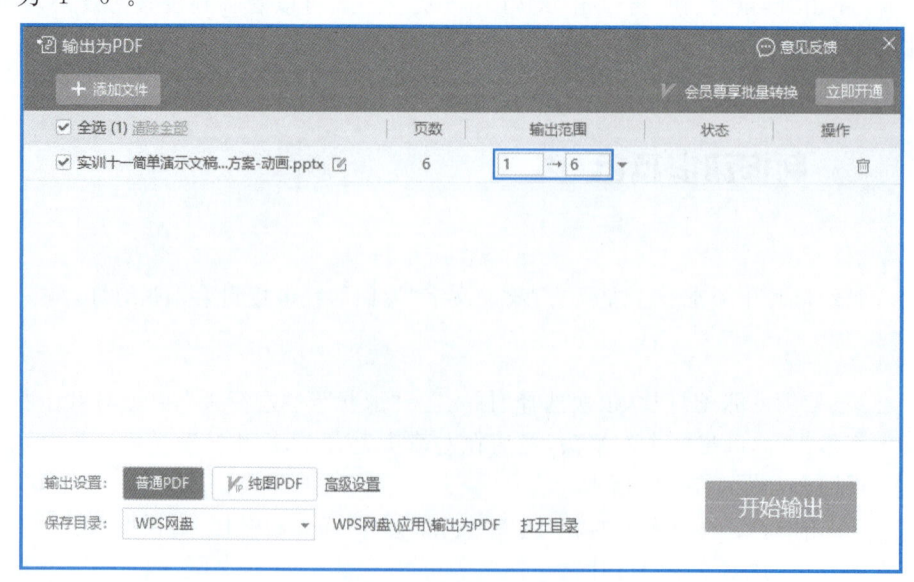

图 1-10-21 "输出为 PDF"对话框

Step 2 单击图 1-10-21 为"输出为 PDF"对话框中的"高级设置",打开"高级设置"对话框,可以设置输出内容,默认是输出幻灯片。本例将输出内容设置为讲义,并设置"每页幻灯片数"为"6",如图 1-10-22 所示。

图 1-10-22　输出 PDF 内容为"讲义"

思考及课后练习

1. 练习为演示文稿设置动画效果。
2. 练习幻灯片背景和填充颜色等应用。
3. 练习幻灯片母版的设计与应用。

实训 11 信息检索

11.1 实训目的

- 掌握百度搜索引擎高级搜索的使用方法。
- 掌握万方数据知识服务平台检索方法。
- 掌握维普期刊的检索方法。
- 掌握专利检索及分析系统的检索方法。

11.2 实训内容

11.2.1 百度搜索引擎的使用

1. 百度基本搜索

操作案例:使用百度搜索张成叔的相关信息。

参考步骤

Step 1 在浏览器地址栏中输入百度首页网址(https://www.baidu.com/),进入百度基本搜索页面,如图 1-11-1 所示。

Step 2 在百度基本搜索页面的检索框中直接输入关键词进行检索。例如,输入"张成叔",单击"百度一下"按钮,即可完成搜索,如图 1-11-2 所示。

实训 11　信息检索

图 1-11-1　百度基本搜索页面

图 1-11-2　百度搜索"张成叔"的参考结果

2. 百度高级搜索

操作案例：使用百度在新华网中搜索标题中含有关键词"长三角一体化"的相关信息。

参考步骤

Step 1　在浏览器地址栏中输入：https://www.baidu.com/gaoji/advanced.html，打开百度高级搜索页面，如图 1-11-3 所示。

图 1-11-3　百度高级搜索页面

Step 2　在"搜索结果"选项组中,在"包含以下全部的关键词"文本框中输入关键词"长三角一体化"。

Step 3　在"关键词位置"选项组中,选择"查询关键词位于"右侧三个选项中的"仅网页的标题中"选项。

Step 4　在"站内搜索"选项组中,在"限定要搜索指定的网站是"文本框中输入新华网网址"xinhuanet.com"。

Step 5　单击"百度一下"按钮,完成高级搜索,检索结果如图 1-11-4 所示。

图 1-11-4　使用百度高级搜索页面检索结果

3. 百度识图

操作案例:使用百度识图搜索植物图片。

参考步骤

Step 1　在百度首页单击"更多",进入百度产品大全页面,如图 1-11-5 所示,再单击"搜索服务"栏目下的"百度识图",进入百度识图首页,如图 1-11-6 所示。

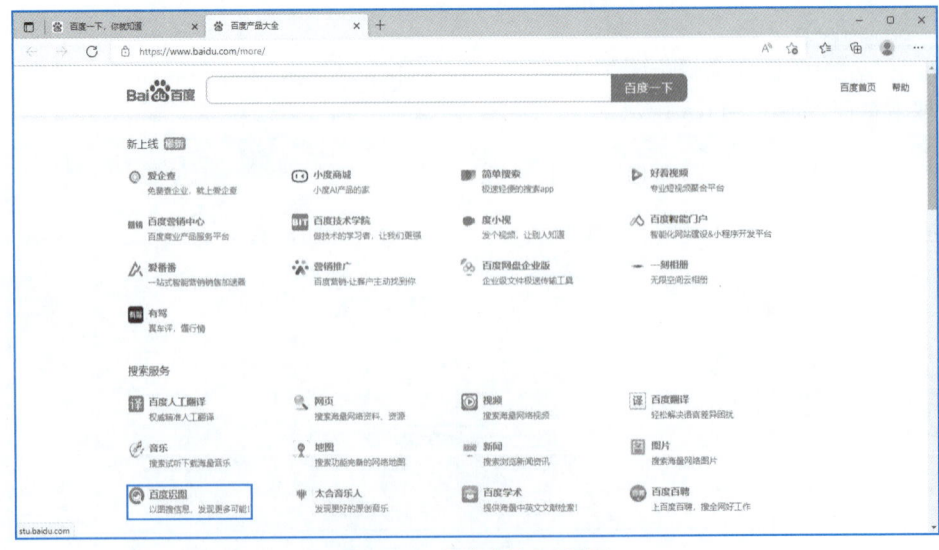

图 1-11-5　百度产品大全页面

图 1-11-6　百度识图首页

Step 2　将百度识图首页下方第三幅植物图片拖曳到检索框，单击"识图一下"按钮，完成图片搜索，如图 1-11-7 所示。

图 1-11-7　百度识图参考结果

4. 百度学术

操作案例： 使用百度学术搜索张成叔的学术成果。

> 参考步骤

Step 1　在百度首页单击"更多"，进入百度产品大全页面，如图 1-11-5 所示，再单击"搜索服务"栏目下的"百度学术"，进入百度学术搜索页面，如图 1-11-8 所示。

图 1-11-8　百度学术首页

Step 2 在百度学术首页的文本框中输入作者姓名、文章篇名或关键词,单击"百度一下"按钮,即可完成搜索。例如,输入"张成叔",单击"百度一下"按钮,即可搜索到张成叔的学术成果,如图 1-11-9 所示。

图 1-11-9　百度学术检索参考结果

11.2.2　万方数据知识服务平台检索

1. 基本检索

操作案例: 使用万方数据知识服务平台检索"张成叔"作为第一作者发表的期刊论文。

参考步骤

Step 1 在浏览器地址栏中输入万方数据知识服务平台网址(http://www.wanfangdata.com.cn),进入万方数据知识服务平台首页,如图 1-11-10 所示。

图 1-11-10　万方数据知识服务平台首页

Step 2 单击检索框左侧的"全部",选择"期刊",进入万方数据知识服务平台期刊检索页面,如图 1-11-11 所示。再单击检索框空白处,弹出检索内容提示框,选择"作者",如图 1-11-12 所示。

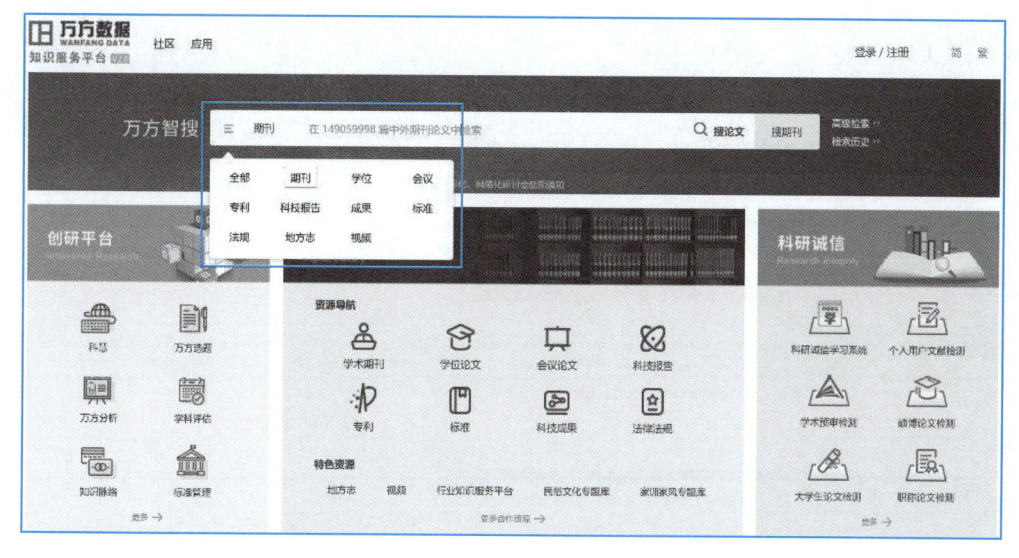

图 1-11-11　万方数据知识服务平台期刊检索页面

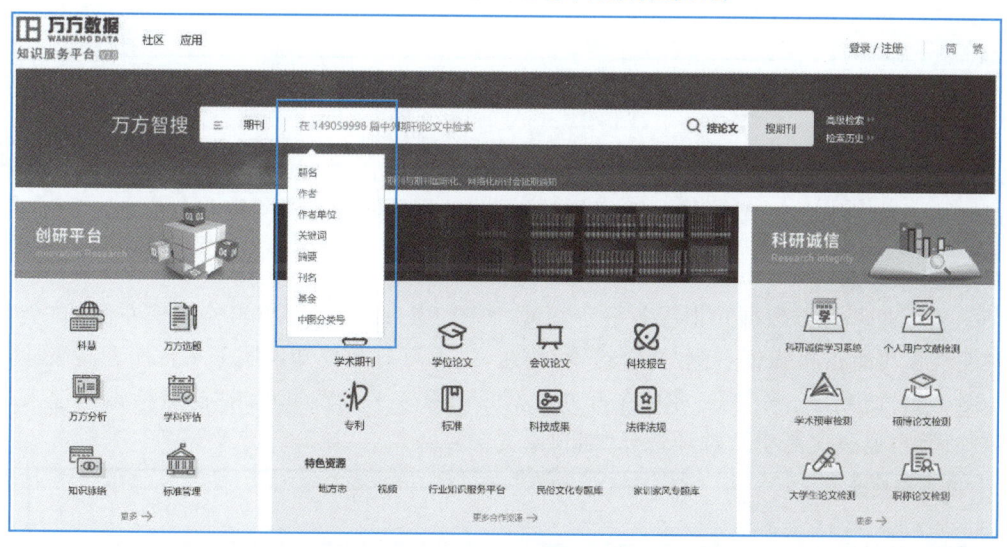

图 1-11-12　万方数据知识服务平台作者检索页面

Step 3　在检索框内"作者:"后输入"张成叔",单击检索框右侧"搜论文"按钮,如图1-11-13所示,得到检索结果页面,在此页面单击"只看第一作者"选项,得到最终检索结果,如图1-11-14所示。

图 1-11-13　万方数据知识服务平台基本检索参考过程

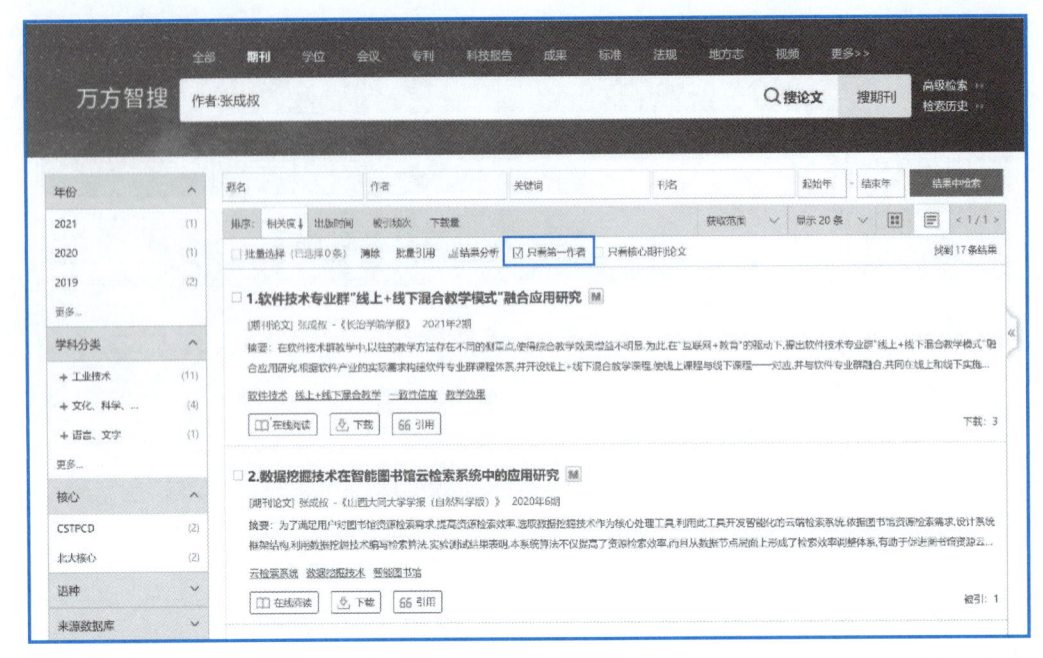

图 1-11-14　万方数据知识服务平台基本检索参考结果

2. 高级检索

操作案例： 使用万方数据知识服务平台检索题名中包含"智慧图书馆"的北大核心期刊论文，找出其中被引用次数最多的一篇，了解其作者、发表的期刊与时间等相关信息。

参考步骤

Step 1　打开万方数据知识服务平台首页，如图1-11-10所示，单击检索框左侧的"全部"，选择"期刊"，再单击检索框右侧"高级检索"按钮，进入万方数据知识服务平台期刊高级检索页面，如图1-11-15所示。（注意：亦可在万方数据知识服务平台首页单击"高级检索"，进入高级检索页面后再通过文献类型选项选择"期刊论文"。）

图 1-11-15　万方数据知识服务平台期刊论文高级检索页面

Step 2 单击第一行检索提示框内的"主题",弹出下拉列表,选择"题名",此时,检索提示变更为"题名",然后在右侧检索文本框中输入"智慧图书馆",如图 1-11-16 所示。

图 1-11-16　万方数据知识服务平台期刊论文高级检索参考过程

Step 3 单击"检索"按钮,得到检索结果页面,此时检索结果默认按"相关度"进行排序,单击页面左侧分组导航中"核心"栏目下的"北大核心",对检索结果进行筛选,如图 1-11-17 所示。

图 1-11-17　万方数据知识服务平台北大核心期刊论文筛选

Step 4 单击页面上方"被引频次"按钮,检索结果即可按照文献被引用次数降序排列,即被引用次数最多的文献排在最前面,如图 1-11-18 所示。

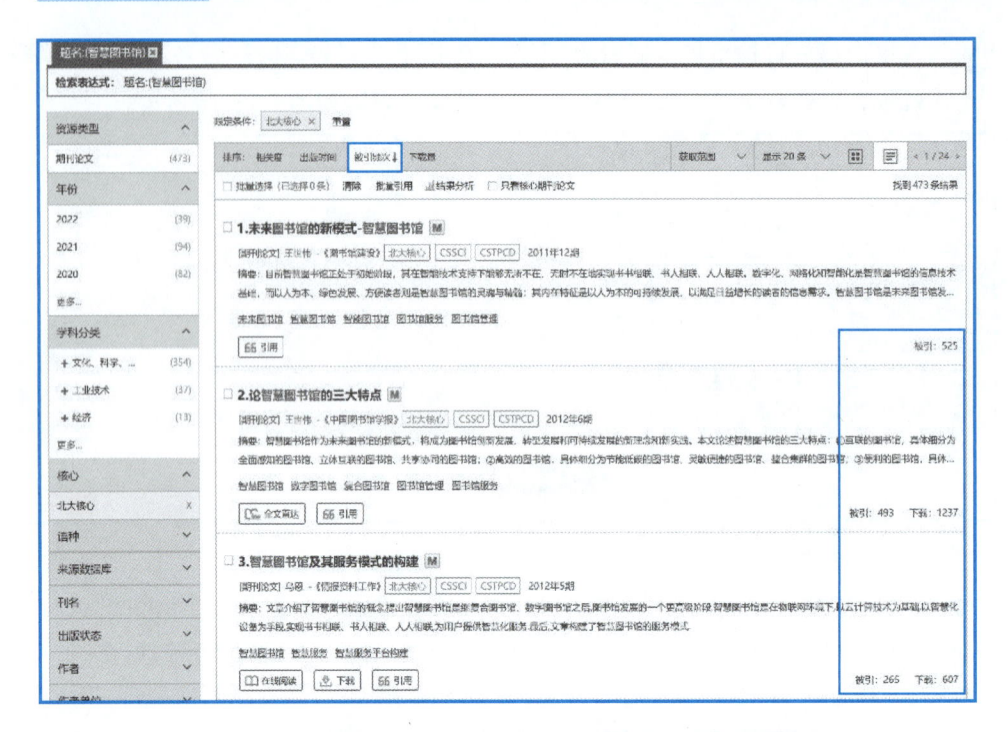

图 1-11-18　万方数据知识服务平台检索结果按被引频次降序排序

Step 5　单击第一篇文献"未来图书馆的新模式-智慧图书馆"的篇名,可以查看此论文题录信息,如图 1-11-19 所示。

图 1-11-19　万方数据知识服务平台期刊文献详细信息页

本次检索参考结果:使用万方数据知识服务平台检索题名中包含"智慧图书馆"的北大核心期刊论文,一共有 473 条记录,其中,"未来图书馆的新模式-智慧图书馆"一文被引用 525

次,为被引用次数最多的论文。该论文的作者是王世伟,发表于《图书馆建设》2011年第12期。

3. 专业检索

操作案例:使用万方数据知识服务平台检索主题关于"旅游"或"民宿",且题名中包含"乡村振兴"的学术论文。

▼ 参考步骤 ▼

Step 1　在图1-11-10万方数据知识服务平台首页单击"高级检索",进入高级检索页面,再单击"专业检索"标签,进入万方数据专业检索页面,此时系统默认同时检索期刊论文、学位论文、会议论文三种文献类型,如图1-11-20所示。

图1-11-20　万方数据知识服务平台专业检索页面

Step 2　在检索框内填入表达式:主题:("旅游"or"民宿")and 题名:乡村振兴,如图1-11-21所示,单击"检索"按钮,即可得到检索结果页面,如图1-11-22所示。

图1-11-21　万方数据知识服务平台专业检索参考过程

图 1-11-22　万方数据知识服务平台专业检索参考结果

本次检索参考结果：使用万方数据知识服务平台检索主题关于"旅游"或"民宿"，且题名中包含"乡村振兴"的学术论文，应包含期刊论文、学位论文、会议论文等学术文献资源，因此采用专业检索时，要注意选择相应资源类型，一共检索到 4 782 条记录。

4. 期刊导航

操作案例： 使用万方数据知识服务平台期刊导航查找 2022 年第 1 期《软件学报》。

参考步骤

Step 1　在图 1-11-10 万方数据知识服务平台首页数字图书馆下方资源导航页面中单击"学术期刊"按钮，进入期刊导航页面，如图 1-11-23 所示。

图 1-11-23　万方数据知识服务平台期刊导航页面

实训 11　信息检索

Step 2　在期刊导航页面万方智搜检索框内输入""软件学报"",注意:如果刊名准确,建议在刊名外加双引号(""),进行精确检索,单击"搜期刊"按钮,得到检索结果页,如图 1-11-24 所示。

图 1-11-24　万方数据知识服务平台刊名检索参考结果

Step 3　在结果页面,单击"软件学报"刊名,进入详细信息页面,默认显示最新一期的期刊目录。单击左侧"正式出版"栏目中"2022"下的"01 期",如图 1-11-25 所示,即可得到 2022 年第 1 期《软件学报》刊载的论文目录,并可以通过目录链接,查阅或下载原文。

图 1-11-25　《软件学报》详细信息页面

补充说明:"软件学报"的查找,还可以通过依次单击期刊导航页面左侧学科导航"工业技术"→"自动化技术与计算机技术"→"软件学报"的方式来完成。但通常在明确知道刊名的情况下,采用刊名检索的方式查找期刊,更为省时省力。

11.2.3 维普期刊检索

1. 一框式检索

操作案例:使用维普期刊检索关键词包含"共享经济"的期刊论文。

> 参考步骤

Step 1 在浏览器地址栏输入维普期刊网址,进入维普期刊首页,如图 1-11-26 所示。

图 1-11-26 维普期刊首页

Step 2 单击检索提示框内的"任意字段",弹出下拉列表,选择"关键词",此时,检索提示变更为"关键词"。

Step 3 在检索文本框内输入"共享经济",单击右侧"检索"按钮,即可完成检索,检索参考结果如图 1-11-27 所示。

图 1-11-27 维普期刊一框式检索参考结果

2. 高级检索

操作案例： 使用维普期刊高级检索，查找第一作者为"袁隆平"，题名或关键词含有"水稻"的期刊论文。要求检索结果显示为列表。

参考步骤

Step 1 在图 1-11-26 维普期刊首页单击检索文本框右侧的"高级检索"按钮，进入维普期刊的高级检索页面，如图 1-11-28 所示。

图 1-11-28　维普期刊高级检索页面

Step 2 在第一行"题名或关键词"检索文本框内输入"水稻"，如图 1-11-29 所示。

Step 3 单击第二行检索提示框内的"文摘"，弹出下拉列表，选择"第一作者"，此时，检索提示变更为"第一作者"，在右侧检索文本框内输入"袁隆平"，如图 1-11-29 所示。

图 1-11-29　维普期刊高级检索参考过程

Step 4 单击页面下方"检索"按钮,返回检索结果页,默认显示方式为"文摘",如图 1-11-30 所示。单击"列表"按钮,则检索结果显示方式更改为列表,如图 1-11-31 所示。

图 1-11-30 维普期刊高级检索参考结果

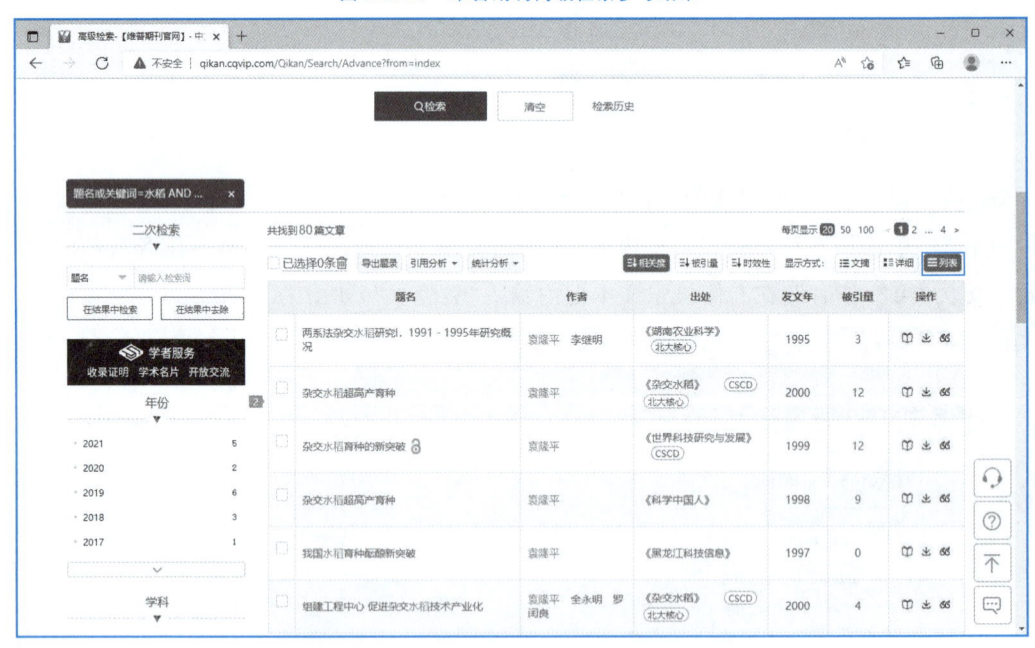

图 1-11-31 维普期刊检索结果显示方式更改为列表

3. 检索式检索

操作案例:使用维普期刊检索式检索,查找与大学生信息素养或信息素质相关,但与信息检索课程无关的参考文献。

参考步骤

Step 1 在图 1-11-28 维普期刊高级检索页面单击"检索式检索"标签,进入检索式检索页

面,如图 1-11-32 所示。

图 1-11-32　维普期刊检索式检索页面

Step 2　在检索框内填入:(K＝(信息素养 OR 信息素质) AND T＝大学生) NOT K＝信息检索,如图 1-11-33 所示,单击"检索"按钮,完成检索。检索参考结果如图 1-11-34 所示。

图 1-11-33　维普期刊检索式检索参考过程

4. 期刊导航

操作案例:使用维普期刊的期刊导航,查找国民经济方面的北大核心期刊(2020 版)列表。

图 1-11-34　维普期刊检索式检索参考结果

参考步骤

Step 1　在图 1-11-26 维普期刊首页单击左上角"期刊导航"标签,进入期刊导航页面,如图 1-11-35 所示。

图 1-11-35　维普期刊的期刊导航页面

Step 2　单击"经济管理"类目下"国民经济"标签,得到检索结果是 206 种期刊,第一页显示为 20 种国民经济方面的期刊封面,如图 1-11-36 所示。

实训 11　信息检索

图 1-11-36　维普期刊的期刊导航"国民经济"类期刊检索参考结果

Step 3　单击图 1-11-36 左侧"核心期刊"导航下的"北大核心期刊(2020版)",得到检索结果,显示 18 种期刊封面,如图 1-11-37 所示。

图 1-11-37　维普期刊的期刊导航"国民经济"类北大核心期刊(2020版)检索参考结果

Step 4　单击"显示方式"右侧的"列表"按钮,此时,检索结果更改为列表方式呈现,如图 1-11-38 所示。

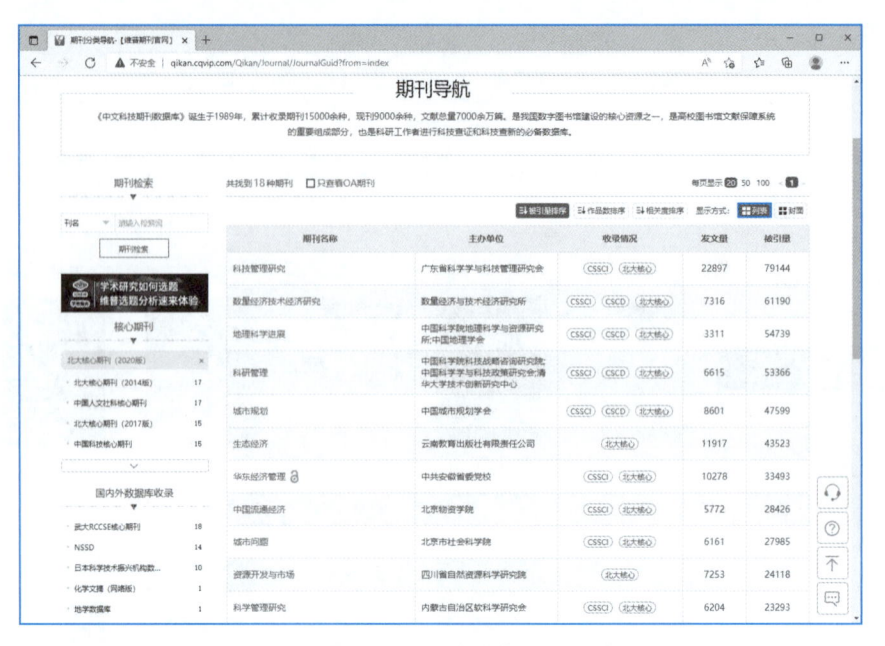

图 1-11-38　维普期刊的期刊导航检索结果以列表方式呈现

11.2.4　专利检索及分析系统的使用

提示： 专利检索及分析系统不支持匿名检索，用户必须先注册，再进行检索。

1. 常规检索

操作案例： 查找发明人为张成叔的专利信息。

> 参考步骤

Step 1　在浏览器地址栏中输入网址：http://pss-system.cnipa.gov.cn，进入专利检索及分析系统首页，默认在常规检索页面，如图 1-11-39 所示。新用户需根据提示完成注册并登录，方可继续进行检索。

图 1-11-39　专利检索及分析系统首页

Step 2 在检索框中输入关键词"张成叔",单击检索框左侧倒三角符号"▼",弹出选项卡,选择"发明人"选项,如图 1-11-40 所示。

图 1-11-40　常规检索过程参考

Step 3 单击"检索"按钮,完成检索,结果如图 1-11-41 所示。

图 1-11-41　检索发明人为"张成叔"的专利信息参考结果

2. 高级检索

操作案例: 检索发明人为张成叔,关于计算机自冷却机箱的专利信息。

参考步骤

Step 1 在图 1-11-39 专利检索及分析系统首页,单击"常规检索"右侧"高级检索"标签,进入专利检索及分析系统高级检索页面,如图 1-11-42 所示。

Step 2 在"发明人"栏目填写"张成叔",在"发明名称"栏目填写"计算机自冷却机箱",如图 1-11-43 所示。

Step 3 单击页面下方"检索"按钮,完成检索,结果如图 1-11-44 所示。

图 1-11-42　专利检索及分析系统高级检索页面

图 1-11-43　专利检索及分析系统高级检索参考过程

图 1-11-44　检索发明人为张成叔，关于计算机自冷却机箱的专利信息参考结果

3. 导航检索

操作案例：检索分类号为 A0B7/00 的专利信息。

参考步骤

Step 1 在图 1-11-39 专利检索及分析系统首页，单击"导航检索"标签，进入专利检索及分析系统导航检索页面，如图 1-11-45 所示。

图 1-11-45　专利检索及分析系统导航检索页面

Step 2 单击页面左侧类目导航，例如，单击"A 人类生活必需"，页面中间"分类号"栏目下便显示出 A 类文件夹树状图，可以单击每个子文件夹前的"＋"，展开该文件夹的下级内容，如图 1-11-46 所示。也可以移动鼠标到某个文件或文件夹，单击文件或文件夹右侧的"检索"按钮，如 A01B7/00 完成检索，显示该类目下所有专利信息，如图 1-11-47 所示。

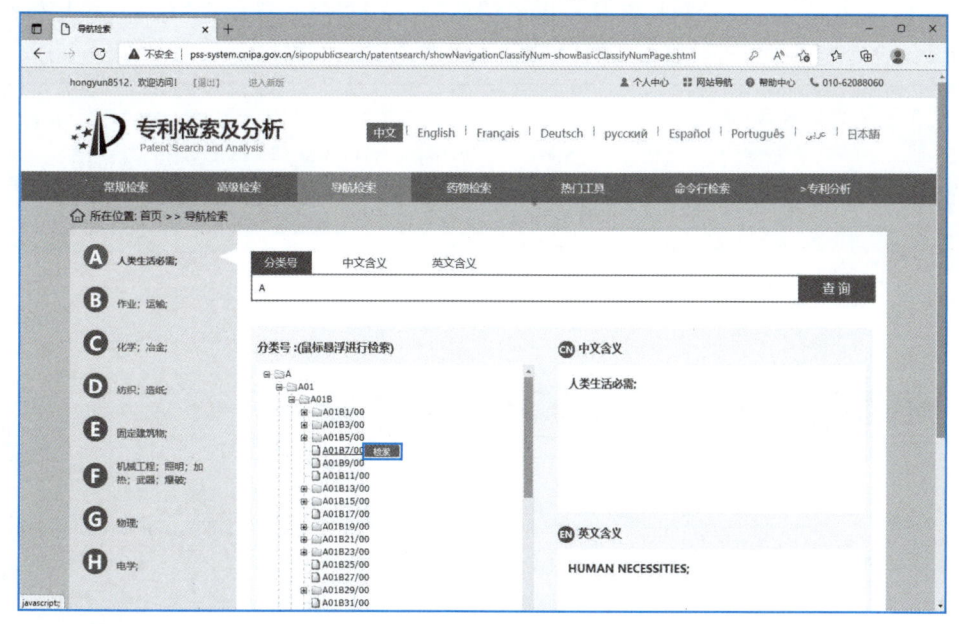

图 1-11-46　专利检索及分析系统导航检索参考过程

图 1-11-47　专利检索及分析系统导航检索参考结果

4. 命令行检索

操作案例：使用专利检索及分析系统命令行检索，查找摘要含"智能手机"，申请日期在 2015 年 1 月 1 日至 2021 年 1 月 1 日之间，申请人地址为"北京"的专利信息。

参考步骤

Step 1　在图 1-11-39 专利检索及分析系统首页，单击"命令行检索"标签，进入专利检索及分析系统命令行检索页面，如图 1-11-48 所示。

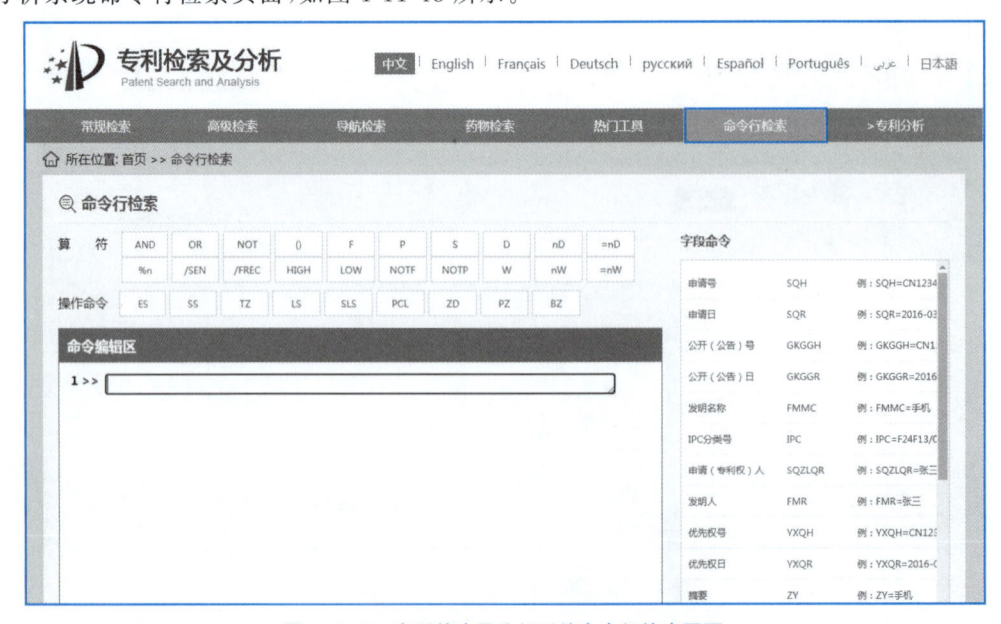

图 1-11-48　专利检索及分析系统命令行检索页面

Step 2 根据页面提示，在检索框内填写命令：摘要＝智能手机 AND 申请日＝20150101：20210101 AND 申请人地址＝北京，输入完毕按 Enter 键执行命令，如图 1-11-49 所示。

图 1-11-49　专利检索及分析系统命令行检索参考过程

Step 3 命令执行完毕，在命令行下方显示检索出的记录总数，如图 1-11-50 所示。此时，将页面最右侧滚动条向下拖动，便可浏览检索出来的专利信息，如图 1-11-51 所示。

图 1-11-50　专利检索及分析系统命令行检索命令执行参考结果

图 1-11-51　专利检索及分析系统命令行检索查询参考结果

思考及课后练习

1. 练习使用百度搜索引擎高级检索功能限定要搜索的网页的时间、限定搜索网页的格式、限定查询关键词的位置、限定要搜索的网站。

2. 练习使用万方数据库知识服务平台高级检索、专业检索查找指定主题、作者的论文,查找指定论文发表的期刊信息。

3. 练习使用维普期刊库高级检索功能。

4. 练习使用专利检索及分析系统检索相关专利信息。

第二部分
习题部分

项目 1
WPS Office 2019 文字处理

习 题 分 析

一、单项选择题

1. 关于 WPS 文字中的文本框,下列说法( )是不正确的。
   A. 文本框可以做出冲蚀效果
   B. 文本框可以做出三维效果
   C. 文本框只能存放文本,不能放置图片
   D. 文本框可以设置底纹

分析: 选中文本框,依次单击"绘图工具"→"填充"→"图片或纹理"→"本地图片",选择填充图片并打开,在右侧属性任务窗格"填充与轮廓"选项卡中选择合适的透明度即可做出冲蚀效果,故选项 A 正确;依次单击"绘图工具"→"形状效果"→"三维旋转",选择三维效果即可,选项 B 正确;也可以依次单击"插入"→"图片",选择图片并打开,即可放置图片,实现图文混排,选项 C 不正确;依次单击"绘图工具"→"填充",选择填充颜色即可设置底纹,选项 D 正确。

【答案:C】

2. 在 WPS 文字的"字体"对话框中,不可设定文字的( )。
   A. 字间距   B. 字号   C. 删除线   D. 行距

分析: 在 WPS 文字的"字体"对话框中,单击"字符间距"选项卡中的"间距"选项,选择标准、加宽、紧缩即可设置字间距,选项 A 正确;单击"字体"选项卡中的"字号"选项,可以设定文字的字号,在"效果"选项中选择删除线即可设置删除线,选项 B、C 正确;"行距"是在"段落"对话框中的"间距"选项中设置,故选项 D 不正确。

【答案:D】

3. 下列关于 WPS 文字中样式的叙述正确的是( )。
   A. 样式就是字体、段落、制表位、图文框、语言、边框、编号等格式的集合
   B. 用户不可以自定义样式
   C. 用户可以删除系统定义的样式
   D. 已使用的样式不可以通过格式刷进行复制

分析:WPS文字中样式就是字体、段落、制表位、边框、编号、文本效果等格式的集合;图文框是通过在文本框中插入图片或文字,或"插入"→"形状",添加文字,插入图片来实现的;语言设置可通过依次单击"审阅"→"拼写检查"→"设置拼写检查语言"来实现,选项A不正确。用户可以定义新样式,可以修改系统定义的样式,但不可以删除,故选项B、C不正确;已使用的样式不可以通过格式刷进行复制,但可以复制样式所包含的格式。

【答案:D】

4.WPS文字中"格式刷"按钮的作用是(　　)。

A.复制文本　　　　B.复制图形　　　　C.复制文本和格式　　D.复制格式

分析:WPS文字中"格式刷"按钮的作用不是复制文本、图形本身,故选项A、B、C不正确,而是进行文本格式、段落格式的复制,选项D正确。

【答案:D】

5.关于WPS文字的快速访问工具栏,下面说法正确的是(　　)。

A.不包括文档建立　B.不包括打印预览　C.不包括自动滚动　D.不能设置字体

分析:快速访问工具栏包括:新建、打开、保存、输出为PDF、打印、打印预览、撤销、恢复等,还可以自定义添加字体、字号、颜色等工具按钮,故选项A、B、D不正确;WPS没有自动滚动功能,只有多窗口同步滚动功能,故选择C。

【答案:C】

6.在WPS文字中查找和替换正文时,若操作错误则(　　)。

A.可用"撤销"来恢复　　　　　　B.必须手工恢复

C.无可挽回　　　　　　　　　　D.有时可恢复,有时就无可挽回

分析:在WPS文字中操作错误时可以通过"撤销"来恢复,可以挽回,故选项A正确,B、C、D不正确。

【答案:A】

7.在WPS文字中,(　　)用于控制文档在屏幕上的显示大小。

A.全屏显示　　　B.显示比例　　　C.缩放显示　　　D.页面显示

分析:在"全屏显示"视图中,可以显示文字的格式和分页符等,它只保留了标题栏,简化了页面的布局,适用于快速浏览文档及简单排版等,能显示更多内容但不能控制文档显示大小,故选项A不正确;在WPS文字的"字体"对话框中,单击"字符间距"选项卡中的"缩放"选项,设置缩放比例即可改变选中字符水平方向显示大小,但不是控制整个文档显示大小,选项C不正确;页面显示即"页面视图",所见到的页面对象分布效果就是打印出来的效果,基本能做到"所见即所得",但也不能控制文档显示大小,故选项D不正确;而"显示比例"能控制整个文档在屏幕上显示的大小,选项B正确。

【答案:B】

8.在WPS文字中,如果插入的表格其内、外框线是虚线,要想将框线变成实线,在(　　)中实现(假设光标在表格中)。

A."表格工具"选项卡的"显示虚框"　　　B."表格样式"选项卡的"边框和底纹"

C."表格工具"选项卡的"选择表格"　　　D."开始"选项卡的"制表位"

分析:显示或隐藏文档中未设置边框线的表格虚框,不是把虚线改变成实线,选项A不正确;"表格样式"的"边框和底纹"可以设置内、外框线的虚实,故选项B正确;"表格工具"选项卡的"选择表格"可以选中整个表格,但无法改变外框线的虚实,选项C不正确;制表位是段落

文字的对齐方式,与表格边框线无关,选项D不正确。

【答案:B】

9.关于WPS文字保存文档的描述不正确的是( )。

A.快速访问工具栏中的"保存"按钮与"文件"选项卡中的"保存"命令选项具有同等功能

B.保存一个新文档,快速访问工具栏中的"保存"按钮与"文件"选项卡中的"另存为"命令选项具有同等功能

C.保存一个新文档,"文件"选项卡中的"保存"命令选项与"文件"选项卡中的"另存为"命令选项具有同等功能

D."文件"选项卡中的"保存"命令选项与"文件"选项卡中的"另存为"命令选项具有同等功能

分析:无论何种情况下,快速访问工具栏中的"保存"按钮与"文件"选项卡中的"保存"命令选项具有同等功能,选项A正确;WPS文字在保存新文档时,快速访问工具栏中的"保存"按钮、"文件"选项卡中的"保存"命令选项与"文件"选项卡中的"另存为"命令选项三者具有同等功能,故选项B、C正确;如果不是新文档,"文件"选项卡中的"保存"命令选项与"文件"选项卡中的"另存为"命令选项功能是不同的,"保存"命令选项以原名、原位置、原类型保存,无须进行对话框设置,"另存为"命令选项则通过对话框,修改保存位置、文件名或文件类型,选项D不正确。

【答案:D】

10.在WPS文字中的( )方式下,可以显示页眉和页脚。

A.阅读版式视图　　B.Web版式视图　　C.大纲视图　　D.页面视图

分析:阅读版式视图是为了方便阅读浏览文档而设计的视图模式,最适合阅读长篇文章。此模式默认仅保留了方便在文档中跳转的导航窗格,将其他诸如开始、插入、页面布局、审阅等文档编辑工具进行了隐藏,选项A不正确。

在Web版式视图中,文档显示效果和Web浏览网页的显示效果相同,对文档不进行分页处理,不能查看页眉、页脚等,显示的效果不是实际打印的效果,选项B不正确。

大纲视图能显示文档的层次结构,它将所有的章节标题或文字都转换成不同级别的大纲标题进行显示。大纲视图中的缩进和符号并不影响文档在页面视图中的外观,而且也不会打印出来,不显示页边距、页眉和页脚、图片和背景。在查看、重新调整文档结构时使用,可以轻松地合并多个文档或拆分一个大型文档,选项C不正确。

在页面视图中,能同时显示水平标尺和垂直标尺,从页面设置到文字录入、图形绘制,从页眉、页脚设置到生成自动化目录都建议在编辑文档时使用,也是我们使用最多的视图,选项D正确。

【答案:D】

补 充 练 习

一、单项选择题

(一)WPS文字概述、主窗口和文本选择等

Z001.单击WPS文字主窗口标题栏右边显示的"最小化"按钮后,( )。

A.WPS文字程序被关闭

B.WPS文字的窗口变成任务栏上的一个按钮

C.WPS文字的窗口未关闭,"最小化"按钮变成"关闭"按钮

D.被打开的文档窗口未关闭

Z002. 在WPS文字中,要打开已有文档,在快速访问工具栏中应单击( )按钮。
A. 打开　　　　　　B. 保存　　　　　　C. 新建　　　　　　D. 打印

Z003. 在WPS文字中,要选定一个英文单词,可以用鼠标在单词的任意位置( )。
A. 双击　　　　　　　　　　　　　B. 单击
C. 右击　　　　　　　　　　　　　D. 按住Ctrl键的同时单击

Z004. 在WPS文字中,移动插入点到文件末尾的快捷键是( )。
A. Ctrl+PageDown　　　　　　　　B. Ctrl+PageUp
C. Ctrl+Home　　　　　　　　　　D. Ctrl+End

Z005. 要在WPS文字的文档编辑区中选取若干个连续字符进行处理,正确的操作是( )。
A. 在此段文字的第一个字符处按下鼠标左键,拖动至要选择的最后字符处松开鼠标左键
B. 在此段文字的第一个字符处单击鼠标左键,再移动光标至要选取的最后字符处单击鼠标左键
C. 在此段文字的第一个字符处按Home键,再移动光标至要选取的最后字符处按End键
D. 在此段文字的第一个字符处按下鼠标左键,再移动光标至要选取的最后字符处,按住Ctrl键的同时单击鼠标左键

Z006. 在WPS文字文档编辑区,要将一段已被选定的文字复制到同一文档的其他位置上,正确的操作是( )。
A. 将鼠标光标放到该段文字上单击,再拖到目标位置上单击
B. 将鼠标光标放到该段文字上单击,再拖到目标位置上按Ctrl键并单击鼠标左键
C. 将鼠标光标放到该段文字上,按住Ctrl键的同时按下鼠标左键,拖动到目标位置上并松开鼠标和Ctrl键
D. 将鼠标光标放到该段文字上,按下鼠标左键,拖动到目标位置上并松开鼠标

Z007. 在WPS文字主窗口中,用户( )。
A. 只能在一个窗口中编辑一个文档
B. 能够打开多个窗口,但只能编辑同一个文档
C. 能够打开多个窗口并编辑多个文档,但不能有两个窗口编辑同一个文档
D. 能够打开多个窗口并编辑多个文档,可多个窗口编辑同一个文档

Z008. WPS文字中默认将汉字从小到大分为16级,最大的字号为( )。
A. 小初号　　　　　B. 初号　　　　　C. 八号　　　　　D. 四号

Z009. 在WPS文字窗口中,如果双击某行文字左端的空白处(鼠标指针将变为空心箭头状),可选择( )。
A. 一行　　　　　　B. 多行　　　　　　C. 一段　　　　　　D. 一页

Z010. 不选择文本,设置WPS文字字体,则所做的设置( )。
A. 不对任何文本起作用　　　　　　B. 对全部文本起作用
C. 对当前文本起作用　　　　　　　D. 对插入点后新输入的文本起作用

Z011. 在WPS文字文档中,选择"文件"选项卡下的"另存为"命令,可以将当前打开的文档另存为的文档类型是( )。
A. .txt　　　　　　B. .pptx　　　　　　C. .xlsx　　　　　　D. .bat

(二)"文件"选项卡

Z012. 在 WPS 文字中,对于已执行过存盘命令的文档,为了防止突然断电丢失新输入的文档内容,应经常执行(　　)命令。
　　A. 保存　　　　　　B. 另存为　　　　　　C. 关闭　　　　　　D. 退出

Z013. 在 WPS 文字中,对于打开的文档,如果要另外保存,须选择(　　)命令。
　　A. 复制　　　　　　B. 保存　　　　　　C. 剪切　　　　　　D. 另存为

Z014. 在 WPS 文字中,对于正在编辑的文档,选择(　　)命令,输入文件名后,仍可继续编辑此文档。
　　A."退出"　　　　　　　　　　　　　　B."关闭"
　　C."文件"→"另存为"　　　　　　　　D."撤销"

Z015. 在 WPS 文字中,对于新建的文档,执行"保存"命令并输入文档名(如"我的家乡")后,标题栏显示(　　)。
　　A. 我的家乡　　　B. 我的家乡.docx　　C. 文字文稿1　　D. .docx

Z016. 在 WPS 文字的编辑状态下,打开文档"ABC.docx",修改后另存为"ABD.docx",则文档"ABC.docx"(　　)。
　　A. 被文档 ABD.docx 覆盖　　　　　　B. 被修改但未关闭
　　C. 未修改并被关闭　　　　　　　　　D. 被修改并关闭

Z017. 处于 WPS 文字的文档打印预览状态时,若要打印文档,则(　　)。
　　A. 必须退出预览状态后才可以打印　　B. 在打印预览状态下可以直接打印
　　C. 在打印预览状态下不能打印　　　　D. 只能在打印预览状态打印

Z018. 在 WPS 文字中,对于新建的文档且经过编辑后,选择"关闭"("保存")命令时,将打开(　　)对话框。
　　A. 另存文件　　　　B. 打开　　　　　　C. 新建　　　　　　D. 页面设置

Z019. 使用 WPS 文字编辑一个纯文本文档时,需要保存的扩展名是(　　)。
　　A. .docx　　　　　B. .txt　　　　　　C. .wps　　　　　　D. .bmp

Z020. 在 WPS 文字中,不打印却想要查看打印的文件是否符合要求,可以单击(　　)。
　　A."打印预览"按钮　B."文件"按钮　　　C."新建"按钮　　　D."文件名"按钮

Z021. 在打印 WPS 文字的文档时,不能设置的打印参数是(　　)。
　　A. 打印份数　　　　B. 打印范围　　　　C. 选择打印机　　　D. 页码位置

Z022. 在 WPS 文字中,要打印一篇文档的第 1,3,5,6,7 和 20 页,需在"打印"对话框的页码范围文本框中输入(　　)。
　　A. 1-3,5-7,20　　B. 1-3,5,6,7-20　　C. 1,3-5,6-7,20　　D. 1,3,5-7,20

Z023. 在 WPS 文字中,打印页码 3-5,10,12 表示打印的页码是(　　)。
　　A. 3,4,5,10,12　　　　　　　　　　　B. 5,5,5,10,12
　　C. 3,3,3,10,12　　　　　　　　　　　D. 10,10,10,12,12,12,12

(三)"开始"选项卡

Z024. 在 WPS 文字中,文档编辑状态下,为选定的文本设置行间距,可选择的操作是(　　)。
　　A."开始"选项卡→"段落"选项组→"段落"对话框
　　B."开始"选项卡→"字体"选项组→"段落"对话框

C. "页面布局"选项卡→"段落"选项组→"段落"对话框

D. "视图"选项卡→"段落"选项组→"段落"对话框

Z025. 在 WPS 文字中,段落形成于(　　)。

A. 按 Enter 键后　　　　　　　　　　B. 按"Shift＋Enter"快捷键后

C. 有空行作为分隔　　　　　　　　　D. 输入字符达到一定行宽就自动转入下一行

Z026. 在 WPS 文字中,在"字体"选项组中有"字体""字号"下拉列表框,当选取一段文字后,这两项分别显示"仿宋体""四号",这说明(　　)。

A. 被选取的文字的当前格式为四号、仿宋体

B. 被选取的文字将被设定的格式为四号、仿宋体

C. 被编辑文档的总体格式为四号、仿宋体

D. 将中文版 Word 中默认的格式设定为四号、仿宋体

Z027. 在 WPS 文字的"查找和替换"对话框内指定"查找内容",但在"替换为"编辑区内未输入任何内容,此时单击"全部替换"按钮,则执行结果是(　　)。

A. 能执行,显示空格

B. 只做查找,不做任何替换

C. 将所有查找到的内容全部删除

D. 每查找到一个匹配项将询问用户,让用户指定替换内容

Z028. 在 WPS 文字中,可利用(　　)选项卡中的"查找"命令查找指定内容。

A. 开始　　　　B. 插入　　　　C. 页面布局　　　　D. 视图

Z029. 在 WPS 文字中,在"查找和替换"对话框中,单击(　　)选项卡后才能执行替换操作。

A. 替换　　　　B. 查找　　　　C. 定位　　　　D. 常规

Z030. 在 WPS 文字中,如果要将文档中的字符串"男生"替换为"女生",应在(　　)文本框中输入"女生"。

A. 查找内容　　　B. 替换为　　　C. 搜索范围　　　D. 同音

Z031. 在 WPS 文字中,在查找和替换过程中,如果只替换文档的部分字符串,应先单击(　　)按钮。

A. 查找下一处　　B. 替换　　　C. 常规　　　D. 格式

Z032. 在 WPS 文字中,单击"查找下一处"按钮,找到目标后,单击(　　)按钮,可替换成新的内容。

A. 常规　　　B. 查找下一处　　　C. 取消　　　D. 替换

Z033. 在 WPS 文字中,如果要对查找到的字符串进行修改,且不关闭"查找和替换"对话框,应(　　),再进行修改。

A. 按 Enter 键　　　　　　　　　　B. 不移动插入点

C. 先将插入点置于文档中找到的字符串位置　　D. 按 Esc 键

Z034. 在 WPS 文字中,将字符串"Word"替换为"word",需要在"查找和替换"对话框中勾选(　　)复选框才能实现。

A. 区分大小写　　B. 区分全半角　　C. 全字匹配　　D. 模式匹配

Z035. 在 WPS 文字中,查找和替换功能非常强大,下面的叙述中正确的是(　　)。

A. 不可以指定查找文字的格式,只可以指定替换文字的格式

B. 可以指定查找文字的格式,但不可以指定替换文字的格式
C. 不可以按指定文字的格式进行查找及替换
D. 可以按指定文字的格式进行查找及替换

Z036. 在WPS文字中,采用带有"通配符"查找时,应勾选"(　　)"复选框。
A. 使用通配符和区分全/半角　　　B. 使用通配符
C. 区分全/半角　　　D. 区分大小写

Z037. 在WPS文字中,对已输入内容的文档进行排版,若未进行选择而设置行间距,则(　　)。
A. 只影响插入点所在行　　　B. 只影响插入点所在段落
C. 只影响当前页　　　D. 影响整个文档

Z038. 在WPS文字中,当插入点位于文本框中时,(　　)的内容进行查找。
A. 既可对文本框又可对文档中　　　B. 只能对文档中
C. 只能对文本框中　　　D. 不能对任何部分

Z039. 在WPS文字中,双击"格式刷"按钮可将一种格式从一个区域一次复制到(　　)区域。
A. 三个　　　B. 多个　　　C. 一个　　　D. 两个

Z040. 在WPS文字中,如果在文档各段前面加编号,可以采用命令进行设置,此命令所在的选项卡为"(　　)"。
A. 编辑　　　B. 插入　　　C. 开始　　　D. 工具

Z041. 在WPS文字中,如果在输入字符后,单击"撤销"按钮,将(　　)。
A. 删除输入的字符　　　B. 复制输入的字符
C. 复制字符到任意位置　　　D. 恢复字符

Z042. 在WPS文字中,如果在删除输入的字符后,单击"撤销"按钮,将(　　)。
A. 在原位置恢复输入的字符　　　B. 删除字符
C. 在任意位置恢复输入的字符　　　D. 把字符存放到剪贴板中

Z043. 在WPS文字中,要修改已输入文本的字号,在选择文本后,单击(　　)按钮可选择字号。
A. 加粗　　　B. 新建　　　C. "字号"下拉　　　D. "字体"下拉

Z044. 在WPS文字中,如果未选择文本,单击"字体颜色"下拉按钮,选择颜色后,为(　　)设置颜色。
A. 所有已输入的文本　　　B. 当前插入点所在的段落
C. 整篇文档　　　D. 后面将要输入的字符

Z045. 在WPS文字中,如果要改变某段文本的颜色,应(　　),再选择颜色。
A. 先选择该段文本　　　B. 将插入点置于该段文本中
C. 不选择文本　　　D. 选择任意文本

Z046. 在WPS文字中,如果要将一行标题居中显示,将插入点移到该标题行,单击(　　)按钮。
A. 居中　　　B. 减少缩进量　　　C. 增加缩进量　　　D. 分散对齐

Z047. 在WPS文字中,如果要在每一个段落的前面自动添加编号,应启用(　　)按钮。
A. 格式刷　　　B. 项目符号　　　C. 编号　　　D. 字号

Z048. 在 WPS 文字中,将某一段文本的格式复制给另一段文本:先选择源文本,单击( )按钮后才能进行格式复制。
A. 格式刷　　　　B. 复制　　　　　C. 重复　　　　　D. 保存

(四)"插入"选项卡

Z049. 在 WPS 文字的编辑状态下,若要输入希腊字母 Ω,则需要使用( )选项卡。
A. 开始　　　　　B. 插入　　　　　C. 页面布局　　　D. 对象

Z050. 在 WPS 文字的编辑状态下,对图片不可以进行的操作是( )。
A. 裁剪　　　　　B. 移动　　　　　C. 分栏　　　　　D. 改变大小

Z051. 在 WPS 文字的编辑状态下,与普通文本的选择不同,单击艺术字时,选中的是( )。
A. 艺术字整体　　　　　　　　　　B. 一行艺术字
C. 部分艺术字　　　　　　　　　　D. 文档中插入的所有艺术字

Z052. 在 WPS 文字的编辑状态下,在未选中艺术字时,可以对艺术字进行的操作是( )。
A. 插入艺术字　　B. 编辑文字　　　C. 修改艺术字库　D. 修改艺术字形状

Z053. 在 WPS 文字的编辑状态下,编辑艺术字时,应先切换到( )视图选中艺术字。
A. 大纲　　　　　B. 页面　　　　　C. 打印预览　　　D. 阅读版式

Z054. 在 WPS 文字中,可以在文档的每页或一页上打印一个图形作为页面背景,这种特殊的文本效果被称为( )。
A. 图形　　　　　B. 艺术字　　　　C. 插入艺术字　　D. 水印

Z055. 在 WPS 文字中,下列方式中可以显示页眉和页脚的是( )。
A. Web 版式　　　B. 阅读版式　　　C. 大纲　　　　　D. 全屏显示

Z056. 在 WPS 文字中输入页眉、页脚内容的选项所在的选项卡是( )。
A. 文件　　　　　B. 插入　　　　　C. 视图　　　　　D. 格式

Z057. 在 WPS 文字的编辑状态下,选中文本框后,将鼠标指向( ),单击鼠标右键,在快捷菜单中选择"设置文本框格式"命令。
A. 文本框的任意位置　　　　　　　B. 文本框外边
C. 文本框的边界位置　　　　　　　D. 文本框内部

Z058. 在 WPS 文字编辑状态下,给当前打开的文档加上页码,应使用的选项卡是( )。
A. 编辑　　　　　B. 插入　　　　　C. 格式　　　　　D. 开发工具

Z059. 在 WPS 文字中,要取消利用"边框"按钮为一段文本所添加的文本框,( ),再单击字符边框按钮。
A. 先选定已加边框的文本　　　　　B. 不选定文本
C. 插入点置于任意位置　　　　　　D. 选定整篇文档

Z060. 在 WPS 文字中,在单击文本框后,按( )键可以删除文本框。
A. Enter　　　　　B. Alt　　　　　　C. Delete　　　　D. Shift

Z061. 在 WPS 文字中,如果要删除文本框中的部分字符,插入点应置于( )位置。
A. 文档中的任意　　　　　　　　　B. 文本框中需要删除的字符
C. 文本框中的任意　　　　　　　　D. 文本框的开始

Z062. 在 WPS 文字中,将整篇文档的内容全部选中,可以使用的快捷键是( )。
A. Ctrl+X B. Ctrl+C C. Ctrl+V D. Ctrl+A

Z063. 在 WPS 文字中,在打印文档时每一页都有页码,最佳实现方法是( )。
A. 由文档根据纸张大小进行分页时自动加页码
B. 执行"插入"选项卡→"页码"项加以指定
C. 应由用户执行菜单"文件"→"页面设置"项加以指定
D. 应由用户在每一页的文字中自行输入

Z064. 在 WPS 文字中,可以在正文的表格中填入的信息( )。
A. 只限于文字形式 B. 只限于数字形式
C. 可以是文字、数字和图形对象等 D. 只限于文字和数字形式

Z065. 用 WPS 文字制作表格时,下列叙述不正确的是( )。
A. 将光标移到所需行中任一单元格内的最左侧,单击鼠标左键即可选定该行
B. 将光标移到所需列的上端,光标变成垂直向下的箭头后,单击鼠标左键即可选定该列
C. 将光标移到所需行最左边的单元格,拖动到最右边的单元格时选定该行
D. 要选定连续的多个单元格,可用鼠标连续拖动经过若干单元格

Z066. 在 WPS 文字编辑状态中,当前文档有一个表格,选定表格中的某列,单击"表格工具"选项卡中"删除"→"行"命令后,( )。
A. 所选定的列的内容被删除,该列变为空列
B. 表格的全部内容被删除,表格变为空表
C. 所选定的列被删除,该列右边的单元格向左移
D. 表格全部被删除

Z067. 对 WPS 文字的表格功能说法正确的是( )。
A. 表格一旦建立,行和列不能随意增和删 B. 对表格中的数据不能进行运算
C. 表格单元中不能插入图形文件 D. 可以拆分单元格

Z068. 在 WPS 文字编辑表格状态下,若光标位于表格外侧右侧的行尾处,按 Enter 键,结果为( )。
A. 光标移到下一行,表格行数不不变 B. 光标移动下一行
C. 在本单元格内换行,表格行数不变 D. 光标移到一下行,表格行数增加一行

Z069. 在 WPS 文字编辑表格状态下,若想将表格中连续三列的列宽调整为 1 厘米,应该先选中这三列,然后单击( )。
A. "表格工具"→"自动调整"→"平均分布各列"
B. "表格工具"→"宽度"
C. "表格工具"→"自动调整"→"宽度"
D. "插入"→"宽度"

Z070. 在 WPS 文字中,表格拆分指的是( )。
A. 从某两行之间把原来的表格分为上、下两个表格
B. 从某两列之间把原来的表格分为左、右两个表格
C. 从表格的正中间把原来的表格分为两个表格,方向由用户指定
D. 在表格中由用户任意指定一个区域,将其单独分成另一个表格

Z071. 在WPS文字中,将文字转换为表格时,可以使用(　　)作为文字分隔位置。
　　A. 逗号　　　　　　B. 空格　　　　　　C. 制表符　　　　　　D. 以上都可以
Z072. 在WPS文字中,表格和文本是互相转换的,有关此操作正确的说法是(　　)。
　　A. 文本只能转换成表格　　　　　　B. 表格只能转换成文本
　　C. 文本与表格可以相互转换　　　　D. 文本与表格不能相互转换
Z073. 在WPS文字中,若要对表格的一行数据合计,正确的公式是(　　)。
　　A. sum(above)　　B. average(left)　　C. sum(left)　　D. average(above)
Z074. 在WPS文字中,选择"(　　)"选项卡→"对象"命令,在随后出现的"对象"对话框的"对象类型"列表框中选择"WPS公式3.0"项,进入"公式"编辑环境。
　　A. 编辑　　　　　　B. 插入　　　　　　C. 格式　　　　　　D. 工具
Z075. 在WPS文字编辑状态下,绘制一个图形,首先应该选择(　　)。
　　A. "插入"→"图片"按钮　　　　　　B. "开始"→"新样式"按钮
　　C. "插入"→"形状"按钮　　　　　　D. "插入"→"文本框"按钮
Z076. 在WPS文字中,如果在有文字的区域绘制图形,则在文字与图形的重叠部分(　　)。
　　A. 文字不可能被覆盖　　　　　　B. 文字小部分被覆盖
　　C. 文字被覆盖　　　　　　　　　D. 文字部分大部分被覆盖
Z077. 在WPS文字中,实现首字下沉的操作,应选择的操作为(　　)。
　　A. "开始"→"首字下沉"　　　　　　B. "页面布局"→"首字下沉"
　　C. "插入"→"首字下沉"　　　　　　D. "视图"→"首字下沉"

(五)"页面布局"选项卡

Z078. 在WPS文字中进行页面设置时,应首先执行的操作是(　　)。
　　A. 在文档中选取一定的内容作为设置对象　　B. 选取"页面布局"选项卡→"页面设置"
　　C. 选取"开始"选项卡→"字体"　　　　　　D. 选取"引用"选项卡
Z079. 在WPS文字中,若要使纸张横向打印,在"页面设置"对话框中应选择的选项卡是(　　)。
　　A. "页边距"　　　　B. "纸张"　　　　C. "版式"　　　　D. "文档网格"
Z080. 在WPS文字中,边界"左缩进""右缩进"是指段落的左、右边界(　　)。
　　A. 以纸张边缘为基准向内缩进
　　B. 以"页边距"的位置为基准向内缩进
　　C. 以"页边距"的位置为基准,都向左移动或向右移动
　　D. 以纸张的中心位置为基准,分别向左、向右移动
Z081. 在WPS文字中,如果规定某一段的第一行左端起始位置在该段其余各行的右侧,称此为(　　)。
　　A. 左缩进　　　　　B. 右缩进　　　　C. 首行缩进　　　　D. 首行悬挂缩进
Z082. 在WPS文字中,为当前文档添加"水印"应通过(　　)选项卡来实现。
　　A. 插入　　　　　　B. 页面布局　　　　C. 开始　　　　　　D. 视图
Z083. 在WPS文字中,段落对齐方式中的"两端对齐"是指(　　)。
　　A. 左、右两端都要对齐,字符少的将加大间距,把字符分散开以便两端对齐
　　B. 左、右两端都要对齐,字符少的将左对齐
　　C. 或者左对齐,或者右对齐,统一即可
　　D. 在段落的第一行右对齐,末行左对齐

Z084. 在 WPS 文字中,如果文档某一段与其前后两段之间有较大的间隔,一般应(　　)。
　　A. 在两行之间按 Enter 键添加空行　　B. 在两段之间按 Enter 键添加空行
　　C. 用段落格式的设定来增加段间距　　D. 用字符格式的设定来增加字符间距
Z085. 在 WPS 文字中,要将一个段落末尾的"回车符"删除,使此段落与其后的段落合为一段,则原来的文字内容将(　　)。
　　A. 采用原来设定的格式　　　　　　　B. 默认的格式
　　C. 采用原来后段的格式　　　　　　　D. 无格式,必须重新设定
Z086. 在 WPS 文字中,下述关于分栏操作的说法,正确的是(　　)。
　　A. 栏与栏之间不可以设置分隔线　　　B. 任何视图下均可看到分栏效果
　　C. 设置各栏的宽度和间距与页面宽度无关　D. 可以将指定的段落分成指定宽度的两栏

(六)"引用"选项卡

Z087. 在 WPS 文字中,若想自动生成目录,一般在文档中应包含(　　)段落格式。
　　A. 对齐　　　　　B. 大纲级别　　　　C. 缩进　　　　　D. 项目编号
Z088. 在 WPS 文字中,若想对文档自动生成目录,通过(　　)选项卡来实现。
　　A. 插入　　　　　B. 引用　　　　　　C. 页面布局　　　D. 视图
Z089. 在 WPS 文字中,为当前文档插入脚注、尾注,需要通过(　　)选项卡来实现。
　　A. 插入　　　　　B. 引用　　　　　　C. 页面布局　　　D. 开始

(七)"视图"选项卡

Z090. 在 WPS 文字中,对文本框的内容执行"查找"命令时,应切换到(　　)视图。
　　A. 全屏显示　　　B. 页面或 Web 版式　C. 打印预览　　　D. 以上都不对
Z091. 在 WPS 文字中,向右拖动标尺上的(　　)缩进标志,插入点所在的整个段落将向右移动。
　　A. 左　　　　　　B. 右　　　　　　　C. 首行　　　　　D. 悬挂
Z092. 在 WPS 文字中,向左拖动标尺上的右缩进标志,(　　)向左移动。
　　A. 插入点所在段落除第一行以外的全部　B. 插入点所在的段落
　　C. 插入点所在段落的第一行　　　　　　D. 整片文档
Z093. 在 WPS 文字中,欲选中文本中不连续的两个文字区域,应在拖动鼠标前,按住(　　)键不放。
　　A. Ctrl　　　　　B. Alt　　　　　　 C. Shift　　　　　D. 空格
Z094. 在 WPS 文字中,在水平标尺上(　　),可在标尺相应位置设置特殊制表符。
　　A. 双击鼠标右键　　　　　　　　　　B. 单击鼠标左键
　　C. 双击鼠标左键　　　　　　　　　　D. 拖动鼠标
Z095. 在 WPS 文字中,如果设置完一种对齐方式后,要在下一个特殊制表符的对应列输入文本,应按(　　)键。
　　A. 空格　　　　　B. Tab　　　　　　 C. Enter　　　　　D. Ctrl+Tab
Z096. 在 WPS 文字中,将鼠标指向(　　),双击鼠标左键打开"制表位"对话框。
　　A. 水平标尺上设置的特殊制表符　　　B. 水平标尺的任意位置
　　C. 垂直滚动条　　　　　　　　　　　D. 垂直标尺
Z097. 在 WPS 文字中,在插入脚注、尾注时,不使当前视图为(　　)。
　　A. Web 版式　　　B. 页面视图　　　　C. 大纲视图　　　D. 全屏视图

Z098. 在 WPS 文字中,( )视图方式可以使得显示效果与打印预览基本相同。
　A. 阅读版式　　　　B. 大纲　　　　　　C. Web 版式　　　　D. 页面
Z099. 在 WPS 文字中,各级标题层次分明的是( )。
　A. 全屏视图　　　　B. Web 版式视图　　C. 页面视图　　　　D. 大纲视图
Z100. 在 WPS 文字中,能将所有的标题分级显示出来,但不显示图形对象视图的是( )。
　A. 页面视图　　　　B. 大纲视图　　　　C. Web 版式视图　　D. 普通视图

(八)综合应用

Z101. 在 WPS 文字中,下列说法中错误的是( )。
　A. 用户可以根据文档的保密程度对文档设置"打开权限"或"修改权限"密码
　B. 用户可以将文档设置为"只读"属性
　C. "打开权限"和"修改权限"密码设定后,无法更改
　D. 设置了"修改权限"密码后,如果输入的"修改密码"不正确,将以"只读"形式打开
Z102. 在 WPS 文字中,对于已设置了修改权限密码的文档,如果不输入密码,该文档( )。
　A. 将不能打开　　　　　　　　　　　　B. 能打开且修改后能保存为其他文档
　C. 能打开但不能修改　　　　　　　　　D. 能打开且能修改
Z103. 在 WPS 文字中,对于只设置了打开权限密码的文档,输入密码验证后,可以打开文档( )。
　A. 但不能修改
　B. 修改后既可以保存为其他文档,又可以保存为原文档
　C. 可以修改但必须保存为其他文档
　D. 可以修改但不能保存为其他文档
Z104. 在 WPS 文字中"页面设置"默认的纸张大小规格是( )。
　A. 16K　　　　　　B. B4　　　　　　　C. A3　　　　　　　D. A4
Z105. 在 WPS 文字中,可以把预先定义好的多种格式的集合全部应用在选定的文字上的特殊文档称为( )。
　A. 母版　　　　　　B. 项目符号　　　　C. 样式　　　　　　D. 格式
Z106. 在 WPS 文字中,以下关于多个图形对象的说法正确的是( )。
　A. 可以进行"组合"图形对象操作,也可以进行"取消组合"操作
　B. 既不可以进行"组合"图形对象操作,也不可以进行"取消组合"操作
　C. 可以进行"组合"图形对象操作,但不可以进行"取消组合"操作
　D. 不可以进行"组合"图形对象操作,但可以进行"取消组合"操作
Z107. 在 WPS 文字编辑状态中,执行"开始"选项卡中的"复制"命令后( )。
　A. 插入点所在段落的内容被复制到剪贴板　B. 被选择的内容复制到剪贴板
　C. 光标所在段落的内容被复制到剪贴板　　D. 被选择的内容复制到插入点
Z108. 在 WPS 文字中,关于页码设置正确的描述是( )。
　A. 整篇文档的每一页均必须有页码
　B. 文档的首页可以不含页码
　C. 文档中某一节内各页的页码序号可以不连续
　D. 起始页码必须从"1"开始

Z109. 下列关于 WPS 文字中的"节"说法错误的是( )。
A. 整个文档可以是一个节,也可以分成几个节
B. 不同的节可以设置不同的页眉、页脚
C. 所有节必须设置单一连续的页码
D. 每一节可采用不同的格式排版

二、操作题

停止自转的地球真的能去流浪吗?

"流浪地球计划"中的第一步就是首先让地球停止转动,尽管在电影中没有直接展现这一场景,但是电影当中的旁白中有所提及,让我们先来看一下这个停止转动是否可以实现。

在直接回答这个问题之前,我们先了解一下地球的转动能量有多少,这一点我们很容易从网络上搜索到,地球的转动能是 2.24E29 焦耳,这个能量是非常巨大的。让我们做一个比较简单的对比,从而可以更加清楚地看到这个能量有多大,一个原子弹释放出来的能量差不多相当于 100 万个 TNT 当量,或者就相当于 4.2E15 焦耳,而历史上曾经试验过的释放能量最强的大伊万氢弹,释放的能量差不多是 5 000 万 TNT 当量,或者就是 2.1E17 焦耳,然而相比较地球的转动能量,还是小巫见大巫了,地球的转动能量大约相当于 1 万亿(1E12)个大伊万氢弹同时爆炸。

一旦地球停止转动,那么地球上将会发生什么样的变化呢?或许你会想着,地球不是类似于物理学中的刚体吗,难道没有了转动,就会发生很巨大的变化吗?

最直接的一个效应就是,没有了转动,目前地球上几乎所有的大陆都会被海洋所淹没,这一点的确在电影当中有所提及。原因很简单,在地球转动的时候,因为离心力,作为液态的海洋会朝赤道附近聚集,而一旦地球停止转动,这些水会向两级流动,从而造成大陆被淹没。

操作要求:

1.将标题文字"停止自转的地球真能去流浪吗?"设为小二号字、黑体、居中对齐,标题文字填充"白色,背景 1,深色 25%"底纹,字符间距设置为加宽 8 磅。

2.将正文第一段"'流浪地球计划'中的第一步……"设置为首行缩进 2 个字符。

3.为正文第二段"在直接回答这个问题……"添加段落边框,框内正文距离边框上、下、左、右各 3 磅。

4.将正文第三段"一旦地球停止转动……"的行距设置为固定值 20 磅,段后间距为 2 行。

5.将正文第四段"最直接的一个效应就是……"文字分两栏、栏宽相等,加分隔线。

6.插入页眉,内容为"流浪地球",且设置为右对齐(注意页眉中无空行)。

7.在文档最后插入一个 3 行 3 列的表格,表格外边框设为双线型、绿色(RGB 颜色模式:红色 0,绿色 255,蓝色 0)、线宽 1.5 磅。

8.通过网络下载一张与本文相关的图画,插入文本的最后,并设置图片的文字环绕方式为上下型,设置图片格式中线条颜色为实线、颜色为蓝色(RGB 颜色模式:红色 0,绿色 0,蓝色 255)。

项目 2
WPS Office 2019 表格处理

习 题 分 析

一、单项选择题

1. 使用 WPS 创建的表格,不可以直接(   )。
   A. 保存为 WPS 表格文件(＊.et)　　　　B. 保存为 Excel 文件(＊.xlsx)
   C. 输出为 PDF 文件　　　　　　　　　D. 保存为 Access 数据库文件(＊.mdb)

   分析:保存 WPS 工作簿时,在"另存文件"对话框中的"文件类型"下拉列表中,可以看出 A、B、C 三种输出格式均可实现,但不可以保存为 Access 数据库文件(＊.mdb)。如果要输出数据库文件,可以选择"dBase 文件(＊.dbf)"格式。

   【答案:D】

2. 在 WPS 表格中,位于第 3 行第 4 列的单元格的名称为(   )。
   A. C4　　　　　　B. 4C　　　　　　C. D3　　　　　　D. 3D

   分析:WPS 表格中单元格的表示方式为"列标行号"格式,第 3 行的行号为 3,第 4 列的列标为 D,所以第 3 行第 4 列的单元格的名称为 D3。

   【答案:C】

3. 要实现 WPS 表格中单元格内容的换行,可以(   )。
   A. 使用"Alt＋Enter"快捷键换行　　　　B. 使用 Enter 键换行
   C. 使用 Tab 键换行　　　　　　　　　D. 使用方向键↓换行

   分析:在单元格编辑状态下,使用"Alt＋Enter"快捷键可以在单元格内换行。

   【答案:A】

4. WPS 表格单元格格式的数字分类中不包括(   )。
   A. 货币　　　　　B. 百分比　　　　C. 公式　　　　　D. 分数

   分析:在单元格上右击,从快捷菜单中选择"设置单元格格式"选项,打开"单元格格式"对话框,在"数字"选项卡中,"分类"区域包括常规、数值、货币、会计专用、日期、时间、百分比、分数、科学记数、文本、特殊和自定义等类型,没有"公式"类型。

   【答案:C】

5.关于WPS表格单元格的数据格式,以下说法不正确的是( )。

A.输入日期时,只有用英文斜杠"/"分隔年月日,才可以自动识别日期

B.文本型格式会将数字作为字符串处理

C.特殊格式可以将数字转换成人民币大写

D.分数格式可以将数值转化为分数

分析:在WPS表格单元格上右击,从快捷菜单中选择"设置单元格格式",打开"单元格格式"对话框,选择数据"分类"后可以查看类型和格式。选择"日期"分类后,可以看出输入日期除了用英文斜杠"/",还有诸如"2001年3月7日""7-Mar-01"等多种格式。其余B、C、D选项都可以实现。

【答案:A】

6.关于在WPS表格中设置单元格数据有效性,以下说法不正确的是( )。

A.对于整数,可以限制数据取值范围

B.对于日期,可以限制开始日期和结束日期

C.可以限制输入文本的长度

D.不能将某个序列作为单元格数据源

分析:单击"数据"选项卡→"有效性",打开"数据有效性"对话框,在"有效性条件"中,可以允许整数、小数、序列、日期、时间、文本长度和自定义等,其中就包含了"序列"数据源。

【答案:D】

7.关于WPS表格中的填充功能,以下说法不正确的是( )。

A.不能按自定义序列填充   B.对于整数,可以按等差数列填充

C.对于日期,可以按日、月、年填充   D.使用填充句柄可以实现规律填充

分析:WPS表格填充功能中可以按自定义的序列进行填充,单击"文件"→"选项",打开"选项"对话框,选择左侧的"自定义序列",可以添加自行定义的序列;B、C、D均可实现。

【答案:A】

8.关于WPS表格中的智能填充,以下说法不正确的是( )。

A.通过对比字符串之间的关系,智能识别出其中规律,然后快速填充

B.智能填充的默认快捷键为"Ctrl+E"

C.使用智能填充,可以把原字符串中某些字符批量替换掉

D.智能填充不需要借助辅助列

分析:单击"开始"选项卡→"填充"→"智能填充"命令(快捷键"Ctrl+E")可以通过辅助列和填写列之间的对比关系,智能识别出其中规律,然后快速填充。使用智能填充可以实现提取字符、替换字符、添加字符、合并字符、重组字符等操作。

【答案:D】

9.在WPS工作表中进行输入时,可以( )。

A.按Enter键(回车键),跳到下一列输入

B.按Tab键(制表键),跳到下一行输入

C.双击列标交界处,快速调整数据显示格式

D.选中单元格,将鼠标放置在单元格右下角,出现"+"字形的填充句柄时,向下拖动鼠标可填充数据

分析:在WPS表格的工作表中进行输入时,按Enter键(回车键),跳到下一行输入;按Tab键(制表键),跳到下一列输入;双击列标交界处,可将列宽调整到最适合的宽度;选中单元格,将鼠标放置在单元格右下角,出现"+"字形的填充句柄时,拖动到其他单元格可填充数据。

【答案:D】

10. 关于WPS表格中快捷键的使用,以下说法不正确的是(　　)。

A. 在选定单元格后,按下"Ctrl+D"快捷键,能实现数据的快速复制

B. 按"Ctrl+Z"快捷键,可以撤销上一步操作

C. 按"Ctrl+A"快捷键,可以弹出"定位"对话框

D. 按"Ctrl+;"快捷键,可以插入日期

分析:在选定单元格后,按"Ctrl+D"快捷键,可以将上面单元格的数据快速复制到本单元格中;按"Ctrl+Z"快捷键,可以撤销上一步操作;"Ctrl+A"快捷键的功能是"全选";按"Ctrl+;"快捷键,可以插入当前日期。

【答案:C】

11. 关于WPS表格行高和列宽的调整,以下说法不正确的是(　　)。

A. 将鼠标定位到行号/列标分界线处并拖动,可以调整所有行高/列宽

B. 全选表格区域后,任意拖动一个行高和列宽,整个表格的行高和列宽都会同样调整

C. 在菜单栏"开始"→"行和列"→"行高"内输入合理的行高值,可以将行高调整为指定高度

D. 当输入的数值大于单元格宽度时,双击该列列标右侧分界线,可以调整到最合适的列宽

分析:将鼠标定位到行号或列标分界线并拖动,可以调整分界线上面一行的行高或左侧一列的列宽;B、C、D均可实现。

【答案:A】

12. 关于WPS表格中的查找功能,以下说法不正确的是(　　)。

A. 可以在工作簿中查找　　　　　　　　B. 可以查找公式

C. 查找时不能区分大小写　　　　　　　D. 可以按字体颜色进行查找

分析:在"查找"对话框中,单击"选项"按钮,展开查找"选项",可以将"范围"设定为"工作簿";可以在"查找范围"中选择"公式";可以勾选"区分大小写"复选框;单击"格式"按钮,可以从下拉列表中选择"字体颜色"。

【答案:C】

13. 如图2-2-1所示,在单元格F2中输入公式:=IF(E2>90,"优秀",IF(E2>60,"合格","不合格")),显示的值为(　　)。

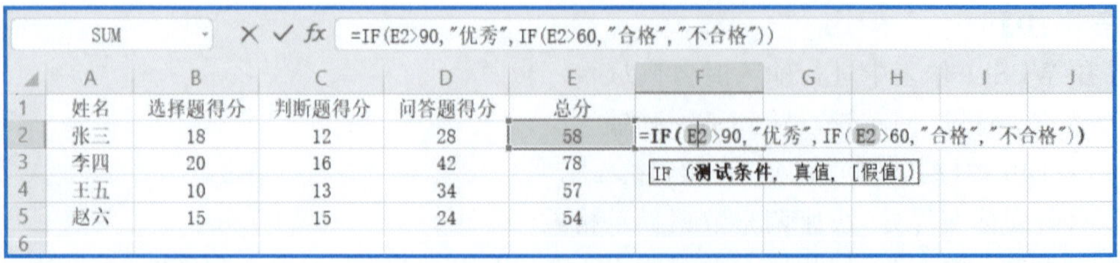

图2-2-1　单选题13题图

A. 优秀　　　　　　B. 合格　　　　　　C. 不合格　　　　　　D. 错误值

分析：本题考察的是 IF 函数的用法。IF 函数是一个条件判断函数，本题公式会依次判断：如果总分大于 90，则填写"优秀"，如果总分大于 60，则填写"合格"，否则填写"不合格"。因为 F2 单元格所在的公式中提取的 E2 单元格的值为 58，所以填写的值应为"不合格"。

【答案：C】

14. 如图 2-2-2 所示，在单元格 E2 中输入公式：＝COUNTIF(C2:C5,">20")，显示的值为（　　）。

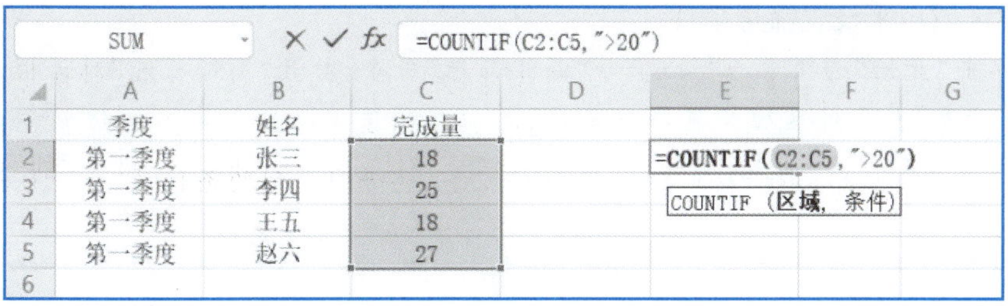

图 2-2-2　单选题 14 题图

A. 3　　　　　　　B. 2　　　　　　　C. 4　　　　　　　D. 88

分析：本题考察的是 COUNTIF 函数的用法。COUNTIF 函数的功能是在指定区域中统计符合指定条件的单元格个数。本题公式的意思是在 C2:C5 单元格区域中统计值大于 20 的单元格个数，因此其值为 2。

【答案：B】

15. 关于 WPS 表格函数，以下说法不正确的是（　　）。

A. COUNTA 函数用于统计非空单元格个数

B. COUNTIF 函数用于计算符合某一条件的值的个数

C. COUNT 函数不会对逻辑值、文本或错误值进行计数

D. COUNTA 函数计算时不包含错误值和空文本（""）单元格

分析：本题考察的是 COUNTA、COUNTIF 和 COUNT 三个函数的用法区别。COUNTA 函数的功能是返回参数列表中非空的单元格个数，包含错误值和逻辑值；COUNTIF 函数的功能是在指定区域中统计符合指定条件的单元格个数；COUNT 函数返回包含数字的单元格以及参数列表中的数字的个数。

【答案：D】

16. 关于 WPS 表格中用于数学计算的函数，以下描述不正确的是（　　）。

A. SUM 是求和函数，可以对选中的单元格区域数值进行求和

B. PRODUCT 函数用于选定单元格区域数值的除法运算

C. IMSUB 函数用于减法运算

D. ABS 函数用来返回给定数字的绝对值

分析：SUM 函数的功能是返回某一单元格区域中所有数值之和；PRODUCT 函数的功能是将所有以参数形式给出的数字相乘，并返回乘积值；IMSUB 函数的功能是返回两个复数的差值；ABS 函数的功能是返回给定数字的绝对值。

【答案：B】

17. 关于 WPS 表格的筛选功能，以下说法不正确的是（　　）。

A. 只能按文本筛选　　B. 可以按数字筛选　　C. 可以按日期筛选　　D. 可以按内容筛选

分析：WPS表格的筛选可以按文本、数字、日期和内容筛选。

【答案：A】

18．关于WPS表格的高级筛选功能，以下说法不正确的是（　　）。

A．高级筛选分为列表区域和条件区域

B．在设置多个筛选条件时，如果两个条件是"或"关系，它们需要位于同一行

C．可以将筛选结果复制到其他位置

D．条件区域用来设置筛选条件

分析：单击"开始"选项卡→"筛选"→"高级筛选"命令，打开"高级筛选"对话框。在列表区域确定筛选对象，在条件区域设置筛选条件，可以将筛选结果复制到其他位置。在设置条件时，位于同一行的条件是"与"的关系，必须同时满足；位于同一列的条件是"或"的关系，只要满足一个即可。

【答案：B】

19．关于WPS表格的图表，以下说法不正确的是（　　）。

A．柱状图用于表示数据的对比及比较　　　B．折线图用于表示数据的变化及趋势

C．饼形图用于表示数据的变化趋势　　　　D．条形图用于表示数据的排名

分析：在WPS表格图表中，柱形图主要查看数据值的对比；折线图主要查看数据变化的趋势和走势的比较；饼图主要用于展示各数据占全部的比例多少；条形图更适合于展现排名。

【答案：C】

20．关于WPS表格的打印和分页，以下说法不正确的是（　　）。

A．可以通过"页面布局"→"插入分页符"→"插入分页符"，插入分页符进行分页

B．可以通过"页面布局"→"打印缩放"，将整个工作表打印在一页

C．可以打印表格中被筛选的内容

D．不可以设置打印表格中分类汇总的内容

分析：A、B、C均可实现，也可以打印表格中分类汇总的内容。

【答案：D】

二、操作题

1．创建如图2-2-3所示的工作表，完成下列操作：

	A	B	C	D	E	F	G	H	I	J
1	学号	姓名	语文	数学	英语	历史	政治	地理	总分	
2	101	王萍	96	75	82	60	80	81		
3	102	杨向中	102	90	106	88	91	90		
4	103	钱学农	60	11	27	33	60	52		
5	104	王爱华	98	90	82	98	88	88		
6	105	刘晓华	103	45	66	80	85	83		
7	106	李婷	101	46	62	85	86	61		
8	107	王宇	63	18	17	37	57	25		
9	108	张曼	94	97	110	91	87	86		
10	109	李小辉	83	7	64	68	87	54		
11	学生人数			总分最高分			总分最低分			
12										

图2-2-3　操作题1原始数据

（1）在"成绩表"中第一行上面插入新行，然后在A1单元格内输入"育才中学高三（1）班学生成绩表"，合并A1:J1单元格区域并居中，设置字体：黑体，字形：加粗，字号：16。

（2）在总分对应单元格区域，用公式计算每个学生的总分。

（3）用COUNTA、MAX和MIN函数分别在右侧同行单元格中统计出学生人数、总分最

高分和总分最低分。

（4）在 J2 单元格中输入：平均分，在 J 列对应单元格使用 AVERAGEA 函数计算每个学生的平均分并保留 2 位小数。

（5）根据"姓名"和"总分"两列在当前工作表内制作簇状柱形图，图表的标题为"成绩图表"。

（6）表格中所有文字水平、垂直均居中，设置好表格线，保存该文档为 t1.xlsx。

分析：本题考核的知识点主要是常用统计函数的应用，基本排版格式的设置，图表的创建与编辑以及文件格式的选择。操作结果如图 2-2-4 所示。

	A	B	C	D	E	F	G	H	I	J	K
1	育才中学高三(1)班学生成绩表										
2	学号	姓名	语文	数学	英语	历史	政治	地理	总分	平均分	
3	101	王萍	96	75	82	60	80	81	474	79.00	
4	102	杨向中	102	90	106	88	91	90	567	94.50	
5	103	钱学农	60	11	27	33	60	52	243	40.50	
6	104	王爱华	98	90	82	98	88	88	544	90.67	
7	105	刘晓华	103	45	66	80	85	83	462	77.00	
8	106	李婷	101	46	62	85	86	61	441	73.50	
9	107	王宇	63	18	17	37	57	25	217	36.17	
10	108	张曼	94	97	110	91	87	86	565	94.17	
11	109	李小辉	83	7	64	68	87	54	363	60.50	
12	学生人数	9		总分最高分	567		总分最低分	217			

图 2-2-4　操作题 1 操作结果

操作步骤

（1）运行 WPS Office 2019，选择"新建"→"表格"→"新建空白文档"，在"Sheet1"工作表名称上双击，将工作表名称修改为"成绩表"，按图 2-2-3 录入表格内容。在行号"1"上右击，从快捷菜单中选择"插入 行数：1"，表格顶部插入一行；在 A1 单元格内输入"育才中学高三(1)班学生成绩表"；拖动鼠标选定 A1:J1 单元格区域，单击"开始"选项卡中的"合并居中"按钮，设置字体为黑体，字号为 16，单击"B"按钮将文字设置为加粗。

（2）单击选定 I3 单元格，输入公式"=SUM(C3:H3)"，按 Enter 键，在 I3 单元格中填入"王萍"同学的总分。将鼠标移到 I3 单元格右下角的填充句柄上，拖动鼠标至 I11 单元格，填上每个学生的总分。

（3）单击选定 B12 单元格，输入公式"=COUNTA(B3:B11)"，按 Enter 键，在 B12 单元格中填入学生人数"9"；单击选定 E12 单元格，输入公式"=MAX(I3:I11)"，按 Enter 键，在 E12 单元格中填入总分最高分；单击选定 H12 单元格，输入公式"=MIN(I3:I11)"，按 Enter 键，在 H12 单元格中填入总分最低分。

（4）单击选定 J2 单元格，输入"平均分"，在 J3 单元格中输入"=AVERAGEA(C3:H3)"，按 Enter 键，在 J3 单元格中填入"王萍"同学的六科平均分；将鼠标移到 J3 单元格右下角的填充句柄上,拖动鼠标至 J11 单元格,填上每个学生的平均分;在选定的 J3:J11 单元格区域上右击,从快捷菜单中选择"单元格格式"命令,弹出"单元格格式"对话框,在"分类"区域选择"数值",将小数位数设置为"2",单击"确定"按钮。

(5)拖动鼠标选定单元格区域 B2:B11,按下 Ctrl 键不放,再拖动选定 I2:I11 单元格区域,单击"插入"选项卡中"全部图表"按钮,弹出"插入图表"对话框,从左侧选择"柱形图",在对应的右侧选择"簇状柱形图",单击"插入"按钮;调整好图表的位置,双击图表标题,将标题修改为"成绩图表"。

(6)拖动选定工作表中的 A2:J12 单元格区域,单击"开始"选项卡中的"垂直居中"和"水平居中"命令,将单元格内容设置为垂直和水平方向居中对齐;选择表格边框设置下拉列表中的"所有框线",为表格设置表格线;单击"文件"选项卡下的"另存为"命令,弹出"另存文件"对话框,设置好要保存的位置,在"文件类型"中选择"Microsoft Excel 文件(*.xlsx)",在"文件名"文本框中输入"t1",单击"保存"按钮。

2. 创建如图 2-2-5 所示的工作表,完成下列操作:

(1)在"房产销售表"的 A1 单元格内输入"应山府三月销售明细"。

(2)将"房产销售表"中 A1:G1 单元格区域合并居中,设置字体:黑体,字形:加粗,字号:16。

(3)在"房产销售表"中 G 列对应单元格内使用简单公式计算每套房的契税(计算公式为:契税=房价总额*适用税率,其中适用税率值保存在单元格 G2 内,要求使用绝对引用方式获取),设置 G4:G15 单元格区域的数字格式为:货币、保留 2 位小数,负数形式选择第三项。

(4)在"房产销售表"F16 单元格中使用 SUM 函数计算房价总额的合计。

(5)为"房产销售表"中 A3:G15 单元格区域应用单实线边框,文本对齐方式设置为:水平居中对齐。

(6)在"房产销售表"中应用高级筛选,筛选出户型为三室二厅且面积大于 110 平方米的数据(要求:筛选区域选择(A3:G15 单元格区域的所有数据,筛选条件写在 I3:J4 单元格区域,筛选结果复制到 A20 单元格))。

(7)保存该文档为 t2.xlsx。

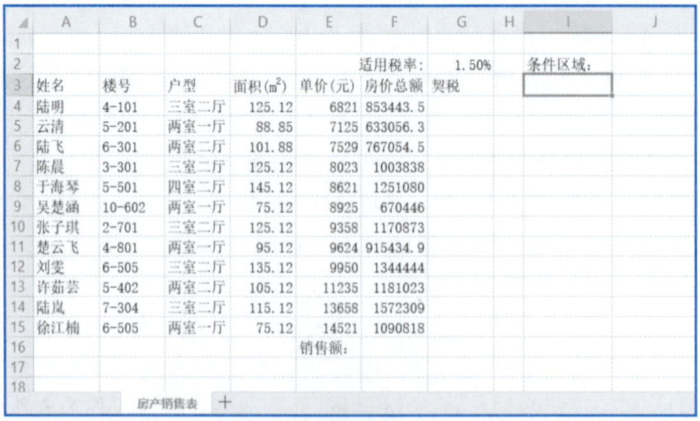

	A	B	C	D	E	F	G	H	I	J
1										
2					适用税率:	1.50%		条件区域:		
3	姓名	楼号	户型	面积(m²)	单价(元)	房价总额	契税			
4	陆明	4-101	三室二厅	125.12	6821	853443.5				
5	云清	5-201	两室一厅	88.85	7125	633056.3				
6	陆飞	6-301	两室二厅	101.88	7529	767054.5				
7	陈晨	3-301	三室二厅	125.12	8023	1003838				
8	于海琴	5-501	四室二厅	145.12	8621	1251080				
9	吴楚涵	10-602	两室一厅	75.12	8925	670446				
10	张子琪	2-701	三室二厅	125.12	9358	1170873				
11	楚云飞	4-801	两室一厅	95.12	9624	915434.9				
12	刘雯	6-505	三室二厅	135.12	9950	1344444				
13	许茄芸	5-402	两室二厅	105.12	11235	1181023				
14	陆岚	7-304	三室二厅	115.12	13658	1572309				
15	徐江楠	6-505	两室一厅	75.12	14521	1090818				
16					销售额:					

图 2-2-5 操作题 2 原始数据

分析:本题考核的知识点主要是常用函数和公式的应用,单元格地址的绝对引用,基本排版格式的设置,高级筛选以及文件格式的选择。操作结果如图 2-2-6 所示。

项目 2　WPS Office 2019 表格处理　179

	A	B	C	D	E	F	G	H	I	J
1				应山府三月销售明细						
2						适用税率:	1.50%		条件区域:	
3	姓名	楼号	户型	面积(m²)	单价(元)	房价总额	契税		户型	面积(m²)
4	陆明	4-101	三室二厅	125.12	6821	853443.5	￥12,801.65		三室二厅	>110
5	云清	5-201	两室一厅	88.85	7125	633056.3	￥9,495.84			
6	陆飞	6-301	两室二厅	101.88	7529	767054.5	￥11,505.82			
7	陈晨	3-301	三室二厅	125.12	8023	1003838	￥15,057.57			
8	于海琴	5-501	四室二厅	145.12	8621	1251080	￥18,766.19			
9	吴楚涵	10-602	两室一厅	75.12	8925	670446	￥10,056.69			
10	张子琪	2-701	三室二厅	125.12	9358	1170873	￥17,563.09			
11	楚云飞	4-801	三室二厅	95.12	9624	915434.9	￥13,731.52			
12	刘雯	6-505	三室二厅	135.12	9950	1344444	￥20,166.66			
13	许茹芸	5-402	两室二厅	105.12	11235	1181023	￥17,715.35			
14	陆岚	7-304	三室二厅	115.12	13658	1572309	￥23,584.63			
15	徐江楠	6-505	两室一厅	75.12	14521	1090818	￥16,362.26			
16					销售额:	12453819.09				
17										
18										
19										
20	姓名	楼号	户型	面积(m²)	单价(元)	房价总额	契税			
21	陆明	4-101	三室二厅	125.12	6821	853443.5	￥12,801.65			
22	陈晨	3-301	三室二厅	125.12	8023	1003838	￥15,057.57			
23	张子琪	2-701	三室二厅	125.12	9358	1170873	￥17,563.09			
24	刘雯	6-505	三室二厅	135.12	9950	1344444	￥20,166.66			
25	陆岚	7-304	三室二厅	115.12	13658	1572309	￥23,584.63			
26										

图 2-2-6　操作题 2 操作结果

操作步骤

（1）运行 WPS Office 2019，选择"新建"→"表格"→"新建空白文档"，在"Sheet1"工作表名称上双击，将工作表名称修改为"房产销售表"，按图 2-2-5 录入表格内容。在录入过程中，列标题"面积(m²)"中有个上标"2"，需要在选定"2"后，单击"开始"选项卡中"字体"选项组右下角的对话框启动器，打开"单元格格式"对话框，勾选"上标"复选框；"房价总额"列的计算可以使用公式，首先在 F4 单元格中输入公式"＝D4＊E4"，按 Enter 键，在 F4 单元格中填入房价总额，然后将鼠标移到 F4 单元格右下角的填充句柄上，拖动鼠标至 F15 单元格，填上每套房的总价。按示例表的要求，拖动鼠标选定 F4:F6 单元格区域，按下 Ctrl 键，单击选定 F11 单元格，在选定区域上右击，从快捷菜单中选择"设置单元格格式"选项，弹出"单元格格式"对话框，在"分类"区域选择"数值"，将小数位数设置为"1"，单击"确定"按钮。再用同样的方法选定 F7:F10 和 F12:F15 两个单元格区域，将小数位数设置为"0"，单击"确定"按钮。单击选定 A1 单元格，输入"应山府三月销售明细"。

（2）拖动鼠标选定 A1:G1 单元格区域，单击"开始"选项卡中的"合并居中"按钮，设置字体为黑体，字号为 16，单击"B"按钮将文字设置为加粗。

（3）单击选定 G4 单元格，输入公式"＝F4＊＄G＄2"（其中＄G＄2 是对 G2 单元格税率的绝对引用），按 Enter 键，在 G4 单元格中填入契税，然后将鼠标移到 G4 单元格右下角的填充句柄上，拖动鼠标至 G15 单元格，填上每套房的契税。在选定的 G4:G15 单元格区域上右击，从快捷菜单中选择"设置单元格格式"命令，弹出"单元格格式"对话框，在"分类"框中选择"货币"，将小数位数设置为"2"，"负数"选第三项"￥1,234.10"，单击"确定"按钮。

（4）单击选定 F16 单元格，输入公式"＝SUM(F4:F15)"，按 Enter 键填入总销售额。

（5）拖动选定工作表中的 A3:G15 单元格区域，单击"开始"选项卡中的表格边框设置下拉列表中的"所有框线"，为表格设置表格线（系统默认为单实线边框，如果不是，则单击下拉列表中的"其他边框",在对话框中进行详细设置);单击"水平居中"命令,将单元格内容设置为水平方向居中对齐。

(6)在 I3 单元格中输入"户型",在 J3 单元格中输入"面积(m²)",在 I4 单元格中输入"三室二厅",在 J4 单元格中输入">110"。拖动鼠标选定 A3:G15 单元格区域,单击"开始"选项卡中的"筛选"命令的下拉按钮,选择"高级筛选"选项,弹出"高级筛选"对话框,如图 2-2-7 所示,按图进行设置后单击"确定"按钮。筛选结果显示在以 A20 为左上角的区域中。

(7)单击"文件"选项卡下的"另存为"命令,弹出"另存文件"对话框,设置好要保存的位置,在文件类型中选择"Microsoft Excel 文件(*.xlsx)",在"文件名"文本框中输入"t2",单击"保存"按钮。

图 2-2-7 "高级筛选"对话框

补 充 练 习

在线自测

一、单项选择题

(一)WPS 表格概述、工作簿、工作表、单元格等

E001. WPS 表格广泛应用于( )。
A. 统计分析、财务管理分析、股票分析和经济、行政管理等各个方面
B. 工业设计、机械制造、建筑工程
C. 美术设计、装潢、图片制作等各个方面
D. 多媒体制作

E002. 关于 WPS 表格,以下选项错误的是( )。
A. WPS 表格是电子表格处理软件
B. WPS 表格不具有数据库管理能力
C. WPS 表格具有报表编辑、分析数据、图表处理、连接及合并等能力
D. WPS 表格可以利用宏功能简化操作

E003. 在 WPS 表格中,数据的输入和计算是通过( )来完成的。
A. 工作簿　　　　B. 工作表　　　　C. 单元格　　　　D. 窗口

E004. WPS 表格的三个主要功能是( )、图表制作和数据库管理。
A. 多媒体数据处理　B. 文字输入　　　C. 公式计算　　　D. 格式处理

E005. WPS 表格中的数据库管理功能是( )。
A. 筛选数据　　　B. 排序数据　　　C. 汇总数据　　　D. 以上都是

E006. WPS 表格中有关工作簿的概念,以下叙述错误的是( )。
A. 一个电子表格文件就是一个工作簿　　B. 一个电子表格文件可包含多个工作簿
C. 一个工作簿可以只包含一张工作表　　D. 一个工作簿可以包含多张工作表

E007. 在 WPS 表格环境中可以用来永久存储数据的文件称为( )。
A. 工作簿　　　　B. 工作表　　　　C. 图表　　　　　D. 数据库

E008. 关于 WPS 表格的功能,以下叙述错误的是( )。
A. 在 WPS 表格中,可以处理图形
B. 在 WPS 表格中,可以处理公式
C. WPS 表格的数据库管理可支持数据的记录、增、删、改等操作

D. 各工作表是相互独立的,出于安全考虑,工作表中的数据不可以相互调用

E009. 在WPS表格的工作表中最小的操作单位是(　　)。
A. 一列　　　　　　B. 一行　　　　　　C. 一张二维表　　　　D. 单元格

E010. WPS表格中的工作表是(　　)维表格。
A. 一　　　　　　　B. 二　　　　　　　C. 三　　　　　　　　D. 都不是

E011. 以下文件类型中,(　　)是WPS表格的标准文件格式。
A. *.xlsx　　　　　B. *.et　　　　　　C. *.do　　　　　　　D. *.ppt

E012. 新建WPS工作簿,默认工作表数是(　　)。
A. 1　　　　　　　B. 2　　　　　　　C. 3　　　　　　　　D. 4

E013. 在WPS表格中,每张工作表最多可以容纳的行数是(　　)。
A. 256行　　　　　B. 1 024行　　　　　C. 65 536行　　　　　D. 1 048 576行

E014. WPS表格的窗口包含(　　)。
A. 标题栏、工具栏、标尺　　　　　　　B. 菜单栏、工具栏、标尺
C. 编辑栏、标题栏、选项卡　　　　　　D. 菜单栏、状态栏、标尺

E015. 在WPS表格中,位于同一工作簿中的各工作表之间(　　)。
A. 不能有关联　　　　　　　　　　　　B. 不同工作表中的数据可以相互引用
C. 可以重名　　　　　　　　　　　　　D. 排列顺序会影响数据

E016. 在WPS表格中,(　　)是不能进行的操作。
A. 恢复被删除的工作表　　　　　　　　B. 修改工作表名称
C. 移动和复制工作表　　　　　　　　　D. 插入和删除工作表

E017. 下列单元格地址的引用不正确的是(　　)。
A. B3　　　　　　B. 3B　　　　　　C. B3　　　　　　D. $B3

E018. 下列单元格地址引用表示为绝对引用的是(　　)。
A. B3　　　　　　B. B$3　　　　　　C. $B3　　　　　　D. $B3

E019. WPS表格的每个工作簿可包含多个工作表,当前工作表(　　)。
A. 只能有一个　　B. 可以有二个　　　C. 可以有三个　　　D. 可以有四个

E020. 利用鼠标并配合键盘上的(　　)键,可以同时选取连续的单元格区域。
A. Ctrl　　　　　B. Enter　　　　　　C. Shift　　　　　　D. Alt

E021. 在WPS表格中,选择多个不连续的单元格区域可以用鼠标和(　　)键配合实现。
A. Shift　　　　　B. Alt　　　　　　　C. Ctrl　　　　　　D. Enter

E022. 在使用WPS表格处理数据时,如果在单元格中输入字符后,需要取消刚输入的内容,还原到原来的值,应在编辑栏单击(　　)图标。
A. √　　　　　　B. ×　　　　　　　C. %　　　　　　　　D. =

E023. 在WPS表格中,空心十字形鼠标指针和实心十字形鼠标指针可以进行的操作分别是(　　)。
A. 前者拖动时选择单元格,后者拖动时复制或智能填充单元格内容
B. 前者拖动时复制或智能填充单元格内容,后者拖动时选择单元格
C. 作用相同,都可以选择单元格
D. 作用相同,都可以填充单元格内容

E024. 在WPS表格操作中,若要对工作表重新命名,下列方法中不能实现的是(　　)。
A. 在工作表标签上单击鼠标右键,选择"重命名"命令
B. 双击工作表标签

C. 单击工作表标签,并按 F2 键
D. 使用"开始"选项,选择"工作表"下拉菜单中"重命名"命令

E025. WPS 表格中窗口最下面的一行称为状态栏,当用户输入数据时,状态栏显示(　　)。
  A. 输入状态 B. 指针 C. 编辑状态 D. 拼写检查

E026. 在 WPS 表格中,按"Ctrl+End"快捷键,光标将移到(　　)。
  A. 行首 B. 工作表头
  C. 工作簿头 D. 当前行右侧第一个有数据的单元格或行尾

E027. 在 WPS 表格中,进行删除时,不能选择(　　)。
  A. 右侧单元格左移 B. 左侧单元格右移 C. 下方单元格上移 D. 删除整行

E028. 在 WPS 表格中将单元格变为活动单元格的操作是(　　)。
  A. 用鼠标单击该单元格 B. 将鼠标指针指向该单元格
  C. 在当前单元格内键入该目标单元格地址 D. 没必要,因为每一个单元格都是活动的

E029. 下列关于 WPS 表格中"删除"和"清除"命令的说法,正确的是(　　)。
  A. 使用"删除"命令,会同时删除单元格所在的行和列
  B. 使用"清除"命令,可以清除单元格数据的全部格式、内容、批注
  D. 使用"删除"命令,只删除单元格中的数据
  C. 使用"清除"命令,会将该单元格从表格中移除

E030. 在 WPS 表格中,同时选择多个不相邻的工作表,可以在按住(　　)键的同时依次单击各个工作表的标签。
  A. Ctrl B. Alt C. Shift D. Tab

(二)数据的输入、填充句柄等

E031. 在 WPS 表格中,表达式可以包含(　　)项目。
  A. 数值 B. 运算符号 C. 单元格引用位置 D. 以上都是

E032. 在 WPS 表格中默认情况下,当按 Enter 键结束对一个单元格的数据输入后,当前活动单元格位于原单元格的(　　)。
  A. 上面 B. 下面 C. 左面 D. 右面

E033. 在 WPS 表格默认情况下,按键盘(　　)键使当前活动单元往右移。
  A. Enter B. Shift C. Tab D. Alt

E034. 在 WPS 表格中,若为了加快输入速度,在相邻单元格中输入"二月"到"十月"的连续字符时,可使用(　　)功能。
  A. 复制单元格 B. 移动 C. 自动计算 D. 自动填充

E035. 下列不是表达式的算术运算符的是(　　)。
  A. % B. / C. < > D. ^

E036. 在 WPS 表格中,若要在 A1 单元格中输入字符串 010023,则应输入(　　)。
  A. '010023 B. "010023" C. '010023 D. ♯010023

E037. 在 WPS 表格默认情况下,如果在 C2 单元格中输入了(100),则 C2 单元格内显示内容是(　　)。
  A. 100 B. (100) C. -100 D. 1/100

E038. 在单元格 A2 中输入(　　),其显示为"0.4"。
  A. 2/5 B. =2/5 C. ="2/5" D. "2/5"

E039. 在 WPS 表格中,使用"自动填充"功能,可以( )。
A. 对若干个连续单元格自动求和
B. 对若干个连续单元格制作图表
C. 对若干个连续单元格进行计数统计
D. 对若干个连续单元格快速输入有规律的数据

E040. 若在 WPS 表格某工作表的 A1、A2 单元格中分别输入 3.5 和 5,并将这两个单元格选定,然后向下拖动填充句柄经过 A3 和 A4 单元格后松开,在 A3 和 A4 单元格中分别填入的数据是( )。
A. 3.5 和 5　　　　B. 4 和 4.5　　　　C. 5 和 5.5　　　　D. 6.5 和 8

E041. 若在 WPS 表格工作表的 A1 和 B1 单元格中分别输入"五月"和"六月",并将这两个单元格选定,然后向右拖动填充句柄经过 C1 和 D1 单元格后松开,在 C1 和 D1 单元格中分别填入的数据是( )。
A. 五月、五月　　　B. 七月、八月　　　C. 六月、六月　　　D. 五月、六月

E042. 若在 WPS 表格某工作表的 A1 单元格中输入"计算机 01 班",选择 A1 单元格并向下拖动填充句柄经过 A2 和 A3 单元格后松开,则在 A2,A3 单元格中分别填入的数据是( )。
A. 计算机 01 班,计算机 01 班　　　B. 计算机 02 班,计算机 02 班
C. 计算机 02 班,计算机 03 班　　　D. 无法正常显示

E043. 若要在 WPS 表格某工作表的 A1 单元格中输入分数"3/4",下列操作正确的是( )。
A. 0 4/3　　　　B. 3/4　　　　C. 0 3/4　　　　D. 4/3

(三)"开始"选项卡

E044. 在 WPS 表格中,日期和时间属于( )。
A. 数值类型　　　B. 文字类型　　　C. 逻辑类型　　　D. 错误值

E045. 在 WPS 表格中,如果需要在单元格中将 800 显示为￥800.00,应将单元格的数据格式设置为( )。
A. 常规　　　　B. 数值　　　　C. 货币　　　　D. 特殊

E046. 在 WPS 工作表中,下列关于日期型数据的叙述,错误的是( )。
A. 日期格式是数值型数据的一种显示格式
B. 无论一个数值以何种日期格式显示,值都不变
C. 日期序数 5432 表示从 1900 年 1 月 1 日至该日期的天数
D. 日期值不能自动填充

E047. 若要在 WPS 表格的工作表中插入某一行,比如选择行号为 2 的行,然后( )。
A. 单击鼠标左键,在快捷菜单中选择"插入 行数:1"命令,将在第 2 行之上插入一行
B. 单击鼠标左键,在快捷菜单中选择"插入 行数:1"命令,将在第 2 行之下插入一行
C. 单击鼠标右键,在快捷菜单中选择"插入 行数:1"命令,将在第 2 行之上插入一行
D. 单击鼠标右键,在快捷菜单中选择"插入 行数:1"命令,将在第 2 行之下插入一行

E048. 在 WPS 表格的单元格中输入日期,下列日期格式中正确的是( )。
A. 2015 年 4 月 18 日　　B. 2015-4-18　　C. 2015/4/18　　D. 以上方式都对

E049. 在 WPS 表格中,假如 A1 单元格的数值是－111,使用内在的"数值"格式设定该单元格之后,－111 也可以显示为( )。
A. 111　　　　B. {111}　　　　C. (111)　　　　D. [111]

E050. 在 WPS 表格的"单元格格式"对话框中,不存在的选项卡为(　　)。
　　A. 数字　　　　　B. 段落　　　　　C. 字体　　　　　D. 对齐
E051. 在 WPS 工作表中,设置单元格的自动换行操作,应在"单元格格式"对话框的(　　)选项卡里进行。
　　A."数字"　　　　B."对齐"　　　　C."字体"　　　　D."编辑"
E052. 在 WPS 表格中,对工作表的选择区域不能够进行的设置是(　　)。
　　A. 行高尺寸　　　B. 列宽尺寸　　　C. 条件格式　　　D. 保存
E053. 在 WPS 工作表中,能够进行条件格式设置的区域(　　)。
　　A. 只能是一个单元格　　　　　　　B. 只能是一行
　　C. 只能是一列　　　　　　　　　　D. 可以是选定的区域

(四)"插入"选项卡

E054. 在 WPS 表格中,能够很好地通过矩形块反映每个对象中不同属性值大小的图表类型是(　　)。
　　A. 柱形图　　　　B. 折线图　　　　C. 饼图　　　　　D. XY 散点图
E055. 在 WPS 表格中,移动图表的方法是(　　)。
　　A. 将鼠标指针放在图表边线上,按下鼠标左键拖动
　　B. 将鼠标指针放在图表控点上,按下鼠标左键拖动
　　C. 将鼠标指针放在图表内,按下鼠标左键拖动
　　D. 将鼠标指针放在图表内,按下鼠标右键拖动
E056. 在 WPS 表格中的统计图表是(　　)。
　　A. 操作员根据表格数据手工绘制的图表
　　B. 对电子表格的一种格式美化修饰
　　C. 操作员选择图表类型后,系统根据电子表格数据自动生成的,并与表格数据动态对应
　　D. 系统根据电子表格数据自动生成的,生成后的成固定图像,以方便使用
E057. WPS 表格中创建图表的方式可使用(　　)。
　　A. 模板　　　　　B. 插入图表　　　C. 插入对象　　　D. 图文框
E058. 在 WPS 表格中,关于图表的说法,错误的是(　　)。
　　A. 图表既可以改变大小,也可以改变位置
　　B. 图表建立之后,也可以进行删除操作
　　C. 图表可以添加标题,也可以不显示标题
　　D. 图表建立之后,当数据源发生变化时,图表不会发生改变

(五)"公式"选项卡

E059. 在 WPS 表格中,下列单元格地址引用属于混合引用的是(　　)。
　　A. C66　　　　　B. ＄C66　　　　C. C66＄　　　　D. ＄C＄66
E060. 在以下各选项中,不属于函数类别的是(　　)。
　　A. 统计　　　　　B. 财务　　　　　C. 数据库　　　　D. 类型转换
E061. 下列运算符在同一公式中时,运算优先级最高的是(　　)。
　　A. 算术运算　　　B. 字符运算　　　C. 引用运算　　　D. 比较运算
E062. 在 WPS 表格中如果要修改计算的顺序,需把公式中首先计算的部分括在(　　)内。
　　A. 圆括号　　　　B. 双引号　　　　C. 单引号　　　　D. 中括号

E063. 在 WPS 表格中,函数的参数不可以是(   )。
   A. 文本   B. 引用   C. 数值   D. 图表

E064. 在 WPS 表格中,假设 A1 单元格显示"你好",B1 单元格显示"你好",在 C1 单元格中输入公式"＝A1＝B1"之后,C1 单元格显示的是(   )。
   A. FALSE   B. TRUE   C. 你好你好   D. ERROR

E065. 在 WPS 表格中,有工作表的单元格表示为:[学生成绩]Sheet1！A2。其含义是(   )。
   A. 学生成绩为工作表名,Sheet1 为工作簿名,A2 为单元格地址
   B. 学生成绩为单元格地址,Sheet1 为工作表名,A2 为工作簿名
   C. 学生成绩为工作簿名,Sheet1 为工作表名,A2 为单元格地址
   D. 以上都不对

E066. 在 WPS 表格中,在单元格的行号和列号前面加符号"＄"代表绝对引用。绝对引用工作表 Sheet2 中从 A2 到 C5 区域的公式为(   )。
   A. Sheet2！A2:C5   B. Sheet2！＄A2:＄C5
   C. Sheet2！＄A＄2:＄C＄5   D. Sheet2！A2:C5

E067. 在 WPS 表格同一工作簿中,对工作表 Sheet1 中的单元格 D2,工作表 Sheet2 中的单元格 D2,工作表 Sheet3 中的单元格 D2 进行求和,并将结果放在工作表 Sheet4 中的单元格 D2 中,则正确的输入格式是(   )。
   A. ＝D2＋D2＋D2
   B. ＝Sheet1D2＋Sheet2D2＋Sheet3D2
   C. ＝Sheet1！D2＋Sheet2！D2＋Sheet3！D2
   D. 以上都不对

E068. 在 WPS 表格中,若把单元格 F2 中的公式"＝SUM(＄B＄2:＄E＄2)"复制并粘贴到 G3 单元格中,则 G3 单元格中的公式为(   )。
   A. ＝SUM(＄B2:＄E2)   B. ＝SUM(＄B＄2:＄E＄2)
   C. ＝SUM(＄B＄3:＄E＄3)   D. ＝SUM(B＄3:E＄3)

E069. 在 WPS 表格中,假定单元格 B2 的内容为身份证号 340101200405081417,则公式"＝MID(B2,7,4)"的值为(   )。
   A. 2004   B. 0508   C. 3401   D. 1417

E070. 如果 WPS 表格某工作表存放的是数值数据,则在 B1 单元格中求区域 B2:B90 和 E2:E90 中最小值的计算公式是(   )。
   A. ＝MIN(B2:B90,E2:E90)   B. ＝MIN(B2:E90)
   C. ＝MIN(B90:E2)   D. ＝MIN(B2,B90,E2,E90)

E071. 在 WPS 表格中,假定 C2 单元格的数值为 75,则公式"＝IF(C2＞＝85,"优秀",IF(C2＞＝60,"良好","不合格"))"的值为(   )。
   A. 优秀   B. 良好   C. 不合格   D. 以上都不对

E072. 在 WPS 表格中,假定单元格 C2 和 C3 的值分别为 5 和 10,则公式"＝OR(C2＞＝5,C3＞8)"的值为(   )。
   A. TRUE   B. FALSE   C. T   D. F

E073. 在 WPS 表格中,假定 A1 单元格显示文本为"美好",B1 显示文本为"中国",在 C1 单元格内输入公式"＝A1&B1",则 C1 单元格显示的文本为(   )。
   A. A1&B1   B. 美好 & 中国   C. 美好中国   D. 中国美好

E074. 在WPS表格中,输入公式"＝"DATE"&"TIME""产生的结果是(　　)。
　　A. DATETIME　　　　　　　　　　B. 系统当天的日期＋时间(如20200406 8:00)
　　C. 逻辑值"TRUE"　　　　　　　　D. 逻辑值"FLASE"

E075. 在WPS表格中,下列公式表达有误的是(　　)。
　　A. ＝C1＊D1　　B. ＝C1/D1　　C. ＝C1"AND"D1　　D. ＝AND(C1,D1)

E076. WPS表格中,在工作表的D5单元格中输入公式"＝B5＊C5",在第2行处插入一行,插入后D6单元格中的公式为(　　)。
　　A. ＝B5＊C5　　B. ＝B6＊C5　　C. ＝B5＊C6　　D. ＝B6＊C6

E077. WPS表格中,在工作表的D5单元格中输入公式为"＝SUM(D1:D4)",删除第2行后,D4单元格的公式将调整为(　　)。
　　A. ♯VALUE!　　B. ＝SUM(D1:D4)　　C. ＝SUM(D2:D4)　　D. ＝SUM(D1:D3)

E078. 在WPS表格中,假定某工作表的B3:B7单元格区域内保存的数值依次为10、15、20、25和30,则公式"＝AVERAGE(B3:B7)"的值为(　　)。
　　A. 15　　B. 20　　C. 25　　D. 30

E079. 在WPS表格中,假设C4单元格中显示数据为20210001,若想提取数据20210001前四位数字2021,则可使用(　　)函数。
　　A. RIGHT　　B. COUNT　　C. LEFT　　D. IF

E080. 在WPS表格中,假设存在"学生成绩表",若要统计数学成绩在90分以上的人数,则可用(　　)函数。
　　A. SUM　　B. COUNTIF　　C. SUMIF　　D. IF

E081. 在WPS表格中,如果单元格A2、A3、A4、A5的内容分别为2,3,4,＝A2＊A3－A4,则A2、A3、A4、A5单元格实际显示内容分别是(　　)。
　　A. 2,3,4,2　　B. 2,3,4,3　　C. 2,3,4,4　　D. 2,3,4,5

E082. 在WPS表格中,假设单元格C2的值为5,则公式"＝IF(C2,C2+2,C2+3)"的结果为(　　)。
　　A. 0　　B. 7　　C. 8　　D. 5

E083. 在WPS表格中,假定A2、B2、C2、D2单元格的数值分别为0、1、2、3,则公式"＝IF(MIN(A2,B2),MAX(A2,B2),MAX(C2,D2))"的值为(　　)。
　　A. 0　　B. 1　　C. 2　　D. 3

(六)"数据"选项卡

E084. 在WPS表格中,已知A1、A2、A3、A4四个单元格中的数据分别为"王华"、"周晓明"、"张明亮"和"陈丽娟",在默认情况下,按升序排序的结果为(　　)。
　　A. 周晓明、张明亮、王华、陈丽娟　　B. 陈丽娟、王华、周晓明、张明亮
　　C. 陈丽娟、王华、张明亮、周晓明　　D. 陈丽娟、张明亮、周晓明、王华

E085. 在WPS表格中,按逻辑值的降序排序,(　　)。
　　A. FALSE在TRUE之前　　　　　　B. TRUE在FALSE之前
　　C. TRUE和FALSE等值　　　　　　D. TRUE和FALSE保持原始次序

E086. 在WPS表格中,对数据清单中的数据进行降序排序时,下列叙述正确的是(　　)。
　　A. 数值中正数排在0的前面
　　B. 空格排在最前面
　　C. 对于文本中的字符,数字字符"9"排在字母字符"A"的前面
　　D. 逻辑值中的TRUE排在FALSE的后面

E087. 在 WPS 表格中,关于区域名字的叙述不正确的是( )。
　　A. 同一个区域可以有多个名字
　　B. 一个区域名只能对应一个区域
　　C. 区域名可以与工作表中某一单元格地址相同
　　D. 区域的名字既能在公式中引用,也能作为函数的参数
E088. 在 WPS 表格中,若要将学生成绩表中所有不及格的成绩标出来(比如用红色加粗显示),应使用( )命令。
　　A. 查找　　　　　　B. 排序　　　　　　C. 筛选　　　　　　D. 条件格式
E089. 在 WPS 表格中,若要将工作表中某列上大于某个值的记录挑选出来,应使用( )。
　　A. 排序　　　　　　B. 筛选　　　　　　C. 分类汇总　　　　D. 合并计算
E090. 在 WPS 表格中,下列关于排序操作的叙述错误的是( )。
　　A. 排序可以对数值型字段进行排序,也可对于字符型字段进行排序
　　B. 排序可以选择字段值升序或降序进行
　　C. 用于排序的字段称为"关键字",有且只能有一个关键字字段
　　D. 对于姓名,可以按拼音排序,也可按笔画进行排序
E091. 在 WPS 表格降序排序中,排序列有空白单元格的行会被( )。
　　A. 放置在排序最后　　　　　　B. 放置在排序最前面
　　C. 不被排序　　　　　　　　　D. 保持原始次序
E092. 在 WPS 表格中,下面关于分类汇总的叙述正确的是( )。
　　A. 分类汇总前数据不需要按关键字字段排序
　　B. 分类汇总的汇总字段有且只有一个字段
　　C. 汇总方式只能是求和
　　D. 分类汇总可以删除,但删除汇总后排序操作不能撤销
E093. 在 WPS 表格中,假设有一个职工工资表,要对职工工资按职称属性进行分类汇总,则在分类汇总前必须进行数据排序,所选择的关键字为( )。
　　A. 性别　　　　　　B. 职工号　　　　　C. 工资　　　　　　D. 职称
E094. 在 WPS 表格中进行分类汇总,"选定汇总项"( )。
　　A. 只能是一个　　　B. 只能是两个　　　C. 只能是三个　　　D. 可以是多个
E095. WPS 表格中有一学生成绩表,含有序号、姓名、班级、语文、数学、英语等列。若需统计各个班级的"语文"平均分、"数学"平均分及"英语"平均分,应对数据进行分类汇总,分类汇总前要对数据排序,排序的主要关键字应是( )。
　　A. 姓名　　　　　　B. 班级　　　　　　C. 语文　　　　　　D. 数学
E096. 在 WPS 表格中,关于"自动筛选"操作的描述,正确的是( )。
　　A. 数据经过自动筛选过后,不满足条件的数据被直接删除
　　B. 数据经过自动筛选过后,不满足条件的数据只是被隐藏,并未被删除
　　C. 自动筛选不能对数据进行排序
　　D. 自动筛选可以排序,但只能进行升序排序

(七)"视图"选项卡
E097. 在 WPS 表格中,关于拆分窗口的描述,正确的选项是( )。
　　A. 只能进行水平拆分
　　B. 只能进行垂直拆分
　　C. 可以进行水平拆分和垂直拆分,但不能进行水平、垂直同时拆分
　　D. 可以进行水平拆分和垂直拆分,还可进行水平、垂直同时拆分

E098. 在WPS表格的主窗口中,不显示"网格线",可以通过(　　)选项卡来实现。
　　A."开始"　　　　　　B."页面布局"　　　C."视图"　　　　　　D."文件"
E99. 在WPS表格中,需要执行"查看宏"操作,需要通过(　　)选项卡来实现。
　　A."文件"　　　　　　B."开始"　　　　　C."数据"　　　　　　D."视图"
E100. 在WPS表格的主窗口中,可以通过状态栏来切换的视图是(　　)。
　　A.普通视图　　　　　B.全屏显示　　　　C.分页预览　　　　　D.以上都是
E101. 在WPS表格中,可以对当前工作表进行"隐藏",下列关于隐藏当前工作表的说法,正确的是(　　)。
　　A.被隐藏的工作表也可以"取消隐藏"　　B.被隐藏的工作表被关闭
　　C.被隐藏的工作表被删除　　　　　　　D.被隐藏的工作表将无法再被编辑
E102. 在WPS表格中,通过"视图"选项卡不能完成(　　)操作。
　　A.切换工作簿视图　　B.打印预览　　　　C.冻结窗格　　　　　D.调整显示比例
E103. 在WPS表格中关于"冻结窗格"的操作,不能完成的是(　　)。
　　A.冻结首行　　　　　　　　　　　　　B.冻结首列
　　C.冻结至指定行和列　　　　　　　　　D.冻结当前工作表

(八)综合应用

E104. 在WPS表格中,下列选项的错误值及出错原因中,错误的是(　　)。
　　A.♯♯♯♯♯(显示错误)　　　　　　　B.♯VALUE!(值错误)
　　C.♯N/A(值不可用错误)　　　　　　D.♯REF!(无效名称错误)
E105. 下列关于WPS表格中"选择性粘贴"的叙述,错误的是(　　)。
　　A.选择性粘贴可以只粘贴格式
　　B.选择性粘贴只能粘贴数值型数据
　　C.选择性粘贴可以将源数据的排序旋转90°,即"转置"粘贴
　　D.选择性粘贴可以只粘贴公式
E106. 有关WPS表格中分页符的说法,正确的是(　　)。
　　A.只能在工作表中加入水平分页符
　　B.会按照纸张的大小、页边距的设置和打印比例的设定自动插入分页符
　　C.插入的水平分页符不能被删除
　　D.插入的水平分页符可以被打印出来
E107. 在WPS表格中,若希望同时显示工作簿中的多个工作表,可以(　　)。
　　A.在"视图"选项卡中先单击"新建窗口"按钮,再使用"重排窗口"或"并排比较"
　　B.在"视窗"选项卡中单击"拆分窗口"按钮
　　C.在"视窗"选项卡中直接单击"重排窗口"按钮
　　D.不能实现此功能
E108. 在WPS表格中,为工作簿设置打开密码的操作,错误的是(　　)。
　　A.单击"文件"选项卡,单击"另存为"选项,弹出"另存文件"对话框,单击"加密"按钮,在"密码加密"对话框中设置"打开文件密码",设置好文件名和文件类型,单击"保存"按钮
　　B.单击"文件"选项卡,单击"文档加密"下的"密码加密"菜单项,在"密码加密"对话框中设置"打开文件密码"
　　C.单击"文件"选项卡,单击"选项"命令,在"选项"对话框中单击"安全性",在"密码保护"区域设置"打开文件密码"
　　D.在"审阅"选项卡中单击"保护工作簿"命令

E109. 在 WPS 表格中,关于打印输出的说法,正确的是(　　)。
A.打印输出时不能设置页眉和页脚
B.可以将数据表打印输出为 PDF 文件
C.调整编辑状态下的缩放比例,将影响实际打印的大小
D.调整"打印预览"状态下的"缩放比例",并不影响实际打印的大小

E110. 在 WPS 表格中,如果在工作簿中既有工作表又有图表,当执行"保存"命令时将(　　)。
A.只保存其中的工作表　　　　　　　B.只保存其中的图表
C.把工作表和图表保存在一个文件中　　D.把工作表和图表分别保存在两个文件中

二、操作题

1.新建一个如图 2-2-8 所示的工作簿文件,保存为"test1.et"。完成如下操作:
(1)将工作表 Sheet1 重命名为"建筑材料销售表"。
(2)将工作表中 A1:F1 单元格区域合并,设置字体为"黑体",字号为"14"。
(3)在工作表中 A9 单元格输入内容"合计",在第 9 行对应单元格使用 SUM 函数计算各种材料的销售量之和。
(4)设置表中 A2:F2 单元格区域的填充背景色为:标准色—蓝色(RGB 颜色模式:红色 0,绿色 112,蓝色 192),文字颜色为:标准色—橙色(RGB 颜色模式:红色 255,绿色 192,蓝色 0)。
(5)设置工作表中 A2:F9 单元格区域边框为:单实线边框,文本对齐方式为"水平居中"。
(6)设置工作表中 A2:F9 单元格区域的行高为"16",列宽为"9"。
(7)在工作表中对 A2:F8 单元格区域的数据根据"销售地区"列数值升序排序,排序方法为"笔画"。
(8)在工作表中选择 A2:B8 单元格区域制作折线图,图表的标题为"各地区塑料销售图",添加数据标签。

2.新建一个如图 2-2-9 所示工作簿文件,保存为"test2.et"。完成如下操作:
(1)将所有数据按"计算机"成绩降序排列。
(2)计算所有人的总分。(使用 SUM 函数)
(3)计算所有人的平均分。(使用 AVERAGE 函数)

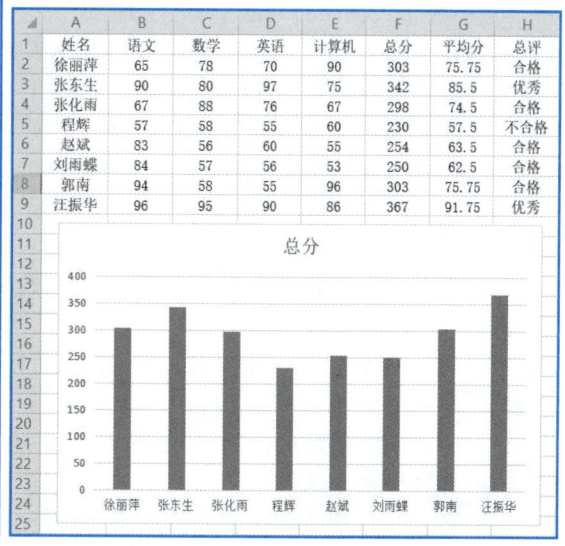

图 2-2-8　操作题 1 操作结果

图 2-2-9　操作题 2 操作结果

(4)计算所有人的总评(分为“不合格、合格、优秀”三个等级)。要求:平均分小于 60 分的为“不合格”,60 到 85 分(不包含 85 分)的为“合格”,85 分以上的为“优秀”。(使用 IF 函数)

(5)设置 A1:H9 单元格区域为水平居中、垂直居中对齐。

(6)将工作表名改为“学生成绩表”。

(7)选择“姓名”和“总分”两列制作簇状柱形图表。

3. 新建一个如图 2-2-10 所示的工作簿文件,保存为“test3. et”。完成如下操作:

(1)将工作表“Sheet1”重命名为“出差统计表”,工作表标签颜色设为标准色红色。

(2)将“出差统计表”工作表中标题“2021 年 4 月份外事部门差旅费用报销明细”设置成黑体、14 号、红色显示;标题“差旅成本分析报告”设置成楷体、14 号、蓝色显示。

(3)将“出差统计表”工作表中“差旅费用金额”列的所有单元格设置为会计专用,带人民币符号,保留 1 位小数的形式。

(4)在工作表中“地区”列(D3:D11)使用 LEFT 函数统计每个活动地点所在的省份或直辖市,填入所对应的单元格,例如:“北京市”“广东省”。

	A	B	C	D	E
1	2021年4月份外事部门差旅费用报销明细				
2	日期	报销人	活动地点	地区	差旅费用金额
3	2021年4月3日	江丽	河北省XXXXXX	河北省	¥ 100.0
4	2021年4月4日	高元元	天津市XXXXXXXXX	天津市	¥ 2,500.0
5	2021年4月5日	王雅林	浙江省XXXXXX	浙江省	¥ 140.0
6	2021年4月13日	江丽	江西省XXX	江西省	¥ 200.0
7	2021年4月14日	徐亚楠	广东省XXXXXXXXX	广东省	¥ 345.0
8	2021年4月15日	高元元	天津市XXXXXX	天津市	¥ 22.0
9	2021年4月20日	江丽	上海市XXXXXX	上海市	¥ 246.0
10	2021年4月23日	王崇江	广东省XXXXXXXXX	广东省	¥ 388.0
11	2021年4月24日	高元元	北京市XXXX	北京市	¥ 29.0
12					
13	差旅成本分析报告				
14	统计项目				统计信息
15	发生在广东省的差旅费用金额总计为:				¥ 733.00
16	差旅费用金额中,高元元的差旅费用总计为:				¥ 2,551.00
17	江丽总的出差次数为:				3

图 2-2-10 操作题 3 操作结果

(5)在工作表 E15 单元格中使用 SUMIF 函数,统计发生在广东省的差旅费用总金额,并设置为保留 2 位小数带人民币符号的会计专用格式。

(6)在工作表 E16 单元格中使用 SUMIF 函数统计高元元的差旅费用的总计,并设置为保留 2 位小数带人民币符号的会计专用格式。

(7)在工作表 E17 单元格中使用 COUNTIF 函数统计江丽的出差次数。

4. 新建一个如图 2-2-11 所示的工作簿文件,保存为“test4. et”。完成如下操作:

(1)在 H3:H10 单元格区域利用公式计算员工的“奖金/扣除列”情况。(奖金/扣除列=加班天数 * 200-请假天数 * 100,说明:加班按每天 200 元奖励,请假按每天 100 元扣除。)

(2)在 I3:I10 单元格区域中利用公式计算员工的实发工资。(实发工资=基本工资+奖金/扣除列)

(3)将部门相同的同志放在一起(按部门升序,排序方式为按拼音排序),部门相同的,按出勤天数升序排序。

(4)设置实发工资一列(I3:I10)的格式为货币型格式,货币符号用人民币符号,保留 2 位小数。

(5)将工作表重命名为“长星公司工资表”。

(6)选择姓名和实发工资两列,制作三维簇状柱形图,设置图表标题为“员工实发工资”。

(7)将 A1:I1 单元格区域合并居中,设置字体为黑体,12 号;将 A2:I2 单元格区域设置为蓝色底纹,白色文字。

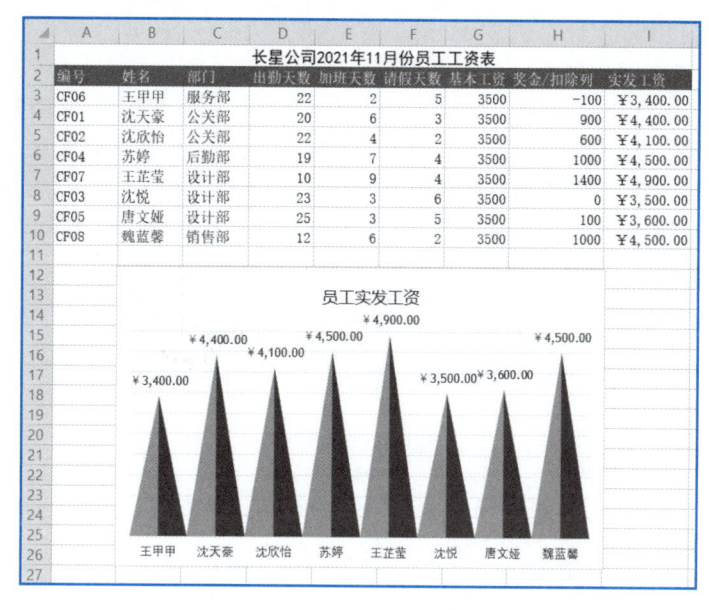

项目 2 WPS Office 2019 表格处理

图 2-2-11 操作题 4 操作结果

5.新建一个如图 2-2-12 所示工作簿文件,保存为"text5.et"。完成如下操作:

(1)将 A1:E1 单元格区域合并居中,设置字体为黑体、14 号。

(2)将学号所在列 A3:A12 单元格区域格式改为文本格式。

(3)将 A2:E12 单元格区域设置成水平居中、垂直居中显示。

(4)用公式计算每个人的总分(总分＝平时分＊30％＋期末分＊70％),并设置总分列为数值型,保留 0 位小数。

图 2-2-12 操作题 5 操作结果

(5)在 H2 单元格中使用 COUNTIF 函数统计考试通过(总分＞＝60)学生人数;在 H3 单元格中使用 AVERAGE 函数计算学生总分的平均分。

(6)将当前工作表重命名为"学生成绩表"。

(7)使用高级筛选,筛选出总分大于或等于 90 分的学生成绩数据(要求:筛选区域选择(A2:E12)的所有数据,筛选条件写在以 G6 单元格为起始位置的区域,筛选结果复制到以 A14 单元格为起始位置的区域)。

6.新建一个如图 2-2-13 所示的工作簿文件,保存为"test6.et"。完成如下操作:

(1)将 A1:F1 单元格区域合并居中,设置标准色蓝色背景,白色文字。

(2)在销售额列用公式计算各商品销售额,并设置 E3:E16 单元格区域为数值型,保留 2 位小数。(公式:销售额＝单价(元)×销售量)

(3)将 A2:F16 单元格区域设置成单实线边框,对齐方式为水平居中、垂直居中。

(4)在不改变原有数据顺序的情况下,使用 RANK 函数按销售额计算销售额排名。

(5)对表中通过分类汇总功能按产品类别求出各项产品的销售量和销售额的合计,并将每组结果分页显示。(分类字段为产品类别,汇总方式为销售量和销售额的求和)

(6)将工作表 Sheet1 名称改为"产品销售情况"。

产品名称	产品类别	单价(元)	销售量	销售额	销售额排名
蛋糕	点心	9.5	170	1615.00	14
薯条	点心	20	208	4160.00	8
玉米饼	点心	16.25	158	2567.50	11
点心 汇总			536	8342.50	
燕麦	谷类	9	96	864.00	16
白米	谷类	38	115	4370.00	7
小米	谷类	19.5	71	1384.50	15
谷类 汇总			282	6618.50	
龙虾	海鲜	53	115	6095.00	6
雪鱼	海鲜	9.5	90	855.00	17
海参	海鲜	13.25	164	2173.00	12
海鲜 汇总			369	9123.00	
苹果汁	日用品	18	93	1674.00	13
光明奶酪	日用品	55	118	6490.00	5
麻油	日用品	28.5	92	2622.00	10
日用品 汇总			303	10786.00	
鸡肉	肉类	7.45	81	603.45	18
鸭肉	肉类	24	154	3696.00	9
肉类 汇总			235	4299.45	
总计			1725	39169.45	

图 2-2-13　操作题 6 操作结果

项目 3

WPS Office 2019 演示文稿制作

习 题 分 析

一、单项选择题

1. WPS 演示文稿的扩展名是（　　）。
   A．.dps　　　　　B．.xls　　　　　C．.pot　　　　　D．.pps

   分析：WPS 演示文稿的扩展名是.dps。此外，用户在保存演示文稿的时候，也可以根据需要保存成扩展名为.pps 的放映文件或.pot 的设计模板文件，或 Microsoft PowerPoint 演示文稿(.ppt 或者.pptx)。

   【答案：A】

2. 在 WPS 演示中，要修改"配色方案"，应选择的选项卡是（　　）。
   A．"开始"　　　　B．"视图"　　　　C．"设计"　　　　D．"切换"

   分析：在 WPS 演示中，选择"设计"选项卡→"配色方案"命令，打开"配色方案"面板，选择一种配色方案并单击鼠标，配色方案将应用于所有幻灯片。

   【答案：C】

3. 在 WPS 演示中，一键美化功能按钮在（　　）位置。
   A．"动画"选项卡　　B．"设计"选项卡　　C．"切换"选项卡　　D．幻灯片底部

   分析：一键美化是幻灯片设计的黑科技，可以根据幻灯片的内容进行智能识别与设计，将常用的文字、图片、表格等幻灯片对象进行智能排版与匹配。选中需要一键美化的幻灯片，单击幻灯片底部的"一键美化"按钮，WPS 将进行自动排版，达到美化效果。

   【答案：D】

4. 在 WPS 演示中，为实现图片的创意裁剪，可以使用（　　）功能。
   A．一键美化　　　　B．魔法功能　　　　C．自定义动画　　　　D．切换效果

   分析：选中包含图片的幻灯片，单击幻灯片底部的"一键美化"按钮，在弹出的面板中选择"创意裁剪"，WPS 自动对图片进行美化处理，从中选择一个合适的裁剪样式。

   【答案：A】

5. 在WPS演示中,新建一张幻灯片的操作为( )。
　　A. 依次选择"文件"→"新建"菜单命令　　B. 依次选择"插入"→"新幻灯片"菜单命令
　　C. 单击快速访问工具栏中的"新建"按钮　　D. 依次选择"开始"→"新建幻灯片"

分析: 依次选择"开始"→"新建幻灯片"将插入一张新幻灯片,同时在"幻灯片"组中,可以设置幻灯片的版式,一张新幻灯片即可插入当前演示文稿。

【答案:D】

6. 放映WPS演示当前幻灯片页的快捷键是( )。
　　A. F5　　　　　　　B. Shift+F5　　　　　C. Ctrl+F5　　　　　D. Alt+F5

分析: 使用快捷键,按F5键,从头开始放映;按"Shift+F5"快捷键从当前页开始放映。

【答案:B】

7. 在WPS演示中,动态数字功能在( )位置。
　　A. "开始"选项卡　　B. "切换"选项卡　　C. "动画"选项卡　　D. "视图"选项卡

分析: 打开幻灯片,添加一个包含数字的文本框,选中此文本框,选择"动画"选项卡,在动画预览的窗口中选择"动态数字"动画,鼠标单击,即可将数字动画添加到刚才的数字文本框上。

【答案:C】

8. 在WPS演示中打开文件,以下正确的是( )。
　　A. 只能打开1个文件
　　B. 最多能打开4个文件
　　C. 能打开多个文件,但不可以同时将它们打开
　　D. 能打开多个文件,可以同时将它们打开

分析: 在WPS演示中,能打开多个文件,也可以同时将它们打开。该特点与WPS文字相似。

【答案:D】

9. 在WPS演示中,如果希望在演示过程中终止幻灯片的演示,则随时可按( )快捷键实现。
　　A. Delete　　　　　B. Ctrl+E　　　　　　C. Esc　　　　　　　D. Shift+C

分析: 在幻灯片的放映过程中,若要终止放映,可按Esc键。也可右击幻灯片,在弹出的快捷菜单中选择"结束放映"命令。

【答案:C】

10. 在WPS演示中,能出现"排练计时"按钮的选项卡是( )。
　　A. 动画　　　　　　B. 切换　　　　　　　C. 开始　　　　　　　D. 幻灯片放映

分析: 依次选择"幻灯片放映"→"排练计时"菜单命令,在屏幕上除显示幻灯片外,还有一个"预演"对话框,当幻灯片放映时间到,准备放映下一张幻灯片时,单击带有箭头的换页按钮,即开始记录下一张幻灯片的放映时间。设置好幻灯片的放映时间以后,就可以按设置的时间进行自动放映。

【答案:D】

补 充 练 习

一、单项选择题

(一) WPS 演示工具栏、主窗口等

P001. WPS 演示主窗口表述正确的是（　　）。
A. 选项卡和菜单相同　　　　　　　B. 功能区不可以隐藏
C. 可以显示任务窗格　　　　　　　D. 快速访问工具栏中的按钮是固定不变的

P002. 下列选项中，不属于 WPS 演示窗口部分的是（　　）。
A. 幻灯片区域　　B. 大纲区域　　C. 备注区域　　D. 播放区域

P003. 在 WPS 演示中，演示文稿由（　　）组合而成。
A. 文本框　　B. 图形　　C. 幻灯片　　D. 版式

P004. 在 WPS 演示中，在浏览模式下，选择单张幻灯片用（　　）鼠标的方式。
A. 单击　　B. 双击　　C. 拖放　　D. 右击

P005. 在 WPS 演示中，在浏览模式下，选择不连续的多张幻灯片需要按住（　　）键。
A. Shift　　B. Ctrl　　C. T　　D. Alt

P006. 在 WPS 演示中，下列图标一般不属于快速访问工具栏的是（　　）。
A. 打开　　B. 保存　　C. 撤销　　D. 插入

P007. 在 WPS 演示中，以下说法正确的是（　　）。
A. 可以将演示文稿中选定的信息链接到其他演示文稿幻灯片中的任何对象
B. 可以对幻灯片中的对象设置播放动画的时间顺序
C. WPS 演示文稿的缺省扩展名为.pot
D. 在一个演示文稿中能同时使用不同的模板

(二) "文件"选项卡

P008. 在 WPS 演示中，要将制作好的 PPT 打包，应在（　　）选项卡中操作。
A. "开始"　　B. "插入"　　C. "文件"　　D. "设计"

P009. 在 WPS 演示中已经打开了 A.pptx 演示文稿，又进行了"新建"操作，则（　　）。
A. A.pptx 被关闭　　　　　　　　　B. A.pptx 和新建文稿均处于打开状态
C. "新建"操作失败　　　　　　　　D. A.pptx 被保存后关闭

P010. 当在 WPS 演示中，保存演示文稿时，出现"另存文件"对话框，则说明（　　）。
A. 该文件保存时不能用该文件原来的文件名
B. 该文件不能保存
C. 该文件未保存过
D. 需要对该文件保存备份

P011. 在 WPS 演示中，在"文件"→"最近使用文件"所显示的文件名是（　　）。
A. 正在使用的文件名　　　　　　　B. 正在打印的文件名
C. 扩展名为 PPT 的文件名　　　　　D. 最近被 WPS 演示处理过的文件名

P012.若将WPS演示文稿保存成只能播放不能编辑的演示文稿,操作方法是(　　)。
A.将"另存文件"对话框中的"保存类型"选择为"演示文稿"
B.将"另存文件"对话框中的"保存类型"选择为"网页"
C.将"另存文件"对话框中的"保存类型"选择为"演示文稿设计模板"
D.将"另存文件"对话框中的"保存类型"选择为"PowerPoint放映"

P013.在WPS演示中使用(　　)来编写宏。
A.Java　　　　　B.Visual Basic　　　　C.JavasCript　　　　D.C++

(三)"开始"选项卡

P014.WPS演示中文字排版没有的对齐方式是(　　)。
A.居中对齐　　　B.分散对齐　　　C.右对齐　　　D.向上对齐

P015.在WPS演示中,不可以在"字体"对话框中进行的设置是(　　)。
A.文字颜色　　　B.文字对齐方式　　　C.文字字体　　　D.文字大小

P016.在WPS演示中不属于文本占位符的是(　　)。
A.标题　　　　　B.副标题　　　　　C.图表　　　　　D.普通文本框

P017.在WPS演示中,选择全部演示文稿时,可用(　　)快捷键。
A.Ctrl+A　　　　B.Ctrl+S　　　　　C.F3　　　　　　D.F4

P018.在WPS演示中,在当前演示文稿中插入一张新幻灯片的操作错误的是(　　)。
A."文件"→"新建幻灯片"　　　　　B."开始"→"新建幻灯片"
C."插入"→"新建幻灯片"　　　　　D.选中幻灯片→按Enter键

P019.在WPS演示中,在新增一张幻灯片操作中,可能的默认幻灯片版式是(　　)。
A.标题和表格　　B.标题和图表　　C.标题和文本　　D.空白版式

P020.在WPS演示中,如果对一张幻灯片使用系统提供的版式,对其中各个对象的占位符(　　)。
A.能用具体内容去替换,不可删除
B.不能移动位置,也不能改变格式
C.可以删除不用,也可以在幻灯片中插入新的对象
D.可以删除不用,但不能在幻灯片中插入新的对象

P021.WPS演示中占位符的作用是(　　)。
A.为文本图形等预留位置　　　　　B.限制插入对象的数量
C.表示图形的大小　　　　　　　　D.显示文本的长度

P022.在WPS演示中,演示文稿中每张幻灯片都是基于某种(　　)创建的,它预定义了新建幻灯片的各种占位符布局情况。
A.视图　　　　　B.版式　　　　　C.母版　　　　　D.模板

P023.若要对当前幻灯片更换一种WPS演示幻灯片的版式,下列操作错误的是(　　)。
A.右击缩略图窗格中的幻灯片后选择"版式"
B."开始"→"版式"
C."设计"→"版式"
D."视图"→"幻灯片"→"版式"

P024. 在WPS演示中,安排幻灯片对象的布局可选择( )来设置。
A. 配色方案　　　　B. 应用设计模板　　　C. 背景　　　　　　D. 幻灯片版式
P025. 在WPS演示中,将某张幻灯片版式更改为"竖标题和文本",错误的操作是( )。
A. "文件"→"格式"→"幻灯片版式"　　B. "开始"→"版式"
C. "设计"→"版式"　　　　　　　　　 D. 选择"视图"→"幻灯片"→"版式"
P026. 将WPS演示幻灯片中的所有汉字"电脑"都更换为"计算机"应使用的操作是( )。
A. 选择"文件"→"替换"　　　　　　　B. 选择"开始"→"替换"
C. 选择"编辑"→"替换"　　　　　　　D. 选择"设计"→"编辑"→"替换"
P027. 在WPS演示中,当把一张幻灯片中的某文本行降级时,( )。
A. 降低了该行的重要性　　　　　　　B. 使该行缩进一个大纲层
C. 使该行缩进一个幻灯片层　　　　　D. 增加了该行的重要性

(四)"插入"选项卡

P028. 在WPS演示中,不可以插入( )。
A. 超链接　　　　　B. 附件　　　　　　C. 表格　　　　　　D. 切换和动画
P029. 在WPS演示中,对于幻灯片中插入的声音文件,可以选择的播放设置是( )。
A. 只能设定为自动播放　　　　　　　B. 只能设定为手动播放
C. 可以自动也可以手动播放　　　　　D. 取决于放映者的放映操作流程
P030. 在WPS演示中,对插入的图片、自选图形等进行格式化时,先选中该图片对象,再选取"( )"选项卡中对应的命令完成。
A. 视图　　　　　　B. 插入　　　　　　C. 图片工具　　　　D. 窗口
P031. 在WPS演示中,在绘制矩形图形时按住( )键,所绘制图形为正方形。
A. Shift　　　　　　B. Ctrl　　　　　　C. Delete　　　　　 D. Alt
P032. 在WPS演示中,将一个幻灯片上多个已选中自选图形组合成一个复合图形,使用"( )"选项卡。
A. 开始　　　　　　B. 插入　　　　　　C. 动画　　　　　　D. 图片工具
P033. 在WPS演示中,当绘制图形时,如果画一条水平、垂直或者45°倾角的直线,在拖动鼠标时,需要按在( )键。
A. Ctrl　　　　　　B. T　　　　　　　　C. Shift　　　　　　D. F4
P034. 在WPS演示中,当选定图形对象时,如果选择多个图形,需要按住( )键,再用鼠标单击要选择的图形。
A. Alt　　　　　　 B. Ctrl　　　　　　C. T　　　　　　　　D. F1
P035. 在WPS演示中,当改变图形对象的大小时,如果要保持图形的比例,拖动控制句柄的同时要按住( )键。
A. Ctrl　　　　　　B. Ctrl+Shift　　　 C. Shift　　　　　　D. T
P036. 在WPS演示中,当改变图形对象的大小时,如果要以图形对象的中心为基点进行缩放,要按住( )键。
A. Ctrl　　　　　　B. Shift　　　　　　C. Ctrl+E　　　　　D. Ctrl+Shift

P037. 在WPS演示中,当需要为演示文稿的幻灯片添加页眉和页脚时,可使用(　　)选项卡下的"页眉和页脚"命令。

A. 视图　　　　　　B. 开始　　　　　　C. 插入　　　　　　D. 格式

P038. 在WPS演示中,在幻灯片中插入声音后,幻灯片中将出现(　　)。

A. 喇叭标志　　　　B. 一段文字说明　　C. 链接说明　　　　D. 链接按钮

P039. 在WPS演示中,在放映幻灯片时,如果需要从第2张幻灯片切换至第5张幻灯片,应(　　)。

A. 在制作时建立第2张幻灯片转至第5张幻灯片的超链接

B. 停止放映,双击第5张幻灯片后再放映

C. 放映时双击第5张幻灯片后再放映

D. 右击幻灯片,在快捷菜单中选择第5张幻灯片

P040. 在WPS演示中,一名同学要在当前幻灯片中输入"你好"字样,操作的第一步是(　　)。

A. 选择"开始"→"幻灯片"→"新建幻灯片"

B. 选择"开始"→"文本"→"文本框"

C. 选择"插入"→"文本框"

D. 选择"设计"→"文本"→"文本框"

P041. 在WPS演示中,制作一份名为"我的爱好"的演示文稿,要插入一张名为"j1.jpg"的照片,操作是(　　)。

A. 选择"编辑"→"图像"→"图片"　　　B. 选择"插入"→"图片"

C. 选择"插入"→"文本"→"图片"　　　D. 选择"设计"→"图像"→"图片"

P042. WPS演示中有多种插入图片的方式,下面不属于其中的插入图片方式是(　　)。

A. 本地图片　　　　B. 分页插图　　　　C. 剪贴图　　　　　D. 手机传图

P043. 在WPS演示中,要为所有幻灯片添加编号,下列方法中正确的是(　　)。

A. 选择"编辑"→"文本"→"幻灯片编号"　　B. 选择"插入"→"符号"→"图片"

C. 选择"插入"→"幻灯片编号"　　　　　　D. 选择"设计"→"文本"→"幻灯片编号"

P044. 在WPS演示中插入的页脚,下列说法中正确的是(　　)。

A. 不能进行格式设置　　　　　　　　B. 每一页幻灯片上都必须显示

C. 其中的内容不能是日期　　　　　　D. 插入的日期和时间可以更新

P045. 在WPS演示中,下列关于幻灯片版式说法正确的是(　　)。

A. 在"标题和文本"版式中不可以插入图片　B. 图片只能插入空白版式中

C. 任何版式中都可以插入图片　　　　　　D. 图片只能插入"图片与标题"版式中

(五)"设计"选项卡

P046. WPS演示的"设计"选项卡不包含(　　)。

A. 幻灯片版式　　　　　　　　　　　B. 幻灯片背景颜色

C. 幻灯片配色方案　　　　　　　　　D. 幻灯片母版

P047. 在WPS演示中,为幻灯片重新设置背景,若要让所有幻灯片使用相同背景,则应在"对象属性"任务窗格中单击"(　　)"按钮。

A. 全部应用　　　　B. 应用　　　　　　C. 取消　　　　　　D. 预览

P048. 在 WPS 演示中,关于"设计方案"说法错误的是(　　)。
A. 可以选择在线设计方案　　　　　B. 可以选择我的设计方案
C. 所选择方案必须应用于全部幻灯片　D. 可以应用在线方案中的部分幻灯片

P049. 在 WPS 演示中,在设置背景的"对象属性"任务窗格中不可以设置(　　)。
A. 幻灯片的填充为"纯色填充"　　　B. 幻灯片的填充为"图案填充"
C. "隐藏背景图形"　　　　　　　　D. 默认主题

P050. 在 WPS 演示中,在"页面设置"对话框中不可以设置(　　)。
A. 幻灯片高度　　　　　　　　　　B. 幻灯片的方向
C. 幻灯片编号起始值　　　　　　　D. 页边距

(六)"切换"选项卡

P051. 在 WPS 演示中,幻灯片之间的切换效果,通过"(　　)"选项卡中的命令来设置。
A. 设计　　　B. 动画　　　C. 幻灯片放映　　　D. 切换

P052. 在 WPS 演示中,要设置每张幻灯片的播放时间,需要对演示文稿进行的操作是(　　)。
A. 自定义动画　　　　　　　　　　B. 录制旁白
C. 幻灯片切换设置　　　　　　　　D. 排练计时

P053. 在 WPS 演示中,在幻灯片间切换中,可以设置幻灯片切换的(　　)。
A. 幻灯片方向　　B. 强调效果　　C. 退出效果　　D. 换片方式

P054. 在 WPS 演示中,若要使幻灯片在播放时能每隔 3 秒自动转到下一页,应选择"切换"选项卡下的(　　)。
A. 自定义　　　　　　　　　　　　B. "计时"→"持续时间"
C. "换片"→"换片方式"　　　　　　D. 自动换片

P055. 在 WPS 演示中,如果要从前一张幻灯片"溶解"到当前幻灯片,应使用(　　)选项卡来设置。
A. 动画　　　B. 开始　　　C. 切换　　　D. 幻灯片放映

(七)"动画"选项卡

P056. 在 WPS 演示中,当幻灯片内插入图片、表格、艺术字等难以区分层次的对象时,可用(　　)定义各对象的显示顺序和动画效果。
A. 动画效果　　B. 动作按钮　　C. 添加动画　　D. 动画预览

P057. 在 WPS 演示中,创建幻灯片的动画效果时,应选择"(　　)"选项卡。
A. 动画　　　B. 动作设置　　C. 动作按钮　　D. 幻灯片放映

P058. 在 WPS 演示动画中,不可以设置(　　)。
A. 动画效果　　　　　　　　　　　B. 时间和顺序
C. 动画的循环播放　　　　　　　　D. 放映类型

P059. 在对 WPS 演示中进行自定义动画设置时,可以改变的是(　　)。
A. 幻灯片中某一对象的动画效果　　B. 幻灯片的背景
C. 幻灯片切换的速度　　　　　　　D. 幻灯片的页眉和页脚

P060.在 WPS 演示中,要想使幻灯片内的标题、图片、文字等按用户要求顺序出现,应进行的设置是(　　)。
　　A.幻灯片切换　　　B.自定义动画　　　C.幻灯片设计　　　D.幻灯片放映

(八)"幻灯片放映"选项卡

P061.在 WPS 演示中,如果要求幻灯片能够在无人操作的环境下自动播放,应该事先对演示文稿进行(　　)。
　　A.自动放映　　　　B.排练计时　　　　C.存盘　　　　　　D.打包

P062.在 WPS 演示中,从头开始放映幻灯片的快捷键是(　　)。
　　A.F6　　　　　　　B.Shift+F6　　　　C.F5　　　　　　　D.Shift+F5

P063.在 WPS 演示中,如果希望在演示文稿的播放过程中终止幻灯片的演示,随时可按的终止键是(　　)键。
　　A.End　　　　　　B.Esc　　　　　　C.Ctrl+E　　　　　D.Ctrl+C

P064.在 WPS 演示幻灯片的放映过程中,以下说法错误的是(　　)。
　　A.按 B 键可实现黑屏暂停　　　　　　B.按 W 键可实现白屏暂停
　　C.单击鼠标右键可以暂停放映　　　　　D.放映过程中不能暂停

P065.在 WPS 演示中,若一个演示文稿中有三张幻灯片,播放时要跳过第二张放映,可以的操作是(　　)。
　　A.取消第二张幻灯片的切换效果　　　　B.隐藏第二张幻灯片
　　C.取消第一张幻灯片的动画效果　　　　D.只能删除第二张幻灯片

P066.WPS 演示中,要隐藏某个幻灯片,应(　　)。
　　A.选择"工具"→"隐藏幻灯片"命令　　　B.选择"开始"→"隐藏幻灯片"命令
　　C.选择"插入"→"隐藏幻灯片"命令　　　D.选择"幻灯片放映"→"隐藏幻灯片"命令

P067.在 WPS 演示的普通视图中,使用"隐藏幻灯片"后,被隐藏的幻灯片将会(　　)。
　　A.从文件中删除
　　B.在幻灯片放映时不放映,但仍然保存在文件中
　　C.在幻灯片放映时仍然可放映,但是幻灯片上的部分内容被隐藏
　　D.在普通视图的编辑状态中被隐藏,不能编辑内容

P068.在 WPS 演示中,幻灯片放映的扩展名是(　　)。
　　A..pptx　　　　　B..potx　　　　　C..ppzx　　　　　D..ppsx

(九)"视图"选项卡

P069.WPS 演示提供了(　　)种演示文稿视图。
　　A.4　　　　　　　B.6　　　　　　　C.3　　　　　　　D.5

P070.在 WPS 演示中,能编辑幻灯片中图片对象的是(　　)。
　　A.备注页视图　　　B.普通视图　　　　C.幻灯片放映视图　D.幻灯片浏览视图

P071.在 WPS 演示各种视图中,可以同时浏览多张幻灯片,便于选择、添加、删除、移动幻灯片等操作是(　　)。
　　A.备注页视图　　　B.幻灯片浏览视图　C.普通视图　　　　D.幻灯片放映视图

P072.在 WPS 演示的普通视图左侧的大纲窗格中,可以修改的是(　　)。
　　A.占位符中的文字　B.图表　　　　　　C.自选图形　　　　D.文本框中的文字

P073. 在WPS演示中,调整幻灯片顺序或复制幻灯片使用(　　)视图最方便。
A. 备注　　　　　　B. 幻灯片　　　　　C. 幻灯片放映　　　D. 幻灯片浏览

P074. 在WPS演示中,(　　)是幻灯片层次结构中的顶层幻灯片,用于存储有关演示文稿的主题和幻灯片版式的信息,包括背景、颜色、字体、效果、占位符和位置。
A. 母版　　　　　　B. 讲义母版　　　　C. 备注母版　　　　D. 幻灯片母版

P075. 在WPS演示中,若希望演示文稿作者的名字出现在所有的幻灯片中,则应将其加入(　　)。
A. 幻灯片母版　　　B. 备注母版　　　　C. 配色方案　　　　D. 动作按钮

P076. 在WPS演示中,要想使每张幻灯片中都出现某个对象(除标题幻灯片),须在(　　)中插入该对象。
A. 标题母版　　　　B. 幻灯片母版　　　C. 标题占位符　　　D. 正文占位符

P077. 在WPS演示中,关于幻灯片母版操作,在标题区或文本区添加每个幻灯片都能够共有文本的方法是(　　)。
A. 选择带有文本占位符的幻灯片版式　　B. 单击直接输入
C. 使用模板　　　　　　　　　　　　　D. 使用文本框

P078. 在WPS演示中,可同时显示多张幻灯片、使用户纵览演示文稿概貌的视图方式是(　　)。
A. 幻灯片视图　　　　　　　　　　　　B. 幻灯片浏览视图
C. 普通视图　　　　　　　　　　　　　D. 幻灯片放映视图

P079. 在WPS演示中,供演讲者查阅以及播放演示文稿实时对各幻灯片加以说明的是(　　)。
A. 备注页视图　　　B. 大纲视图　　　　C. 幻灯片视图　　　D. 页面视图

P080. 在WPS演示中,在幻灯片(　　)视图中,可以方便地移动幻灯片。
A. 大纲　　　　　　B. 普通　　　　　　C. 浏览　　　　　　D. 放映

P081. 在WPS演示中,在浏览视图下,按住Ctrl键并拖动某张幻灯片,可以完成的操作是(　　)。
A. 选定幻灯片　　　B. 复制幻灯片　　　C. 移动幻灯片　　　D. 删除幻灯片

P082. 在WPS演示的普通视图下,以下不可以调整幻灯片显示比例的是(　　)。
A. 通过"视图"选项卡"显示比例"功能区设置
B. 通过"状态栏"的"显示比例"设置
C. 按住Ctrl键的同时滚动鼠标的滚轮实现
D. 通过鼠标拖曳实现

P083. 在WPS演示"视图"选项卡中不能完成的操作是(　　)。
A. 调整"显示比例"　　　　　　　　　　B. 设置"幻灯片隐藏"
C. 切换视图方式　　　　　　　　　　　D. 设置是否显示"网格线"

二、操作题

1. 根据图2-3-1所示素材,完成以下操作:
(1)将第3张幻灯片版式设置为"标题和内容"。
(2)将第2张幻灯片加上标题"启动与关闭",设置字体为"仿宋",字号设置40磅。

(3)将全文幻灯片的切换效果都设置成"棋盘",速度为"2秒"。
(4)将第3张幻灯片内容文本框中文字方向设置为"竖排",标题文字方向设置为"横排"。

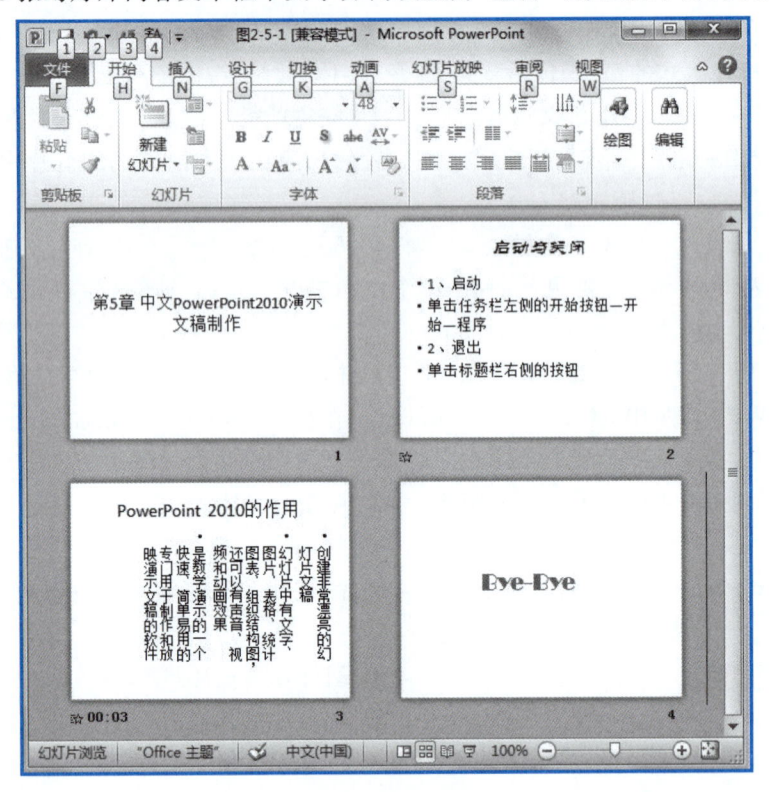

图 2-3-1　操作题 1 素材

2.根据图 2-3-2,请使用 WPS 演示完成以下操作:

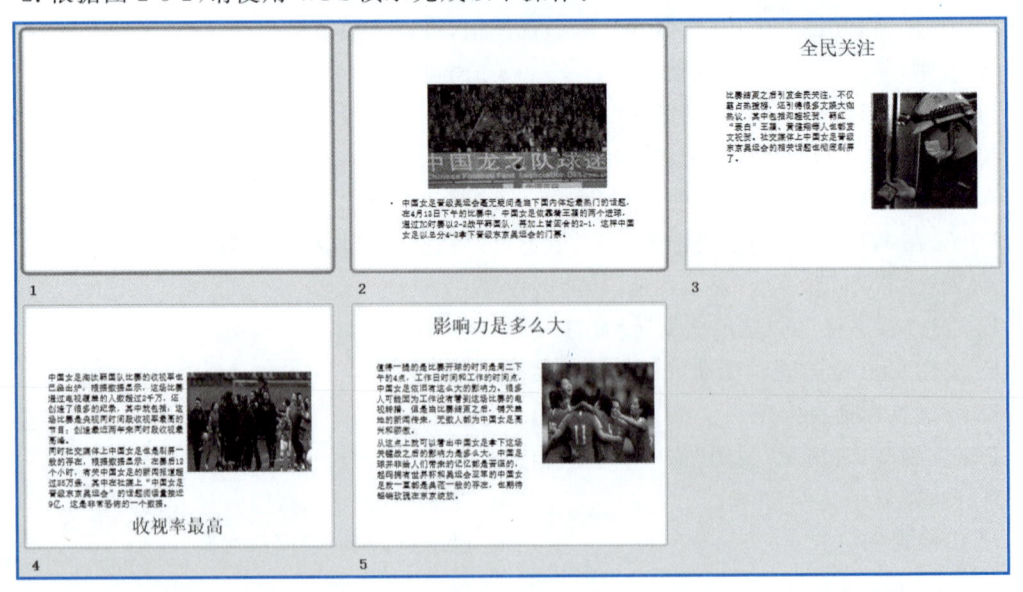

图 2-3-2　操作题 2 素材

(1) 第一张幻灯片使用 summary 模板。

(2) 在第一张幻灯片中添加标题内容为"中国女足晋级奥运会",设置标题文字为华文仿宋、48 磅。

(3) 设置第二张幻灯片内容文本框的段落项目符号(项目符号为带填充效果大正方形■)。

(4) 设置第三张幻灯片的内容文本框形状格式图案填充为 10%;为第三张幻灯片内的图片添加超链接,链接到网址 www.baidu.com。

(5) 设置第四张幻灯片的版式为仅标题。

(6) 设置第五张幻灯片的图片动画效果为飞入,效果选项自右上部,延迟 2.25 秒。

(7) 设置所有幻灯片切换效果为新闻快报,自动换片时间为 2 秒,声音为风铃。

项目 4 信息检索

习 题 分 析

一、单项选择题

1. 在信息检索的通配符功能中,"*"匹配( )字符。
   A. 1 个　　　　　　B. 2 个　　　　　　C. 多个　　　　　　D. 单个

   分析:截词检索是指用给定的词干作为检索词,用以检索出含有该词干的全部检索词的记录。各检索系统使用的截词符号各不相同,有 *、?、$、% 等。"*"通常表示截断无限个字符。

   【答案:C】

2. 在万方数据知识服务平台要想获得以"高校图书馆信息化建设"作为标题的文献应该检索( )。
   A. 高校图书馆信息化建设　　　　　　B. 题名:高校图书馆信息化建设
   C. 关键词:高校图书馆信息化建设　　　D. 摘要:高校图书馆信息化建设

   分析:本题主要考查对不同检索途径的掌握情况。在万方数据知识服务平台首页基本检索中,可以根据提示,完成对篇名、作者、作者单位、关键词、摘要等的检索。选项 A 没有指出具体检索途径。选项 B 是对标题的检索。选项 C 是对关键词的检索。选项 D 是对摘要的检索。

   【答案:B】

3. 在进行项目"三全育人环境下图书馆创新服务"研究过程中,对该项目任务进行分析,以下( )信息调研活动是合适的。
   ① 为了了解项目的最新研究进展,使用数据库查找相关的专业期刊
   ② 为了了解项目的现有研究成果,使用数据库查找相关的文献
   ③ 为了了解项目的发展状况和图书馆开展创新服务的信息,使用搜索引擎查找网络信息
   ④ 为了了解三全育人环境下对图书馆的发展要求,使用数据库查找相关的标准文献
   A. ②③　　　　　　B. ①②③④　　　　　C. ①④　　　　　　D. ①②③

分析:科技文献信息检索对科研工作具有重要意义,任何科研工作都需要在前人经验和研究的基础上得以丰富和发展。因此,科研工作者需要不断提高自身的信息素养。《信息素养全美论坛的终结报告》对信息素养的概念做了详尽表述:"一个有信息素养的人,他能够认识到精确和完整的信息是做出合理决策的基础;能够确定信息需求,形成基于信息需求的问题,确定潜在的信息源,制订成功的检索方案,以包括基于计算机的和其他的信息源获取信息,评价信息、组织信息用于实际的应用,将新信息与原有的知识体系进行融合以及在批判思考和问题解决的过程中使用信息。"因此,题目中①②③④项调研活动均为合适的科研信息搜集行为。

【答案:B】

4.互联网上有很多大型旅游网站或旅游爱好者发布的各地详细的旅游攻略,这些攻略大多都是PDF文档。在百度搜索引擎中搜索关于安徽黄山旅游攻略的PDF文档,最正确的检索式是(　　)。

A.安徽黄山 旅游 file:pdf　　　　B.安徽黄山 旅游 filetype:pdf

C.安徽黄山 旅游 type:pdf　　　　D.安徽黄山 旅游 pdf

分析:百度搜索引擎高级检索功能,可以完成对搜索网页格式的限定,其检索语法是"filetype:网页格式后缀",例如,"filetype:pdf"搜索的网页格式规定为PDF文档,"filetype:doc"搜索的网页格式规定为Word文档,"filetype:PPT"搜索的网页格式为PPT文档等。

【答案:B】

5.布尔逻辑表达式:在岗人员 NOT(青年 AND 教师)的检索结果是(　　)。

A.除了青年教师以外的在岗人员的数据

B.青年教师的数据

C.青年和教师的数据

D.在岗人员的数据

分析:布尔逻辑运算符有三种,即逻辑与(AND)、逻辑或(OR)和逻辑非(NOT),运算的优先级排序为:( )、NOT、AND、OR。(青年 AND 教师)表示既是教师又是青年,即青年教师。在岗人员 NOT(青年 AND 教师)的检索结果便是除了青年教师以外的在岗人员的数据。

【答案:A】

6.在计算机信息检索中,用于组配检索词和限定检索范围的布尔逻辑运算符正确的是(　　)。

A.逻辑"与",逻辑"或",逻辑"在"　　　　B.逻辑"与",逻辑"或",逻辑"非"

C.逻辑"与",逻辑"并",逻辑"非"　　　　D.逻辑"和",逻辑"或",逻辑"非"

分析:布尔逻辑运算符有三种,即逻辑与(AND)、逻辑或(OR)和逻辑非(NOT),在不同检索系统里表达形式会略有不同,常用的表达方式如下:

逻辑与:AND、*、与、并且、并含

逻辑或:OR、+、或者、或含

逻辑非:NOT、-、非、不含

因此,题目中布尔逻辑运算符表达完全正确的是B选项,逻辑"与",逻辑"或",逻辑"非"。

【答案:B】

7.全球最大的中文搜索引擎是(　　)。

A.谷歌　　　　B.百度　　　　C.迅雷　　　　D.雅虎

分析:百度(http://www.baidu.com)是全球最大的中文搜索引擎,2000年1月由李彦宏、徐勇两人创立于北京中关村,致力于向人们提供"简单,可依赖"的信息获取方式。"百度"二字源于中国宋朝词人辛弃疾的《青玉案》诗句:"众里寻他千百度",象征着百度对中文信息检索技术的执着追求。

【答案:B】

8.信息的四个属性中,其最高价值是(　　)。

　　A.客观性　　　　B.时效性　　　　C.传递性　　　　D.共享性

分析: 在自然界和人类社会中,事物都是在不断发展和变化的,事物所表达出来的信息也是无时无刻、无所不在的。因此,信息是普遍存在的。由于事物的发展和变化不以人的主观意志为转移,因此信息也是客观的。随着事物的发展与变化,信息的可利用价值会相应地发生变化。随着时间的推移,信息可能会失去其使用价值,变成无效信息。这就要求人们必须及时获取信息、利用信息,这样才能体现信息的价值。这是信息的时效性。信息通过传输媒体的传播,可以实现空间上的传递。信息通过存储媒体的保存,可以实现时间上的传递。这是信息的传递性。信息也是一种共享资源,具有使用价值。但信息不同于物质和能量,物质和能量在使用之后,会被消耗、被转化,信息传播的面积越广,使用信息的人越多,信息的价值和作用会越大。信息在复制、传递、共享的过程中,可以不断地重复产生副本。但是,信息本身并不会减少,也不会被消耗掉。这是信息最高价值所在。

【答案:D】

9.在信息时代,伴随着科学技术的迅速发展,出现了信息爆炸、信息平庸化以及噪声化趋势,人们难以根据自己的需要和当前的信息能力选择并消化自己所需要的信息,这种现象称之为(　　)。

　　A.信息失衡　　　　B.信息污染　　　　C.信息超载　　　　D.信息障碍

分析: 信息失衡是指人们获得信息的渠道、时间先后不同,导致在某一时点人们掌握的信息量和重要性是不同的,从而对决策产生影响。信息污染是指媒介信息中混入了有害性、欺骗性、误导性信息元素,或者媒介信息中含有的有害的信息元素超过传播标准或道德底线,对传播生态、信息资源以及人类身心健康造成破坏、损害或其他不良影响。信息超载指信息接收者或处理者所接收的信息远远超出其信息处理能力。在网络技术不断发展的背景下,世界的信息和知识都处于大爆炸状态,造成信息量大、信息质量差、信息价值低等问题,信息超载的现象也随之而生。信息障碍是指在信息生成、传递、处理的过程中,使信息不能利用或错误利用等非正常运动,导致在一定范围内产生非预期结果的社会现象。根据题意,因信息爆炸、信息平庸化以及噪声化趋势,人们难以根据自己的需要和当前的信息能力选择并消化自己所需要的信息的现象应属于信息超载。

【答案:C】

10."信息素养"可以描述成具有(　　)的能力。

　　A.阅读复杂文献　　　　　　　　　B.有效地查找、评估并有道德地运用信息
　　C.搜索"免费网站"查找信息　　　　D.概括阅读信息

分析: 参考第3题的分析,《信息素养全美论坛的终结报告》对信息素养的概念做了详尽表述:"信息素养"即有效地查找、评估并有道德地运用信息。

【答案:B】

二、简答和实践题

1.文献按出版形式划分,可分为十大文献信息源,请列举其中的五种。

分析： 文献按出版形式划分，可分为十大文献信息源：图书、期刊、专利、科技报告、学位论文、会议论文、标准文献、政府出版物、产品样本、科技档案。

2. 请简述检索词的选取原则。

分析：（1）准确性。准确性就是指选取最恰当、最具专指意义的专业名词作为检索词，一般选取各学科在国际上通用的、国内外文献中出现过的术语作为检索词。

（2）全面性。全面性就是指选取的检索词能覆盖信息需求主题内容的词汇，需要找出课题涉及的隐性主题概念，注意检索词的缩写词、词形变化以及英美的不同拼法。

（3）规范性。规范性就是指选取的检索词要与检索系统的要求一致。

（4）简洁性。目前的搜索引擎和数据库并不能很好地处理自然语言。因此，在提交搜索请求时，最好把自己的想法，提炼成简单的而且与希望找到的信息内容主题关联的查询词。

3. 请通过万方数据知识服务平台检索本校作者在"北大核心"期刊上发表的文献。

分析： 根据题意可知：（1）检索工具应采用万方数据知识服务平台中国学术期刊数据库。（2）"本校作者"可通过限定"作者单位"为自己学校的名称来完成。例如，限定"作者单位"为"清华大学"，可查询作者单位为"清华大学"的文献。（3）"北大核心"期刊，可以通过检索结果页面左侧分组导航中"核心"栏目下的"北大核心"选项来控制。综上，检索参考步骤如下：

Step 1 在浏览器地址栏中输入：http://www.wanfangdata.com.cn，进入万方数据知识服务平台首页，单击检索框前"全部"下拉按钮，选择"期刊"，如图 2-4-1 所示，进入万方数据知识服务平台期刊检索页面。

图 2-4-1 万方数据知识服务平台检索页面

Step 2 单击检索框空白处，弹出检索提示框，选择"作者单位"，如图 2-4-2 所示，此时检索框内显示"作者单位："。

图 2-4-2 万方数据知识服务平台检索参考过程（1）

Step 3 在检索框内"作者单位："后输入"清华大学"，如图 2-4-3 所示，再单击检索框右侧"搜论文"按钮，得到第一次检索结果，如图 2-4-4 所示。

图 2-4-3 万方数据知识服务平台检索参考过程(2)

图 2-4-4 万方数据知识服务平台第一次检索参考结果

Step 4 单击图 2-4-4 页面左侧分组导航中"核心"栏目下的"北大核心"选项，完成对"北大核心"期刊论文的筛选，最终检索结果如图 2-4-5 所示。

图 2-4-5 万方数据知识服务平台最终检索参考结果

4. 请通过国家知识产权局(https://www.cnipa.gov.cn)的专利检索及分析系统(http://pss-system.cnipa.gov.cn)，查询申请(专利权)人为自己学校的发明专利。

分析：根据题意可知：(1)检索工具采用国家知识产权局(https://www.cnipa.gov.cn)的专利检索及分析系统(http://pss-system.cnipa.gov.cn)。(2)查询某个"申请(专利权)人"的专利信息，限定检索途径为"申请(专利权)人"即可。例如，限定申请(专利权)人为"清华大学"，检索参考步骤如下：

Step 1　在浏览器地址栏中输入网址：http://pss-system.cnipa.gov.cn，进入专利检索及分析系统首页，默认在常规检索页面。新用户需根据提示完成注册、登录，方可继续进行检索。

Step 2　在检索框中输入关键词"清华大学"，单击检索框左侧倒三角符号"▼"，弹出面板，选择"申请(专利权)人"选项，如图 2-4-6 所示。

图 2-4-6　专利检索及分析系统检索参考过程

Step 3　单击检索框右侧"检索"按钮，完成检索，检索结果如图 2-4-7 所示。

图 2-4-7　专利检索及分析系统检索参考结果

5.小李准备出国,想参加雅思考试,可以通过哪些数据库检索相关资料?

分析:雅思考试备考信息搜集是对个人信息素养的全面检验。报考阶段,考生必须对报考条件、报考过程、考试流程等雅思考试常识,以及考试时间、考试科目、考试地点及有关考试最新政策等考试最新动态进行了解,做到心中有数,及早安排。备考初期,应利用知乎、微博等网络平台搜索与雅思考试相关的高分热帖,一方面了解雅思考试内容、形式、参考资料、视频课程、辅导机构等信息,另一方面学习他人备考及考试经验。学习过程中,可以利用环球英语多媒体资源库、新东方多媒体学习库、FIF外语学习资源库等数据库的视频教学资源开展备考学习。可以利用雅思学习微信公众号、App练习口语和听力。还可以利用起点考试网等考试资源库在线练习、模拟考试,检验学习效果。根据题意,可以检索相关视频学习资源的数据库是:环球英语多媒体资源库、新东方多媒体学习库、FIF外语学习资源库等。可以检索相关考试题库资源的数据库是:起点考试网等。

补 充 练 习

一、单项选择题

(一)信息检索概述

N001.利用参考文献进行深入查找文献的方法是( )。
A.直接检索法　　B.间接检索法　　C.回溯检索法　　D.循环检索法

N002.广义的信息检索包含两个过程,即( )。
A.检索与利用　　B.存储与检索　　C.存储与利用　　D.检索与报道

N003.信息素养是指( )信息的综合能力。
A.理解与掌握　　B.查找　　C.查找与利用　　D.利用

N004.( )是指根据需要,借助检索工具,从信息集合中找出所需信息的过程。
A.信息能力　　B.信息意识　　C.信息检索　　D.信息素养

(二)信息检索技术

N005.以下检索表达式的检索结果中既包含"计算机"又包含"信息检索"的是( )。
A.计算机 AND 信息检索　　B.计算机 OR 信息检索
C.计算机 NOT 信息检索　　D.计算机 — 信息检索

N006.不属于布尔逻辑运算符的是( )。
A.与　　B.或　　C.非　　D.是

N007.在布尔逻辑检索技术中,"A NOT B"或"A — B"表示查找出( )。
A.含有检索词A而不含检索词B的文献
B.含有A、B这两个词的文献集合
C.含有A、B之一或同时包含AB两词的文献
D.含有检索词B而不含检索词A的文献

N008.数据库检索时,下列可以扩大检索范围的是( )。
A.采用截词检索　　B.用逻辑与　　C.字段限制检索　　D.二次检索

N009.小张在申请校内创新项目"国内数字出版产业调查",以下的关键词组合最合适的是( )。
A.国内、数字、出版　　B.中国、出版、调查
C.国内、数字出版、现状　　D.中国、数字出版、产业

在线自测

N010.检索式"(信息素质 OR 信息素养) NOT 信息检索"的含义是(　　)。
A.查找包含"信息素质""信息素养"两个关键词,并包含"信息检索"的记录
B.查找包含"信息素质""信息素养"两个关键词,但不包含"信息检索"的记录
C.查找包含"信息素质""信息素养"任一关键词,但不包含"信息检索"的记录
D.查找包含"信息素质""信息素养"任一关键词,并包含"信息检索"的记录

(三)网络搜索引擎

N011.如果只有图片而不知道图片的名字和相关信息,可以在百度中采用(　　)检索方式。
A.语音检索　　　B.图片检索　　　C.学术搜索　　　D.新闻搜索

N012.利用百度地图的街景功能,可以360°查看实景。请查看坐落于合肥的中国科学技术大学东校区西门门口有几对石狮?(　　)
A.0　　　B.1　　　C.2　　　D.3

N013.利用百度搜索有关"人工智能"的 PPT 格式的文档,下列搜索语法正确的是(　　)。
A.人工智能.PPT　　　　　　　　B.人工智能[PPT]
C."人工智能".ppt　　　　　　　D.filetype:ppt 人工智能

N014.共享经济和分享经济属于意思比较接近的两个词。如果想使用百度查找这方面的资料,在搜索引擎的搜索框中,应该输入(　　)。
A.分享经济｜共享经济　　　　　B.分享经济 ＋ 共享经济
C.分享经济 － 共享经济　　　　D.分享经济 共享经济

N015.网站没有站内检索功能,如果用搜索引擎来实现站内检索,需要用到(　　)检索语法。
A.filetype　　　B.site　　　C.intitle　　　D.inurl

N016.百度搜索引擎的高级搜索语法中可以提高查全率的是(　　)。
A." "　　　B.－　　　C.｜　　　D.site

N017.在百度公司推出的产品中,为网友在线分享文档提供的开放平台是指(　　)。
A.百度空间　　　B.百度文库　　　C.百度有啊　　　D.百度百科

(四)中文数据库和专利检索

N018.在万方数据知识服务平台,检索结果的排序方式不包括(　　)。
A.字数排序　　　B.相关度排序　　　C.出版时间排序　　　D.被引频次排序

N019.以下哪项不是万方数据知识服务平台的检索字段?(　　)
A.作者　　　B.第一作者　　　C.会议名称　　　D.分子式

N020.在万方数据知识服务平台,已知作者单位是"北京大学",可用以下什么途径进行文献的检索?(　　)
A.关键词　　　B.题名　　　C.作者　　　D.作者单位

N021.在万方数据知识服务平台检索,以下(　　)是发表在核心期刊上的。
A.《消费者电商直播平台购物偏好和感知风险分析》
B.《以专利视角浅析机器人校准领域的发展趋势》
C.《基于前馈神经网络的编译器测试用例生成方法》
D.《网络购物节中预期后悔对在线冲动购物行为的影响》

N022. 在万方数据知识服务平台或维普期刊库里检索,查得作者马费成2006年发表在《中国图书馆学报》上的论文有( )篇。

A. 3　　　　　　B. 4　　　　　　C. 5　　　　　　D. 6

N023. 在万方数据知识服务平台检索篇名中含有检索词"智能制造"并且作者单位是"清华大学"的期刊论文,其中发表在"机器人产业"期刊上的文章作者是( )。

A. 莫欣农　　　　B. 臧传真　　　　C. 郭朝晖　　　　D. 王建民

N024. 在万方数据知识服务平台检索高温超导专家赵忠贤教授发表的期刊论文,最早的一篇是哪一年发表的,发表在哪个刊物上?( )

A. 1975年,《物理学报》　　　　　　B. 1977年,《物理》
C. 1979年,《低温物理》　　　　　　D. 1979年,《自然杂志》

N025. 利用维普期刊库检索《嵌入用户信息素养的信息服务实践研究——基于类型理论与活动理论视角》一文的分类号是( )。

A. G201　　　　　B. I247　　　　　C. F212　　　　　D. H311r

N026. 请检索冯明发设计的实用新型专利"一种具有远程航行的无人机",其专利申请号是( )。

A. CN201720431334.3　　　　　　B. CN201620866727.2
C. CN201610457874.9　　　　　　D. CN201510781146.9

(五)信息素养

N027. 网络检索统计专业领域新闻,按适用程度,选择信息源或检索工具的排序是( )。

A. 中国统计网(行业门户网站)/专利信息服务平台/百度或谷歌

B. 百度或谷歌/中国统计网(行业门户网站)/专利信息服务平台

C. 专利信息网/中国统计网(行业门户网站)/百度或谷歌

D. 中国统计网(行业门户网站)/百度或谷歌/专利信息服务平台

N028. 查找深圳市近十年的货物进出口总额,最合适的检索工具是( )。

A. 中国知网　　　B. 百度　　　　　C. 国家统计局网　D. 万方医学网

N029. 因被执行人未按执行通知书指定的期间履行生效法律文书确定的给付义务,且有履行能力而拒不履行,将被纳入失信被执行人名单,这个名单我们可以通过( )查询。

A. 裁判文书网　　　　　　　　　　B. 中国法院网
C. 中国执行信息公开网　　　　　　D. 学信网

N030. 如果想查询一个企业或个人有没有涉诉案件,可以通过( )进行查询,在这个系统中可以免费查到各种判决书。

A. 裁判文书网　　　　　　　　　　B. 中国法院网
C. 中国执行信息公开网　　　　　　D. 学信网

N031. 如果要查一家医院的等级,我们可以通过( )的网站进行查询。

A. 食品药品监督管理总局　　　　　B. 卫计委
C. 知识产权局　　　　　　　　　　D. 工商总局

N032.在某电子商务网站购物时,卖家突然说交易出现异常,并推荐处理异常的客服人员。以下最恰当的做法是( )。

A. 通过电子商务官网上寻找正规的客服电话或联系方式,并进行核实

B. 直接和推荐的客服人员联系

C. 如果对方是经常交易的老卖家,可以相信

D. 如果对方是信用比较好的卖家,可以相信

N033.王女士的一个正在国外进修的朋友,晚上用QQ联系她,聊了些近况并谈及国外信用卡的便利,问该女士用的什么信用卡,并好奇地让其发信用卡正、反面的照片给他,要比较下国内外信用卡的差别。该女士有点犹豫,就拨通了朋友的电话,结果朋友说QQ被盗了。那么不法分子为什么要信用卡的正、反面照片呢?( )。

A. 对比国内外信用卡的区别

B. 收藏不同图案的信用卡图片

C. 复制该信用卡卡片

D. 可获得卡号、有效期和CVV(末三位数),该三项信息已可以进行网络支付

N034.某同学浏览网页时弹出"新版游戏,免费玩,点击就送大礼包"的广告,点了之后发现是个网页游戏,提示:"请安装插件",这种情况下,该同学应该( )。

A. 网页游戏一般是不需要安装插件的,这种情况骗局的可能性非常大,不建议打开

B. 为了领取大礼包,安装插件之后玩游戏

C. 先将操作系统做备份,如果安装插件之后有异常,大不了恢复系统

D. 询问朋友是否玩过这个游戏,朋友如果说玩过,那应该没事

N035.要安全浏览网页,不应该( )。

A. 定期清理浏览器缓存和上网历史记录

B. 在公用计算机上使用"自动登录"和"记住密码"功能

C. 定期清理浏览器Cookies

D. 禁止开启ActiveX控件和Java脚本

二、判断题

N036.布尔逻辑检索中检索符号"OR"的主要作用在于提高查全率。 （ ）

A. 正确　　　　　　　B. 错误

N037.在维普期刊库中"在结果中检索"相当于逻辑"或"。 （ ）

A. 正确　　　　　　　B. 错误

N038.截词检索中,"?"和"＊"的主要区别在于截断的字符位置的不同。 （ ）

A. 正确　　　　　　　B. 错误

N039.万方数据知识服务平台提供跨库检索功能。 （ ）

A. 正确　　　　　　　B. 错误

N040.在百度搜索引擎中,要实现字段的精确检索,可以用"()"来限定。 （ ）

A. 正确　　　　　　　B. 错误

N041. 根据检索结果内容划分，有数据信息检索、事实信息检索和文献信息检索。（　　）
　　A. 正确　　　　　　B. 错误

N042. 论文和所有文献资源都会被标记一些字段，例如标题、作者、发表时间等，在特定检索字段里检索，会提高检索效率。（　　）
　　A. 正确　　　　　　B. 错误

N043. 在万方数据知识服务平台专业检索中，输入检索式：主题：("协同过滤"and"推荐")and 基金：(国家自然科学基金)，可以检索到主题包含"协同过滤"和"推荐"及基金是"国家自然科学基金"的文献。（　　）
　　A. 正确　　　　　　B. 错误

N044. 查找维普期刊库，如选择题名字段，检索"智慧图书馆建设"，精确检索和模糊检索得到的检索结果一样多。（　　）
　　A. 正确　　　　　　B. 错误

N045. 写作毕业论文的正确步骤是：选择课题、搜集资料、研究资料、明确论点、执笔撰写、修改定稿。（　　）
　　A. 正确　　　　　　B. 错误

N046. MOOC 是指大型开放式网络课程。（　　）
　　A. 正确　　　　　　B. 错误

N047. 图书、期刊、报纸、网络资源，相较而言，网络资源的时效性最强。（　　）
　　A. 正确　　　　　　B. 错误

N048. 一本期刊的质量，主要取决于该刊的综合影响因子。（　　）
　　A. 正确　　　　　　B. 错误

N049. 参考文献中，"马仁杰，沙洲. 基于联盟区块链的档案信息资源共享模式研究-以长三角地区为例[J]. 档案学研究，2019(01):61-68."是一篇期刊论文。（　　）
　　A. 正确　　　　　　B. 错误

N050. 通过国家知识产权局（https://www.cnipa.gov.cn）的专利检索及分析系统（http://pss-system.cnipa.gov.cn），查询发明专利"一种计算机自冷却机箱"，申请号为"CN202010920419.4"，得知该专利申请日为 2020 年 9 月 4 日，发明人为张成叔。（　　）
　　A. 正确　　　　　　B. 错误

项目 5 认识新一代信息技术

习题分析

一、单项选择题

1. 关于人工智能概念表述正确的是（　　）。
   A. 人工智能是为了开发一类计算机使之能够完成通常由人类所完成的事情
   B. 人工智能是研究和构建在给定环境下表现良好的智能体程序
   C. 人工智能是通过机器或程序所展现的智能
   D. 人工智能是对人类智能体的研究

   分析：人工智能（Artificial Intelligence），英文缩写为 AI。它是研究、开发用于模拟、延伸和扩展人的智能的理论、方法、技术及应用系统的一门新的技术科学。人工智能是计算机科学的一个分支，它企图了解智能的实质，并生产出一种新的能以人类智能相似的方式做出反应的智能机器。

   【答案：A】

2. 下列不属于人工智能应用领域的是（　　）。
   A. 局域网　　　　B. 自动驾驶　　　　C. 自然语言学习　　　　D. 专家系统

   分析：人工智能的所有方向都有一个共同的目的，就是企图产出一种"类人"的智能机器。人工智能的一个很重要的方向是数据挖掘技术，这种技术的原理是用计算机进行数据分析，然后进行人性化的推荐和预测。人工智能的一大方向是计算机视觉类，其中包括我们所熟悉的图像识别、视频识别、人脸识别等。人工智能的另外一大重要方向是自然语言处理技术，包括机器翻译、语音识别等。其中语音识别是最核心、普及程度最高的一种自然语言处理技术。

   【答案：A】

3. 人工智能的研究领域包括（　　）。
   A. 机器学习　　　　B. 人脸识别　　　　C. 自然语言处理　　　　D. 以上所有选项

   分析：见上。

   【答案：D】

4.光敏传感器接收( )信息,并将其转换为电信号。
　　A.力　　　　　　　B.声　　　　　　　C.光　　　　　　　D.位置
　　分析:光敏传感器是利用光敏元件将光信号转换为电信号的传感器,它的敏感波长在可见光波长附近,包括红外线波长和紫外线波长。光传感器不只局限于对光的探测,它还可以作为探测元件组成其他传感器,对许多非电量进行检测,只要将这些非电量转换为光信号的变化即可。
　　【答案:C】

5.以下不是物理传感器的是( )。
　　A.视觉传感器　　　B.嗅觉传感器　　　C.听觉传感器　　　D.触觉传感器
　　分析:这些都是仿生传感器范畴,除了生物传感器可以实现仿生传感技术以外,视觉可由光学传感器实现,嗅觉可由化学(气体)传感器实现,听觉可由振动传感器实现,触觉可由压力传感器实现。从狭义的物理定义来看,传统的嗅觉传感器是主要依靠化学反应的传感器技术,因此嗅觉传感器不是物理传感器。
　　【答案:B】

6.RFID属于物联网的( )。
　　A.应用层　　　　　B.网络层　　　　　C.业务层　　　　　D.感知层
　　分析:RFID属于物联网的感知层,属于终端设备,用于提供/感知物体编号和信息。RFID(Radio Frequency Identification,射频识别),又称电子标签、无线射频识别、感应式电子晶片、近接卡、感应卡、非接触卡、电子条码。
　　RFID射频识别是一种非接触式的自动识别技术,它通过射频信号自动识别目标对象并获取相关数据,识别工作无须人工干预,可工作于各种恶劣环境。RFID技术可识别高速运动物体并可同时识别多个标签,操作快捷方便。
　　【答案:D】

7.下列( )技术不适用于个人身份认证。
　　A.手写签名识别技术　　　　　　B.指纹识别技术
　　C.语言识别技术　　　　　　　　D.二维码识别技术
　　分析:个人身份认证的主要途径包括图像识别技术、指纹识别技术、音频识别技术。个人身份认证识别技术对准确性和安全性要求更高,目前的图像识别技术中的手写签名识别技术、二维码识别技术和指纹识别技术都非常成熟,适合作为个人身份认证。音频识别技术和语言识别技术目前还不适合作为个人身份认证。
　　【答案:C】

8.以下各项活动中,不涉及价值转移的是( )。
　　A.通过微信发红包给朋友
　　B.在抖音上传并分享一段自己制作的视频
　　C.在书店花钱购买了一本区块链相关的书籍
　　D.从银行取出到期的10万元存款
　　分析:价值转移需要信用支持才能产生价值。比如现在就必须通过银行这个有国家信用的第三方来实现价值的转移,而这些是信息互联网做不到的。这里的价值转移里的价值指的就是货币资产、实体资产、虚拟资产等。这样的操作必须获得所有参与方的认可,而且最终结果不能受到任何一方的操控。但我们发现互联网本身协议并不支持这样的价值转移。
　　【答案:B】

9.区块链是一个分布式共享的账本系统,这个账本有三个特点,以下不属于区块链账本系统特点的一项是(　　)。
　　A.可以无限增加　　B.加密　　C.无顺序　　D.去中心化
　　分析:基于区块链的账本有三个特点:(1)题可以无限增加的巨型账本——就像是一本非常厚的笔记本,每一页都记录着一个包含许多信息的区块,增加区块的话这个笔记本就会增加一页;(2)加密且有顺序的账本——每一个区块都会被加密,且有时间标记,不可篡改,每个区块都是按照时间顺序链接形成的一个总账本,如果试图篡改一个,同时也要改变背后的庞大数据链,基本不可能完成;(3)去中心化的账本——每个区块都是由网内用户共同维护的,是去中心化的账本。
　　【答案:C】

10.以下对区块链系统的理解不正确的是(　　)。
　　A.区块链是一个分布式账本系统　　　　B.存在中心化机构建立信任
　　C.每个节点都有账本,不易篡改　　　　D.能够实现价值转移
　　分析:区块链的核心技术包括:分布式账本、非对称加密、共识机制和智能合约。分布式账本指的是交易记账由分布在不同地方的多个节点共同完成,而且每一个节点记录的是完整的账目,因此它们都可以参与监督交易合法性,同时也可以共同为其作证。去中心化是区块链最突出最本质的特征。区块链系统的重要意义包括实现价值的转移。
　　【答案:B】

二、简答和实践题

1.简述物联网、云计算、大数据和人工智能之间的关系。
　　分析:物联网是互联网的应用拓展,与其说物联网是网络,不如说物联网是业务和应用。因此,应用创新是物联网发展的核心,以用户体验为核心的创新是物联网发展的灵魂。
　　云计算相当于人的大脑,是物联网的神经中枢。云计算是基于互联网的相关服务的增加、使用和交付模式,通常涉及通过互联网来提供动态易扩展且经常是虚拟化的资源。
　　大数据相当于人的大脑从小学到大学记忆和存储的海量知识,这些知识只有通过消化、吸收、再造才能创造出更大的价值。
　　人工智能就像一个人吸收了人类大量的知识(数据),不断地深度学习,进而进化成为一方高人。人工智能离不开大数据,而且是基于云计算平台完成深度学习进化。
　　简单总结:通过物联网产生、收集海量的数据存储于云平台,再通过大数据分析,甚至更高形式的人工智能为人类的生产活动、生活所需提供更好的服务。这必将是第四次工业革命进化的方向。

2.简述未来物联网的发展趋势。
　　分析:物联网未来的发展趋势:首先,电子与建筑行业是切入点,产业链合力发展;其次,应用将由分散走向统一。物联网的终极目标是形成覆盖全球物物互联的理想状态,在这个目标实现的过程中,物联网的各个局部网应用可先各自发展,最后形成一个事实的标准,从小网联成中网,再由中网联成大网,在此过程中逐渐解决遇到的技术、标准等各种问题。届时,物联网的产业链几乎可以包容现在信息技术和信息产业相关的各个领域。

3.简述大数据技术的特点。
　　分析:大数据从整体上看包括四个特点:
　　第一,大量。衡量单位是PB级别,存储内容多。
　　第二,高速。大数据在获取速度和分析速度上具有高速的特点,以保证在短时间内使更多

的人接收到信息。

第三，多样。数据是从各种渠道获取的，有文本数据、图片数据、视频数据等。因此数据是多种多样的。

第四，价值。大数据不仅仅拥有本身的信息价值，还拥有商业价值。

4.举例说明区块链技术的应用实践。

分析：区块链（Blockchain）是一种将数据区块有序连接，并以密码学方式保证其不可篡改、不可伪造的分布式账本（数据库）技术。通俗地说，区块链技术可以在无须第三方背书情况下实现系统中所有数据信息的公开透明、不可篡改、不可伪造、可追溯。区块链作为一种底层协议或技术方案可以有效地解决信任问题，实现价值的自由传递，在数字货币、金融资产的交易结算、数字政务、存证防伪数据服务等领域具有广阔前景。

5.通过智能手机的 AI 拍照功能体验人工智能在图像处理方面的应用。

分析：人工智能在图像处理的过程总结如下：

信息的获取：是通过传感器，将光或声音等信息转化为电信息。信息可以是二维的图像，如文字、图片等；可以是一维的波形，如声波、心电图、脑电图；也可以是物理量与逻辑值。

预处理：包括 A/D，二值化，图像的平滑、变换、增强、恢复、滤波等，主要指图像处理。

特征抽取和选择：在模式识别中，需要进行特征的抽取和选择，例如，一幅 64×64 像素的图像可以得到 4 096 个数据，这种在测量空间的原始数据时通过变换获得的特征空间最能反映分类本质的特征。这就是特征提取和选择的过程。

分类器设计：分类器设计的主要功能是通过训练确定判决规则，使按此类判决规则分类时，错误率最低。

分类决策：在特征空间中对被识别对象进行分类。

补 充 习 题

一、单项选择题

（一）物联网技术

S001.利用 RFID、传感器、二维码等随时随地获取物体的信息，指的是（　　）。
A.可靠传递　　　　B.全面感知　　　　C.智能处理　　　　D.互联网

S002.物联网的核心和基础仍然是（　　）。
A.RFID　　　　　　B.计算机技术　　　C.人工智能　　　　D.互联网

S003.要获取物体的实时状态信息，就需要（　　）。
A.计算技术　　　　B.通信技术　　　　C.识别技术　　　　D.传感技术

S004.传感器作为信息获取的重要手段，与通信技术、计算机技术构成了（　　）的三大支柱。
A.网络技术　　　　B.信息技术　　　　C.感知识别　　　　D.物联网技术

S005.物联网技术是基于射频识别技术发展起来的新兴产业，射频识别技术主要是基于（　　）进行信息传输。
A.声波　　　　　　B.电场和磁场　　　C.双绞线　　　　　D.同轴电缆

S006.（　　）是一种无线数据与语音通信的开放性全球规范，以低成本的短距离无线连接为基础，可为固定的或者移动的终端设备提供接入服务。
A.蓝牙技术　　　　B.IrDA 技术　　　　C.NFC 技术　　　　D.Zigbee 技术

S007. 智能交通系统是一种（　　）、准确的、高效的交通运输综合管理和控制系统。
A. 实时的　　　　B. 灵活的　　　　C. 昂贵的　　　　D. 宽松的
S008.（　　）不是物理传感器。
A. 视觉传感器　　B. 嗅觉传感器　　C. 听觉传感器　　D. 触觉传感器
S009. 自动识别系统完成系统的（　　）。
A. 数据采集与存储　　　　　　　　B. 数据应用处理
C. 数据传输　　　　　　　　　　　D. 数据识别
S010. 根据信息生成、传输、处理和应用的原则，可以把物联网分为四层：感知识别层、网络构建层、（　　）和综合应用层。
A. 物理层　　　　B. 会话层　　　　C. 管理服务层　　D. 表示层
S011. 物联网体系架构中，应用层相当于人的（　　）。
A. 大脑　　　　　B. 皮肤　　　　　C. 社会分工　　　D. 神经中枢
S012. 物联网在国际电信联盟中写成（　　）。
A. Network Everything　　　　　　B. Internet of Things
C. Internet of Everything　　　　　D. Network of Things
S013. 以下（　　）是物联网在个人用户的智能控制类应用。
A. 精细农业　　　B. 智能交通　　　C. 医疗保险　　　D. 智能家居
S014. 以下不属于物联网关键技术的是（　　）。
A. 全球定位系统　B. 视频车辆监测　C. 移动电话技术　D. 有线网络

(二)云计算技术

S015. 不属于云计算三大服务模式的是（　　）。
A. IaaS　　　　　B. DaaS　　　　　C. PaaS　　　　　D. SaaS
S016. PaaS 是云计算服务中（　　）的简称。
A. 软件即服务　　B. 平台即服务　　C. 基础设施即服务　D. 硬件即服务
S017. 软件即服务，简称（　　）。
A. IaaS　　　　　B. PaaS　　　　　C. SaaS　　　　　D. DaaS
S018. 基础设施即服务，简称（　　）。
A. DaaS　　　　　B. PaaS　　　　　C. SaaS　　　　　D. IaaS
S019. 云架构共分为（　　）两大部分。
A. 服务部分和管理部分　　　　　　B. 服务部分和应用部分
C. 管理部分和维护部分　　　　　　D. 维护部分和应用部分
S020. 将云计算服务销售给一般大众或广大的中小企业群体使用，具有规模大、价格低廉、灵活和功能全面的特点，像阿里云、华为云和亚马逊云等，这是属于（　　）。
A. 混合云　　　　B. 私有云　　　　C. 行业云　　　　D. 公有云
S021. 为企业内部提供云服务，不对公众开放，大多在企业或组织单位的防火墙内工作，并且企业或单位IT人员能对其数据、安全性和服务质量进行有效的控制，这是属于（　　）。
A. 公有云　　　　B. 行业云　　　　C. 私有云　　　　D. 混合云
S022. 从研究现状上看，下面不属于云计算特点的是（　　）。
A. 超大规模　　　B. 虚拟化　　　　C. 私有化　　　　D. 高可靠性
S023. 我们常提到的"在Windows系统中装一个Linux虚拟机"属于（　　）。
A. 存储虚拟化　　B. 内存虚拟化　　C. 系统虚拟化化　D. 网络虚拟化

S024. 云计算中，提供资源的网络被称为（　　）。
A. 母体　　　　　　B. 导线　　　　　　C. 数据池　　　　　　D. 云
S025. 云计算就是把计算资源都放到（　　）。
A. 对等网　　　　　B. 因特网　　　　　C. 广域网　　　　　　D. 无线网
S026. 云计算的云是指（　　）。
A. 虚拟环境　　　　B. 局域网　　　　　C. 广域网　　　　　　D. 因特网
S027. 效用计算的概念是由（　　）提出的。
A. 约翰·麦卡锡　　B. 马克·贝尼奥夫　C. 埃里克·施密特　　D. 温顿·瑟夫
S028. ABC 时代中的"ABC"分别是指（　　）。
A. 人工智能、大数据和云计算　　　　　B. 人工智能、移动互联网和 Web 2.0
C. 大数据、匿名网络和物联网　　　　　D. 云计算、云存储和云应用
S029. 下列关于 AWS 说法错误的是（　　）。
A. AWS 是亚马逊公司的公有云平台
B. AWS 仅提供 IaaS 云服务
C. AWS 是全球公有云市场的领导者
D. AWS 针对云服务安全采用了责任共担模式

(三) 大数据技术

S030. 当前大数据技术的基础是由（　　）首先提出的。
A. 百度　　　　　　B. 微软　　　　　　C. 阿里巴巴　　　　　D. 谷歌
S031. （　　）反映数据的精细化程度，越细化的数据，价值越高。
A. 规模　　　　　　B. 活性　　　　　　C. 关联度　　　　　　D. 颗粒度
S032. 智能健康手环的应用开发，体现了（　　）的数据采集技术的应用。
A. 统计报表　　　　B. 网络爬虫　　　　C. 传感器　　　　　　D. API 接口
S033. 智慧城市的构建不包含（　　）。
A. 数字城市　　　　B. 物联网　　　　　C. 联网监控　　　　　D. 云计算
S034. 关于数据容量单位说法错误的是（　　）。
A. 1 MB＜1 GB＜1 TB　　　　　　　　　B. 基本单位是字节
C. 一个汉字需要一个字节的存储空间　　D. 一个字节能够容纳一个英文字母
S035. 下列不是脏数据的是（　　）。
A. 数据不完整　　　B. 标准数据　　　　C. 意义不明确　　　　D. 空值
S036. 大数据的特征不包括（　　）。
A. 大量化　　　　　B. 多样化　　　　　C. 快速化　　　　　　D. 结构化
S037. 大数据的起源是（　　）。
A. 金融　　　　　　B. 电信　　　　　　C. 互联网　　　　　　D. 公共管理
S038. 大数据最显著的特征是（　　）。
A. 数据规模大　　　B. 数据类型多样　　C. 数据处理速度快　　D. 数据价值密度高
S039. 当前社会中，最为突出的大数据环境是（　　）。
A. 互联网　　　　　B. 物联网　　　　　C. 综合国力　　　　　D. 自然资源
S040. 大数据时代，数据使用的关键是（　　）。
A. 数据收集　　　　B. 数据存储　　　　C. 数据分析　　　　　D. 数据再利用

S041.下列论据中,能够支撑"大数据无所不能"的观点的是(　　)。
A.互联网金融打破了传统的观念和行为　　B.大数据存在泡沫
C.大数据具有非常高的成本　　D.个人隐私泄露与信息安全担忧
S042.关于大数据在社会综合治理中的作用,以下理解不正确的是(　　)。
A.大数据的运用有利于走群众路线　　B.大数据的运用能够维护社会治安
C.大数据的运用能够杜绝抗生素的滥用　　D.大数据的运用能够加强交通管理
S043.分布式存储系统的特征不包括(　　)。
A.自治性　　　　B.低容错性　　　　C.高性能　　　　D.高扩展性

(四)人工智能技术

S044.AI的英文全称是(　　)。
A. Automatic　　　　　　　　　　B. Artifical Intelligence
C. Automatic Information　　　　D. Artifical Information
S045.人工智能的本质是(　　)。
A.取代人类智能　　　　　　　　B.计算机万能
C.人类智慧的倒退　　　　　　　D.对人类智能的模拟
S046.关于人工智能的定义,正确的是(　　)。
A.人工智能就是机器人
B.人工智能就是跟人长得一样的机器人
C.人工智能是一种软件
D.人工智能是研究人的智能的一门新的技术科学
S047.盲人看不到一切物体,他们可以通过辨别人的声音识别人,这是智能的哪一方面?(　　)
A.行为能力　　　B.感知能力　　　C.思维能力　　　D.学习能力
S048.以下哪个工作你觉得容易被人工智能取代?(　　)
A.科学家　　　　B.心理医生　　　C.售货员　　　　D.程序员
S049.首次提出"人工智能"是在(　　)年。
A.1946　　　　　B.1960　　　　　C.1916　　　　　D.1956
S050.下列应用中,没有体现人工智能技术的是(　　)。
A.门禁系统通过指纹识别确认身份
B.某软件将输入的语音自动转换为文字
C.机器人导游回答游客的问题,并提供帮助
D.通过键盘输入商品编码,屏幕上显示出相应价格
S051.关于人工智能的说法,错误的是(　　)。
A.人工智能是信息技术发展的热点之一
B.人工智能可以应用于人脸识别和语音识别等领域
C.应用了人工智能技术的机器具有和人类一样的直觉
D.人工智能可以模拟人的思维,其某些应用具备学习能力
S052.关于人工智能、机器学习和深度学习,以下说法正确的是(　　)。
A.机器学习的范围最大
B.深度学习就是很深入的机器学习
C.语音识别不属于人工智能

D. 人工智能包括机器学习，机器学习包括深度学习

S053. 深度学习的兴起主要得益于以下哪方面的原因？（　　）

A. 计算力的增长　　　　　　　　　B. 海量数据的积累

C. 算法的进步和优化　　　　　　　D. 以上都是

S054. 人工智能的目的是让机器能够（　　），以实现某些脑力劳动的机械化。

A. 具有高智商　　　　　　　　　　B. 和人一样工作

C. 完全代替人的大脑　　　　　　　D. 模拟、延伸和扩展人的智能

S055. 人工智能研究的一项基本内容是机器感知，以下（　　）不属于机器感知的领域。

A. 使机器具有视觉、听觉、触觉、味觉、嗅觉等感知能力

B. 让机器具有理解文字的能力

C. 使机器具有能够获取新知识、学习新技巧的能力

D. 使机器具有听懂人类语言的能力

S056. 被誉为国际"人工智能之父"的是（　　）。

A. 图灵（Turing）　　　　　　　　B. 费根鲍姆（Feigenbaum）

C. 傅京孙（K.S.Fu）　　　　　　　D. 尼尔逊（Nilsson）

S057. 下列哪个不是人工智能的研究领域？（　　）

A. 机器证明　　　B. 模式识别　　　C. 人工生命　　　D. 编译原理

S058. 在图灵测试中，如果有超过（　　）的测试者不能分清屏幕后的对话者是人还是机器，就可以说这台计算机通过了测试并具备人工智能。

A. 30％　　　　　B. 40％　　　　　C. 50％　　　　　D. 60％

（五）区块链技术

S059. 下面对区块链的描述错误的是（　　）。

A. 任何人都可以参与到区块链网络中

B. 区块链中每个节点都能获得一个完整的数据库

C. 区块链中节点之间没有竞争

D. 区块链中任一节点失效，其余节点仍能正常工作

S060. 下面对区块链共识机制描述正确的是（　　）。

A. 可有可无

B. 是区块链系统中实现不同节点之间建立信任、获取权益的数学算法

C. 不同区块链使用同一种共识机制

D. 比特币区块链中没有采用共识机制

S061. 以下哪位最先提出区块链的概念？（　　）

A. 中本聪　　　　B. 埃隆·马斯克　　　C. 泰德·尼尔森　　　D. laszlo hanyecz

S062. 可以理解为对等网络或对等计算的是（　　）。

A. C2C　　　　　B. B2B　　　　　C. P2P　　　　　D. C2B

S063. 区块链是（　　）、点对点传输、共识机制、加密算法等计算机技术的新型应用模式。

A. 数据仓库　　　B. 中心化数据库　　　C. 非链式数据结构　　　D. 分布式数据存储

S064. 区块链在（　　）网络环境下，通过透明和可信规则，构建可追溯的块链式数据结构，实现和管理事务处理。

A. 分布式　　　　B. 集中式　　　　C. 关系式　　　　D. 共享式

S065. 区块链的特征不包括（　　）。
　　A. 中心化　　　　B. 开放性　　　　C. 信息不可篡改　　D. 匿名性
S066. 区块链是一种按照时间顺序将数据区块以顺序相连的方式组合成的一种链式数据结构，并以密码学方式保证的不可篡改和不可伪造的分布式账本。主要解决交易的信任和安全问题，最初是作为（　　）的底层技术出现的。
　　A. 电子商务　　　B. 证券交易　　　C. 比特币　　　　D. 物联网
S067. 以下（　　）不是区块链种类。
　　A. 公有链　　　　B. 私有链　　　　C. 联盟链　　　　D. 非对称链
S068. 以下（　　）不是区块链特性。
　　A. 不可篡改　　　B. 去中心化　　　C. 升值快　　　　D. 可追溯
S069. 比特币使用的区块链属于（　　）。
　　A. 公有链　　　　B. 联盟链　　　　C. 私有链　　　　D. 公有链和私有链

（六）5G 通信技术

S070. 5G 的网络速度是 4G 的（　　）倍。
　　A. 5　　　　　　B. 10　　　　　　C. 15　　　　　　D. 20
S071. 5G 单用户体验速率是（　　）。
　　A. 440 kbit/s　　B. 100 Mbit/s　　C. 10 Mbit/s　　　D. 50 Mbit/s
S072. 5G 网络连接容量更大，每平方千米最大连接数将是 4G 的（　　）倍。
　　A. 5　　　　　　B. 10　　　　　　C. 15　　　　　　D. 20
S073. 每平方千米 5G 可支持（　　）万个连接同时在线。
　　A. 1　　　　　　B. 10　　　　　　C. 100　　　　　　D. 1 000
S074. 5G 理论下载速率（峰值）是（　　）。
　　A. 21 Mbit/s　　B. 1 Gbit/s　　　C. 10 Gbit/s　　　D. 5 Gbit/s
S075. 5G 无线网络往返时延是（　　）。
　　A. 600 ms　　　B. ＜1 ms　　　　C. 200 ms　　　　D. 10 ms

（七）计算机网络的基本概念、发展和分类

S076. 下列关于计算机网络的描述错误的是（　　）。
　　A. 网速的快慢取决于所选带宽　　　　B. 网速的快慢取决于传输距离
　　C. 网速的快慢与用户访问量多少有关　D. 网速的快慢与计算机性能有关
S077. 一般来说，计算机网络可以提供的功能有（　　）。
　　A. 资源共享与综合信息服务　　　　　B. 信息传输与集中处理
　　C. 均衡负荷与分布处理　　　　　　　D. 以上都是
S078. 网络模型中开放系统互连参考模型的英文缩写是（　　）。
　　A. OSI　　　　　B. ISO　　　　　C. HTTP　　　　　D. TCP/IP
S079. 关于计算机网络以下叙述错误的是（　　）。
　　A. 计算机网络中的计算机离开网络将不能独立工作
　　B. 计算机网络需要配置相关的协议
　　C. 计算机网络需要通信介质
　　D. 计算机网络中计算机的数量可以很多
S080. 一个学校内部网络一般属于（　　）。
　　A. 城域网　　　　B. 局域网　　　　C. 广域网　　　　D. 互联网

S081. 计算机网络的基本分类主要有两种：一种是根据网络所使用的传输技术，另一种是根据（　　）。
　　A. 网络协议　　　　　　　　　　　　B. 网络操作系统类型
　　C. 覆盖范围与规模　　　　　　　　　D. 网络服务器类型
S082. Internet 属于一种（　　）。
　　A. 校园网　　　　B. 局域网　　　　C. 广域网　　　　D. Windows NT 网
S083.（　　）不是计算机网络的系统结构。
　　A. 总线型结构　　B. 单线型结构　　C. 星型结构　　　D. 环型结构
S084. 计算机网络有局域网和广域网之分，其划分的依据是（　　）。
　　A. 通信传输的介质　　　　　　　　　B. 网络拓扑结构
　　C. 信号频带的占用方式　　　　　　　D. 通信的距离
S085. 网络按通信范围分为（　　）。
　　A. 局域网、以太网、广域网　　　　　B. 局域网、城域网、广域网
　　C. 电缆网、城域网、广域网　　　　　D. 中继网、局域网、广域网

（八）网络的拓扑结构和传输介质

S086. 目前存在的广域网（例如因特网）主要采用（　　）拓扑结构。
　　A. 总线型　　　　B. 星型　　　　　C. 网状　　　　　D. 环型
S087. 网状拓扑结构的缺点是（　　）。
　　A. 对根节点的依赖性大
　　B. 中心节点的故障会导致整个网络的瘫痪
　　C. 任意节点的故障或一条传输介质的故障都能导致整个网络发生故障
　　D. 结构复杂
S088. 星型拓扑结构的优点是（　　）。
　　A. 易实现、易维护、易扩充
　　B. 单个节点的故障不会影响到网络的其他部分
　　C. 易于扩充与故障隔离
　　D. 系统的可靠性高
S089. 总线型网不具备的特点是（　　）。
　　A. 成本低，安装简单方便　　　　　　B. 易于监控，安全性高
　　C. 介质发生故障会导致网络瘫痪　　　D. 增加新站点不如星型容易
S090. 关于计算机网络资源共享的描述准确的是（　　）。
　　A. 共享线路　　　　　　　　　　　　B. 共享硬件
　　C. 共享数据和软件　　　　　　　　　D. 共享硬件、数据、软件
S091. 计算机网络系统中的资源可分成三类：数据资源、（　　）和硬件资源。
　　A. 设备资源　　　B. 程序资源　　　C. 软件资源　　　D. 文件资源
S092. 计算机网络的特点（　　）。
　　A. 精度高　　　　B. 资源共享　　　C. 运算速度快　　D. 内存容量大
S093. 电缆可以按其物理结构类型来分类，目前计算机网络普遍使用的电缆类型有（　　）、双绞线和光纤。
　　A. 电话线　　　　B. 同轴电缆　　　C. 网线　　　　　D. 天线
S094. 以下四种通信传输媒体中传输速度最快的是（　　）。
　　A. 微波　　　　　B. 通信卫星　　　C. 光纤　　　　　D. 同轴电缆

S095.以下四种通信传输介质传输距离最短的是（　　）。
A.蓝牙　　　　　　　B.同轴电缆　　　　C.双绞线　　　　　　D.光纤
S096.（　　）是网络的心脏，它提供了网络最基本的核心功能，如网络文件系统、存储器的管理和调度等。
A.服务器　　　　　　B.工作站　　　　　C.网络操作系统　　　D.通信协议
S097.选择网卡的主要依据是组网的拓扑结构、（　　）、网段的最大长度和节点之间的距离。
A.接入网络的计算机种类　　　　　　　B.网络操作系统的类型
C.互联网的规模　　　　　　　　　　　D.传输介质的类型
S098.（　　）将工作站或服务器连到网络上，实现资源共享、相互通信、数据转换及电信号的匹配。
A.网关　　　　　　　B.网卡　　　　　　C.转接设备　　　　　D.以上都不是

（九）局域网和广域网

S099.下列设备中属于局域网设备的是（　　）。
A.调制解调器　　　　B.网卡　　　　　　C.声卡　　　　　　　D.电话
S100.某台计算机需要通过局域网连接到Internet，需要的硬件是（　　）。
A.Modem　　　　　　B.网络适配器　　　C.电话　　　　　　　D.驱动程序
S101.一个办公室中有多台计算机，每个计算机都配置了网卡，并购买了一台网络集线器和一台打印机，一般组成局域网的传输介质是（　　）。
A.光纤　　　　　　　B.双绞线　　　　　C.电话线　　　　　　D.无线
S102.局域网的拓扑结构主要包括（　　）。
A.环型结构、单环结构和双环结构　　　B.总线型结构、环型结构和星型结构
C.网状结构、单总线型结构和环型结构　D.单环结构、双环结构和星型结构
S103.局域网的网络硬件主要包括服务器、工作站、网卡和（　　）。
A.网络协议　　　　　B.计算机　　　　　C.传输介质　　　　　D.网络拓扑结构
S104.局域网的网络软件主要包括（　　）、网络管理系统和网络应用软件。
A.服务器操作系统　　B.网络操作系统　　C.网络传输协议　　　D.服务器软件
S105.局域网中应用较广的网络拓扑结构是（　　）。
A.总线型　　　　　　B.环型　　　　　　C.星型　　　　　　　D.网状
S106.局域网的硬件组成有（　　）、个人计算机、工作站及其他智能设备、网卡和电缆等。
A.网络服务器　　　　B.网络操作系统　　C.网络协议　　　　　D.路由器
S107.计算机首次通过局域网接入互联网，除了要有相应的硬件和浏览器外，还需设置（　　）。
A.本机IP地址　　　　　　　　　　　　B.代理服务器地址
C.网关　　　　　　　　　　　　　　　D.以上操作均要进行
S108.在局域网中，用户共享文件夹时，以下说法不正确的是（　　）。
A.共享的用户能读取和复制文件夹中的文件　B.共享的用户可以复制文件夹中的文件
C.共享的用户可以更改文件夹中的文件　　　D.共享的用户不能读取文件夹中的文件
S109.下列关于Internet的叙述中，错误的是（　　）。
A.Internet是一种用于与他人有效交流的媒介
B.Internet是一种用于研究和支持信息交流的机制
C.Internet并不为任何政府、公司和大学所拥有

D. Internet 的功能和费用是不变的

S110. 广域网可以提供的服务模式有（　　）。
A. 只提供面向连接的服务模式　　　　　　B. 只提供面向无连接的服务模式
C. 提供面向连接和无连接两种服务模式　　D. 以上都不是

S111. 关于广域网，下列说法不正确的是（　　）。
A. 作用范围必须在几千公里以上
B. 广域网有时可称为"远程网"
C. 广域网一般采用存储-转发的方式进行数据转换
D. 广域网是基于报文交换或分组交换的技术（除了传统的公用电话交换网）

S112. （　　）被认为是 Internet 的前身。
A. 万维网　　　　B. ARPANet　　　　C. HTTP　　　　D. APPLE

S113. 以下说法中，错误的是（　　）。
A. 域名不分大小　　　　　　　　　　　B. 网络中文件传输可以用 FTP
C. 服务器是网络的信息与管理中心　　　D. Novell 只能是一种总线型拓扑结构

S114. 因特网是（　　）。
A. 局域网的简称　　　　　　　　B. 广域网的简称
C. 城域网的简称　　　　　　　　D. 国际互联网的简称

S115. Internet 主要由四部分组成，其中包括路由器、主机、信息资源与（　　）。
A. 数据库　　　　B. 管理员　　　　C. 销售商　　　　D. 通信线路

S116. 宽带网传输时，"百兆"网宽的含义是（　　）。
A. 网络传输速度为 100 Mbit/s　　　　B. 网络传输速度为 100 MB/s
C. 网络传输速度为 1 024 Mbit/s　　　D. 网络传输速度为 1 024 MB/s

S117. 以下列举的关于 Internet 的各功能中，错误的是（　　）。
A. 程序编译　　　B. 信息查询　　　C. 数据库检索　　　D. 电子邮件传送

S118. 在 Internet 上传送的是（　　）。
A. 多媒体信息　　B. 应用软件　　　C. 系统软件　　　D. 二进制数据

S119. WWW 是（　　）的缩写。
A. World Wide Wait　　　　　　　B. Website of World Wide
C. World Wide Web　　　　　　　D. World Wide Wait

S120. 以下名称中，（　　）不是中国已建成的重要互联网。
A. 中国教育科研网　　　　　　　B. 中国科技网
C. 中国金桥信息网　　　　　　　D. 中国长途电话网点

S121. 中国公用信息网的简称为（　　）。
A. NCF　　　　B. CERNET　　　　C. ISDN　　　　D. ChinaNET

S122. 目前我国主要的网络运营商有（　　）。
A. 中国电信　　B. 中国联通　　　C. 中国网通　　　D. 以上都是

S123. 以下可以不通过互联网传递信息的是（　　）。
A. 电子邮件　　B. IP 电话　　　C. 传真　　　D. FTP 服务

S124. 在下列国内较有名的网站中，（　　）属于专业的搜索引擎网站。
A. 搜狐网　　　B. 新浪网　　　C. 百度网　　　D. 银联网

S125. 下列有关计算机网络叙述错误的是（　　）。
A. 利用 Internet 可以使用远程超级计算中心的计算机资源

B. 计算机网络是在通信协议控制下实现的计算机互联

C. 建立计算机网络最主要的目的是实现资源共享

D. 根据接入的计算机多少可以将网络划分为广域网、城域网和局域网

S126. 关于 Internet，下列说法不正确的是（　　）。

　　A. Internet 是全球性的国际网络　　　　B. Internet 起源于美国

　　C. 通过 Internet 可以实现资源共享　　　D. Internet 不存在网络安全问题

S127. 目前世界上规模最大、用户最多的计算机网络是 Internet，下面关于 Internet 的叙述，错误的是（　　）。

　　A. Internet 网由主干网、地区网和校园网（企业或部门网）等多级网络组成

　　B. WWW（World Wide Web）是 Internet 上最广泛的应用之一

　　C. Internet 使用 TCP/IP 协议把异构的计算机网络进行互联

　　D. Internet 的数据传输速率最高达 10 Mbit/s

S128. Internet 是全球最具影响力的计算机互联网，也是世界范围内重要的（　　）。

　　A. 信息资源网　　　B. 多媒体网络　　　C. 办公网络　　　D. 销售网络

S129. 中国教育科研网的缩写为（　　）。

　　A. China NET　　　B. CERNET　　　C. CNNI　　　D. ChinaEDU

S130. 有关 Internet 的概念错误的是（　　）。

　　A. Internet 是国际互联网络

　　B. Internet 具有相互通信和共享资源的特点

　　C. 在中国称为因特网

　　D. Internet 是局域网的一种

（十）网络协议、IP 地址、域名系统和 Internet 应用

S131. 当前普遍使用的 Internet IP 版本是（　　）。

　　A. IPv6　　　B. IPv3　　　C. IPv4　　　D. IPv5

S132. 网络协议是（　　）。

　　A. PX

　　B. 为网络数据交换而制定的规则、约定与标准的集合

　　C. TCP/IP

　　D. NETBEUI

S133. Internet 上的网络协议统称为 Internet 协议簇，其中传输控制协议是（　　）。

　　A. IP　　　B. TCP　　　C. ICMP　　　D. UDP

S134. 网络协议是计算机网络中传递、管理信息的一组规范。下列哪种网络协议是互联网（Internet）所必须使用的？（　　）

　　A. IPX/SPX　　　B. NetBIOS　　　C. TCP/IP　　　D. HTTP

S135. 计算机之间相互通信需要遵守共同的规则（或约定），这些规则叫作（　　）。

　　A. 准则　　　B. 协议　　　C. 规范　　　D. 以上都不是

S136. 支持 Internet 扩充服务的协议是（　　）。

　　A. OSI　　　B. IPX/SPX　　　C. TCP/IP　　　D. FTP/USENET

S137. 下面关于 TCP/IP 说法，（　　）是不正确的。

　　A. TCP/IP 协议定义了如何对传输的信息进行分组

　　B. IP 协议专门负责按地址在计算机之间传递信息

　　C. TCP/IP 协议包括传输控制协议和网际协议

D. TCP/IP 协议是一种计算机语言

S138. 以下关于 TCP/IP 的说法,不正确的是(　　)。

A. 网络之间进行数据通信时共同遵守的各种规则的集合

B. 把大量网络和计算机有机地联系在一起的一条纽带

C. Internet 是实现计算机用户之间数据通信的技术保证

D. 一种用于上网的硬件设备

S139. 属于 Internet 核心协议的是(　　)。

A. IEEE 802 协议　　B. TCP/IP 协议　　C. ISO/OSI 七层协议　D. 以上都不是

S140. 从应用的角度来看,HTTP 协议是(　　)。

A. 邮件传输协议　　B. 传输控制协议　　C. 统一资源定位符　　D. 超文本传输协议

S141. TCP/IP 协议是 Internet 中计算机之间通信所必须共同遵循的一种(　　)。

A. 信息资源　　　　B. 通信协议　　　　C. 软件　　　　　　D. 硬件

S142. OSI 的中文含义是(　　)。

A. 网络通信协议　　　　　　　　　　　B. 国家信息基础设施

C. 开放系统互连参考模型　　　　　　　D. 公共数据通信网

S143. BBS 是根据(　　)来区分用户的。

A. 昵称(nickname)　　　　　　　　　　B. 用户代号(userid)

C. 用户姓名(username)　　　　　　　　D. 用户电子邮件地址(user E-mail)

S144. 域名"http://www.sohu.com"中,http 表示的是(　　)。

A. 协议名　　　　　B. 服务器域名　　　C. 端口　　　　　　D. 文件名

S145. 能唯一标识 Internet 网络中每一台主机的是(　　)。

A. 用户名　　　　　B. IP 地址　　　　　C. 用户密码　　　　D. 使用权限

S146. 一个 IP 地址包含网络地址与(　　)。

A. 广播地址　　　　B. 网关地址　　　　C. 主机地址　　　　D. 子网掩码

S0147. 中国的顶级域名是(　　)。

A. cn　　　　　　　B. ch　　　　　　　C. chn　　　　　　 D. china

S148. 域名"www.hainu.gov.cn"中的 gov.cn 分别表示(　　)。

A. 商业,中国　　　 B. 商业,美国　　　 C. 政府,中国　　　 D. 科研,中国

S149. 下列说法正确的是(　　)。

A. 一个 IP 地址可以对应多个域名地址

B. 一个 IP 地址只能对应一个域名地址

C. 一个域名地址可以对应多个 IP 地址

D. IP 地址和域名地址是完全独立的,没有关系

项目 6 信息素养与社会责任

习 题 分 析

一、单项选择题

1. 信息素养不包括(　　)。
   A. 信息意识　　　　B. 信息知识　　　　C. 信息能力　　　　D. 信息手段

   分析：信息素养是在信息化社会中个体成员所具有的各种信息品质，一般而言，信息素养主要包括信息意识、信息知识、信息能力和信息道德四个要素。

   【答案：D】

2. 确保信息不暴露给未经授权的实体的属性指的是(　　)。
   A. 保密性　　　　　B. 完整性　　　　　C. 可用性　　　　　D. 可靠性

   分析：保密性(secrecy)，又称机密性，是指个人或团体的信息不为其他不应获得者获得。

   【答案：A】

3. 通信双方对其收、发过的信息均不可抵赖的特性指的是(　　)。
   A. 保密性　　　　　B. 不可抵赖性　　　C. 可用性　　　　　D. 可靠性

   分析：不可抵赖性是指电子商务中的参加者不能否定所发生的事件和行为。不可抵赖性有两个方面，一个方面是发送信息方的不可抵赖(身份认证)；另一个方面是信息的接收方的不可抵赖性。

   【答案：B】

4. 下列情况中，破坏数据完整性的攻击是(　　)。
   A. 假冒他人地址发送数据　　　　　　B. 不承认做过信息递交行为
   C. 数据在传输中途被篡改　　　　　　D. 数据在传输中途被窃听

   分析：数据完整性是信息安全的三个基本要点之一，指在传输、存储信息或数据的过程中，确保信息或数据不被未授权地篡改或在篡改后能够被迅速发现。

   【答案：C】

5. 下列情况中,破坏数据保密性的攻击是( )。
   A. 假冒他人地址接收数据　　　　　　B. 不承认做过信息接收行为
   C. 数据在传输中途被篡改　　　　　　D. 数据在传输中途被窃听

   分析:保密性是指个人或团体的信息不为其他不应获得者获得。在计算机中,许多软件包括邮件软件、网络浏览器等,都有保密性相关的设定,用以维护用户资讯的保密性,另外间谍档案或黑客有可能会造成保密性的问题。

   【答案:D】

6. 计算机病毒是指能够入侵计算机系统并在计算机系统中潜伏、传播、破坏系统正常工作的一种具有繁殖能力的( )。
   A. 指令　　　　B. 程序　　　　C. 设备　　　　D. 文件

   分析:计算机病毒是人为制造的,有破坏性,又有传染性和潜伏性的,对计算机信息或系统起破坏作用的程序。

   【答案:B】

7. 下列不是计算机病毒特征的是( )。
   A. 破坏性和潜伏性　B. 传染性和隐蔽性　C. 寄生性　　　　D. 免疫性

   分析:各种计算机病毒通常都具有传染性、破坏性、隐蔽性、潜伏性、触发性和寄生性等特征。

   【答案:D】

8. 下面关于计算机病毒的描述错误的是( )。
   A. 计算机病毒具有传染性
   B. 通过网络传染计算机病毒,其破坏性大大高于单机系统
   C. 如果染上计算机病毒,该病毒会马上破坏你的计算机系统
   D. 计算机病毒主要破坏数据的完整性

   分析:大部分病毒感染系统之后不会马上发作,而是悄悄地隐藏起来,然后在用户没有察觉的情况下进行传染。病毒的潜伏性越好,在系统中存在的时间也就越长,病毒传染的范围越广,其危害性也越大。

   【答案:C】

9. 对已感染病毒的U盘应当采用的处理方法是( )。
   A. 以防传染给其他设备,该U盘不能再使用
   B. 用杀毒软件杀毒后继续使用
   C. 用酒精消毒后继续使用
   D. 直接使用,对系统无任何影响

   分析:感染病毒的U盘要及时处理,否则U盘中的病毒会传染使用U盘的计算机。处理的主要途径包括:使用杀毒软件对该U盘进行杀毒处理或者对该U盘进行格式化。感染病毒的U盘本身没有损坏,处理后可以正常使用。计算机病毒不是生物病毒,无法使用酒精消毒。

   【答案:B】

10. 用某种方法伪装消息以隐藏它的内容的过程称为( )。
    A. 数据格式化　　B. 数据加工　　　C. 数据加密　　　D. 数据解密

    分析:数据加密是计算机系统对信息进行保护的一种最可靠的办法。它利用密码技术对信息进行加密,实现信息隐蔽,从而起到保护信息安全的作用。

    【答案:C】

二、简答和实践题

1. 信息素养包含哪些方面,简述它们之间的关系。

参考答案: 信息素养是在信息化社会中个体成员所具有的各种信息品质。一般而言,信息素养主要包括信息意识、信息知识、信息能力和信息道德四个要素。信息素养四个要素的相互关系共同构成一个不可分割的统一整体。可归纳为,信息意识是前提,决定一个人是否能够想到用信息和信息技术;信息知识是基础;信息能力是核心,决定能不能把想到的做到、做好;信息道德则是保证、是准则,决定在做的过程中能不能遵守信息道德规范、合乎信息伦理。

2. 结合自己的学习和未来的规划,谈谈如何提高自己的信息素养。

参考答案:

(1)掌握计算机的基本操作以及计算机互联网的基本使用。

(2)了解信息技术的基本理论、知识和方法,了解现代信息技术的发展与学科课程整合的基本知识;掌握计算机基础知识、Windows 操作、Word 文字处理、Excel 电子表格、打印机及一些常用应用软件的安装和使用等。只有具备了基本能力,才能培养信息处理的能力。

(3)要学会使用计算机和其他信息技术来解决自己工作、学习及生活中的各类问题。

(4)学会利用网络搜索信息、传输文件,能利用电子邮件跟朋友、老师进行交流,利用电子公告牌或自己制作的网站(页)发布自己的认识和观点。

(5)为了推进教育现代化的发展,各校都已建成自己的校园网或者即将建成自己的校园网,但是,我们发现,很多校园网功能、校园网资源还没有得到充分利用,所以要培养自己能充分利用各种资源的能力。

(6)培养自己的信息生成能力,要善于挖掘有用信息和浓缩有效信息,能对信息内容进行深层加工,对信息进行科学分类、标引、排序、存储等;能够对信息去伪存真,去粗存精,正确评价、消化信息,同时通过调查分析,独立思考,最终创造出新的有效信息。

(7)必须具备尊重知识产权和遵守网络道德的素养,还必须具备网络安全的基本知识,学会防治病毒。

3. 信息安全的主要防御措施有哪些?

参考答案:

(1)强化信息安全意识。随着计算机技术的发展,各种网络攻击技术也在不断更新,计算机使用者要增加安全防护意识,增加计算机信息安全保密知识,改善计算机信息安全保护环境。计算机使用者要掌握最新的病毒特征和防护技术,不要随意打开从网络上下载的各种来路不明的文件、图片和电子邮件,不随意单击不可靠的网站和链接。

(2)防火墙技术。防火墙是在计算机网络的内、外部建立的一个屏障,用来保障信息的安全性。防火墙已经成为最基本的网络设备之一。防火墙通过建立安全防护墙,来有效阻断来自计算机系统外部的不安全信息,减少黑客、病毒等对计算机系统的威胁,从而保护计算机系统的安全。从组成上来看,防火墙既包括一些特殊的网络访问控制设备,也包括一些网络监测软件。随着网络技术的发展,防火墙有很多种类型,实现的原理也各不相同。如果按照处理数据方式的不同,可将防火墙分为代理型和包过滤型两种。防火墙利用网络监测软件可以实时监测来自网络的各种数据和信息,通过设置路由规则来限制进出计算机网络系统的数据类型,只有通过认证的信息才能进入计算机内外部,将一些非法数据或可疑的信息挡在系统之外,从而减少信息的安全隐患。

(3)网络入侵检测。网络入侵是指攻击者利用各种手段来攻击网络,进入系统,对系统进行破坏的一种行为。网络入侵进入系统后,会对计算机系统进行恶意攻击和破坏,进行网络入侵检测可以及时发现这些攻击行为,从而保护计算机系统的信息安全。近年来,网络入侵检测技术发展迅速,入侵检测的原理和方法各不相同,入侵检测技术可以从多个角度进行分类。如果从检测手段上来分,基本上可以分为基于网络的入侵检测和基于主机的入侵检测。基于网络的入侵检测实现原理是通过检测网络上的信息流量来发现可疑数据,这种检测方法采用标准的网络协议,可以运行在不同的操作系统平台下,移植性好,检测速度快;基于主机的入侵检测是通过监测主机的入侵记录,根据预先设定的判定规则来发现可能对主机造成威胁的行为,从而识别出哪些是入侵事件。这种检测方式的缺陷是实时性差,不能及时发现入侵行为。

(4)病毒防护。病毒防护技术的主要手段是在计算机系统中安装病毒软件,对计算机进行检测,判断是否存在病毒,在发现病毒后,利用杀毒软件进行杀毒,消除计算机上的病毒隐患。随着网络技术的发展,病毒也在不断更新,杀毒软件也要更新相应的病毒库,以检测到最新的病毒。在网络环境下,系统管理员要定期运行安全扫描程序,检查病毒情况,如果发现系统中任意一台计算机感染了病毒,就要立即切断网络,防止病毒在网络内扩散。

(5)身份认证。保证计算机信息安全的关键是有效阻止非法用户的入侵,因此,必须对进入计算机系统的用户进行身份认证。数字化的身份认证与传统的用户名/口令认证技术不同,其安全性能更高。用户在登录系统或者申请访问计算机网络资源时,需要使用证书信息和会话机制,通过数字证书来检查用户的真实身份,这样可以有效地阻止假冒合法用户的行为。身份认证技术还可以应用在系统日志管理和审计、电子邮件、WWW 网站等方面的信息安全。

4.计算机病毒有哪些基本特征,如何预防自己的计算机被病毒感染?

参考答案:

各种计算机病毒通常都具有以下特征:

(1)传染性。计算机病毒具有很强的再生机制,一旦计算机病毒感染了某个程序,当这个程序运行时,病毒就能传染到这个程序有权访问的所有其他程序和文件。

计算机病毒可以从一个程序传染到另一个程序,从一台计算机传染到另一台计算机,从一个计算机网络传染到另一个计算机网络,在各系统上传染、蔓延,同时使被传染的计算机程序、计算机、计算机网络成为计算机病毒的生存环境及新的传染源。

(2)破坏性。任何计算机病毒只要侵入系统,就会对系统及应用程序产生不同程度的影响,轻者会降低计算机工作效率,占用系统资源(如占用内存空间、占用磁盘存储空间以及系统运行时间等),只显示一些画面或音乐、无聊的语句,或者根本没有任何破坏性动作,例如欢乐时光病毒的特征是超级解霸不断地运行系统,资源占用率非常高。有的计算机病毒可使系统不能正常使用,破坏数据,泄露个人信息,导致系统崩溃等;有的对数据造成不可挽回的破坏,比如米开朗基罗病毒,当米氏病毒发作时,硬盘的前 17 个扇区将被彻底破坏,使整个硬盘上的数据无法恢复,造成的损失是无法挽回的。

(3)隐蔽性。计算机病毒具有隐蔽性,以便不被用户发现及躲避反病毒软件的检测,因此系统感染病毒后,一般情况下用户感觉不到病毒的存在,只有在其发作,系统出现不正常反应时用户才知道。

为了更好地隐藏,病毒的代码设计得非常短小,一般只有几百字节或 1 KB,以现在计算机的运行速度,病毒转瞬之间便可将短短的几百字节附着到正常程序中,使人很难察觉。

(4)潜伏性和触发性。大部分病毒感染系统之后不会马上发作,而是悄悄地隐藏起来,然后在用户没有察觉的情况下进行传染。病毒的潜伏性越好,在系统中存在的时间也就越长,病毒传染的范围越广,其危害性也越大。

  计算机病毒的可触发性是指满足其触发条件或者激活病毒的传染机制,使之进行传染或者激活病毒的表现部分或破坏部分。

  计算机病毒的可触发性与潜伏性是联系在一起的,潜伏下来的病毒只有具有可触发性,其破坏性才成立,也才能真正成为"病毒"。如果一个病毒永远不会运行,就像死火山一样,对网络安全就构不成危险。触发的实质是一种条件的控制,病毒程序可以依据设计者的要求,在一定条件下实施攻击。

  (5)寄生性。计算机病毒与其他合法程序一样,是一段可执行程序,但它一般不独立存在,而是寄生在其他可执行程序上,因此它享有一切程序所能得到的权力。也鉴于此,计算机病毒难以被发现和检测。

  计算机病毒的防治包括计算机病毒的预防、检测和清除,要以预防为主。

  (1)经常从软件供应商处下载、安装安全补丁程序和升级杀毒软件。

  (2)新购置的计算机和新安装的系统,一定要进行系统升级,保证修补所有已知的安全漏洞。

  (3)使用高强度的口令。

  (4)经常备份重要数据。特别是要做到经常性地对不易复得数据(个人文档、程序源代码等)完全备份。

  (5)选择并安装经过公安部认证的防病毒软件,定期对整个硬盘进行病毒检测、清除工作。

  (6)安装防火墙(软件防火墙,如360安全卫士),提高系统的安全性。

  (7)不要打开陌生人发来的电子邮件,无论它们有多么诱人的标题或者附件。同时也要小心处理来自熟人的邮件附件。

  (9)正确配置、使用病毒防治软件,并及时更新。

  5.如何让自己很好地规避不良记录?

参考答案:

  (1)认识信用体系。我们每个人在社会上活动,都会与人打交道,每个人对彼此都会有一个评价,信用记录就是金融机构对个人诚信的一种评价记录。它关系到你的房贷、车贷申请,甚至是求职升职等方方面面。

  (2)加强个人道德修养。了解了信用体系后我们发现,信用与我们每个人的道德修养是有一定关系的。如果一个人养成了好的习惯,平时借别人东西、借钱都养成了按时归还的话,那么他信用违规的概率就低于那种品行不好、长期有借不还的老赖。

  (3)规范自我行为。现在有很多信用陷阱,有些人就是抓住那些有征信问题而无法通过正常渠道成功申请的人群的需求。一旦你把你的个人相关信息提供给这些人,就很有可能收到的是已经严重透支的信用消息。结果,必然会造成你的信用记录严重不良。

  (4)注意其他信用。现在有很多因素会影响我们的信用记录,因为目前很多的信用评价引入了大数据评估。那么这其中就很有可能包括手机信用、交通违规信用、考试信用。比如因饮酒醉驾被执行过拘留等不良的记录,也会成为个人信用记录的一个部分,也会影响个人的信用评价。

  (5)警惕朋友。我们一定要规避一些因他人的违约而导致你的个人的信用记录受损。如:你给一位好朋友进行过贷款,结果你的朋友逾期没有按时偿还贷款,这时,就会对你产生不良的信用记录。

（6）合理消费。我们消费的时候一定更要防止超过自己的偿还能力的提前透支消费，否则，一旦无法及时还款，也会对自己的信用记录造成不良的影响。

补 充 练 习

一、单项选择题

（一）计算机安全的定义和属性

V001.计算机系统安全通常指的是一种机制，即（　　）。
A.只有被授权的人才能使用其相应的资源　B.自己的计算机只能自己使用
C.只是确保信息不暴露给未经授权的实体　D.以上说法均正确

V002.计算机安全属性不包括（　　）。
A.保密性　　　　　　　　　　B.完整性
C.可用性服务和可审性　　　　D.语义正确性

V003.得到授权的实体需要时就能得到资源和获得相应的服务，这一属性指的是（　　）。
A.保密性　　　　B.完整性　　　　C.可用性　　　　D.可靠性

V004.系统在规定条件下和规定时间内完成规定的功能，这一属性指的是（　　）。
A.保密性　　　　B.完整性　　　　C.可用性　　　　D.可靠性

V005.信息不被偶然或蓄意地删除、修改、伪造、乱序、重放、插入等破坏的属性指的是（　　）。
A.保密性　　　　B.完整性　　　　C.可用性　　　　D.可靠性

V006.确保信息不暴露给未经授权的实体的属性指的是（　　）。
A.保密性　　　　B.完整性　　　　C.可用性　　　　D.可靠性

V007.通信双方对其收、发过的信息均不可抵赖的特性指的是（　　）。
A.保密性　　　　B.不可抵赖性　　C.可用性　　　　D.可靠性

V008.计算机安全不包括（　　）。
A.实体安全　　　B.操作安全　　　C.系统安全　　　D.信息安全

V009.使用大量垃圾信息，占用带宽（拒绝服务）攻击破坏的是（　　）。
A.保密性　　　　B.完整性　　　　C.可用性　　　　D.可靠性

（二）计算机病毒

V010.计算机病毒具有（　　）。
A.传播性、破坏性、易读性　　　　B.传播性、潜伏性、破坏性
C.潜伏性、破坏性、易读性　　　　D.传播性、潜伏性、安全性

V011.以下关于计算机病毒特征说法正确的是（　　）。
A.计算机病毒只具有破坏性和传染性，没有其他特征
B.计算机病毒具有隐蔽性和潜伏性
C.计算机病毒具有传染性但不能衍变
D.计算机病毒具有寄生性，都不是完整的程序

V012.计算机病毒是（　　）。
A.通过计算机键盘传染的程序
B.计算机对环境的污染
C.非法占用计算机资源进行自身复制和干扰计算机正常运行的一种程序
D.既能感染计算机也够感染生物体的病毒

V013.关于计算机病毒的叙述,错误的是(　　)。
A.计算机病毒也是一种程序
B.一台微机用反病毒软件清除过病毒后,就不会再被感染新的病毒
C.病毒程序只在计算机运行时才会复制并传染
D.单机状态的微机,磁盘是传染病毒的主要媒介

V014.计算机病毒程序(　　)。
A.通常很大,可能达到几兆字节　　　B.通常不大,不会超过几十千字节
C.一定很大,不会少于几十千字节　　D.有时会很大,有时会很小

V015.微软公司发布"安全补丁"防范"宏病毒",该病毒主要攻击的对象是(　　)。
A.操作系统　　　　　　　　　　　B.媒体播放器
C.Word文档等Office文档　　　　　D.数据库管理系统

V016.计算机病毒传播途径不可能的是(　　)。
A.计算机网络　　　　　　　　　　B.纸质文件
C.磁盘　　　　　　　　　　　　　D.感染病毒的计算机

V017.计算机可能感染病毒的途径(　　)。
A.从键盘输入统计数据　　　　　　B.运行外来程序
C.U盘表面不清洁　　　　　　　　D.机房电源不稳定

V018.通过网络进行病毒传播的方式不包括(　　)。
A.文件传输　　　　　　　　　　　B.电子邮件
C.数据库文件　　　　　　　　　　D.网页

(三)防火墙、系统更新与系统还原

V019.可以划分网络结构,管理和控制内外部通信的网络安全产品是(　　)。
A.网关　　　　B.防火墙　　　　C.加密机　　　　D.防病毒软件

V020.目前在企业内部网与外部网之间,检查网络传送数据是否会对网络安全构成威胁的主要设备是(　　)。
A.路由器　　　B.防火墙　　　　C.交换机　　　　D.网关

V021.为确保学校局域网的信息安全,防止来自Internet的黑客入侵,应采用的安全措施是设置(　　)。
A.网管软件　　B.邮件列表　　　C.防火墙软件　　D.杀毒软件

V022.以下关于防火墙的说法,正确的是(　　)。
A.防火墙主要用于检查外部网络访问内网的合法性
B.只要安装了防火墙,系统就不会受到黑客的攻击
C.防火墙能够提高网络的安全性,保证网络的绝对安全
D.防火墙的主要功能是查杀病毒

V023.下面关于系统更新说法正确的是(　　)。
A.系统更新只能从微软网站下载补丁包
B.系统更新后,可以不再受病毒的攻击
C.系统之所以可以更新,是因为操作系统存在着漏洞
D.所有的更新应及时下载安装,否则系统崩溃

V024.下面关于系统还原说法正确的是(　　)。
A.系统还原等价于重新安装系统
B.系统还原后可以清除计算机中的病毒
C.系统还原后,硬盘上的信息会自动丢失
D.还原点可以由系统自动生成也可以自行设置

(四)网络安全的概念、网络攻击和安全服务

V025.窃取信息是破坏信息的(　　)。
A.可靠性　　　B.安全性　　　C.保密性　　　D.完整性

V026.篡改信息是攻击破坏信息的(　　)。
A.可靠性　　　B.可用性　　　C.完整性　　　D.保密性

V027.以下网络安全技术中,不能用于防止发送或接收信息用户出现"抵赖"的是(　　)。
A.数字签名　　B.防火墙　　　C.第三方确认　D.身份认证

V028.数据在存储或传输时不被修改、破坏,或数据包丢失、乱序等,指的是(　　)。
A.数据一致性　B.数据完整性　C.数据同步性　D.数据源发性

V029.下面不属于访问控制策略的是(　　)。
A.加口令　　　B.设置访问权限　C.加密　　　D.角色认证

V030.认证使用的技术不包括(　　)。
A.消息认证　　B.身份认证　　C.水印技术　　D.数字签名

V031.影响网络安全的因素不包括(　　)。
A.信息处理环节存在不安全因素　　B.操作系统有漏洞
C.计算机硬件有不安全因素　　　　D.黑客攻击

V032.以下不属于网络行为规范的是(　　)。
A.不应未经许可而使用别人计算机的资源　B.不应用计算机进行偷窃
C.不应干扰别人的计算机工作　　　　　　D.可以使用或拷贝没有授权的软件

V033.未经允许私自闯入他人计算机系统的人,被称为(　　)。
A.IT精英　　　B.网络管理员　C.黑客　　　　D.编程工作人员

V034.以下人为的恶意攻击行为中,属于主动攻击的是(　　)。
A.身份假冒　　B.数据窃听　　C.数据流分析　D.非法访问

V035.下面不属于主动攻击的是(　　)。
A.身份假冒　　B.数据窃听　　C.重放　　　　D.修改信息

V036.下面不属于被动攻击的是(　　)。
A.流量分析　　B.数据窃听　　C.重放　　　　D.截取数据包

V037.下面关于网络信息安全的叙述中,不正确的是(　　)。
A.网络环境下的信息系统比单机系统复杂,信息安全问题比单机更加难以得到保障
B.网络安全的核心是操作系统的安全性,它涉及信息在存储和处理状态下的保护问题
C.防火墙是保障单位内部网络不受外部攻击的有效措施之一
D.电子邮件是个人之间的通信手段,不会传染计算机病毒

V038.网上"黑客"是指(　　)的人。
A.匿名上网　　　　　　　　　　　B.在网上私闯他人计算机
C.不花钱上网　　　　　　　　　　D.总在夜晚上网

V039. 允许用户在输入正确的保密信息（例如用户名和密码）时才能进入系统，采用的方法是（　　）。

　　A. 口令　　　　　　B. 命令　　　　　　C. 序列号　　　　　　D. 公文

V040. 网络安全不涉及的是（　　）。

　　A. 加密　　　　　　B. 防病毒　　　　　C. 防黑客　　　　　　D. 硬件技术升级

V041. 用某种方法伪装消息以隐藏它的内容的过程称为（　　）。

　　A. 数据格式化　　　B. 数据加工　　　　C. 数据加密　　　　　D. 数据解密

V042. 下列哪个不属于常见的网络安全问题？（　　）

　　A. 网上的蓄意破坏，如在未经他人许可的情况下篡改他人网页

　　B. 侵犯隐私或机密资料

　　C. 拒绝服务，组织或机构因为有意或无意的外界因素或疏漏，导致无法完成应有的网络服务项目

　　D. 在共享打印机上打印文件

V043. 保障信息安全最基本、最核心的技术措施是（　　）。

　　A. 信息加密技术　　B. 信息确认技术　　C. 网络控制技术　　　D. 反病毒技术

V044. 下列选项中不属于网络安全的问题是（　　）。

　　A. 拒绝服务　　　　B. 黑客恶意访问　　C. 散布谣言　　　　　D. 计算机病毒

V045. 为了防御网络监听，最常用的方法是（　　）。

　　A. 采用专人传送　　B. 信息加密　　　　C. 无线网　　　　　　D. 使用专线传输

V046. 根据实现的技术不同，访问控制可分为三种，它不包括（　　）。

　　A. 强制访问控制　　　　　　　　　　　B. 自由访问控制

　　C. 基于角色的访问控制　　　　　　　　D. 自主访问控制

V047. 根据应用的环境不同，访问控制可分为三种，它不包括（　　）。

　　A. 应用程序访问控制　　　　　　　　　B. 主机、操作系统访问控制

　　C. 网络访问控制　　　　　　　　　　　D. 数据库访问控制

V048. 认证技术不包括（　　）。

　　A. 消息认证　　　　B. 身份认证　　　　C. IP 认证　　　　　D. 数字签名

V049. 软件盗版是指未经授权对软件进行复制、仿制、使用或生产的行为。下面不属于软件盗版的形式是（　　）。

　　A. 使用的是计算机销售公司安装的非正版软件

　　B. 网上下载的非正版软件

　　C. 自己解密的非正版软件

　　D. 使用试用版的软件

V050. 网络安全从本质上讲就是网络上的信息安全，下列不属于网络安全的技术是（　　）。

　　A. 防火墙　　　　　B. 加密狗　　　　　C. 认证　　　　　　　D. 防病毒

参 考 文 献

[1] 中华人民共和国教育部.高等职业教育专科信息技术课程标准(2021年版)[M].北京:高等教育出版社,2021.
[2] 疏国会等.信息技术基础:WPS版[M].大连:大连理工大学出版社,2022.
[3] 张成叔.信息技术基础[M].3版.北京:高等教育出版社,2021.
[4] 张成叔.计算机应用基础[M].2版.北京:高等教育出版社,2019.
[5] 张成叔.计算机应用基础实训指导[M].2版.北京:高等教育出版社,2020.
[6] 张成叔.计算机应用基础[M].北京:高等教育出版社,2016.
[7] 张成叔.计算机应用基础实训指导[M].北京:高等教育出版社,2016.
[8] 张成叔.计算机应用基础[M].北京:中国铁道出版社,2012.
[9] 张成叔.计算机应用基础实训指导[M].2版.北京:中国铁道出版社,2012.
[10] 张成叔.计算机应用基础[M].2版.北京:中国铁道出版社,2009.
[11] 张成叔.计算机应用基础实训指导[M].北京:中国铁道出版社,2009.
[12] 张成叔.计算机文化基础[M].北京:中国铁道出版社,2007.
[13] 张成叔.计算机文化基础实训指导[M].北京:中国铁道出版社,2007.
[14] 杨竹青.新一代信息技术[M].北京:人民邮电出版社,2020.
[15] 陈泉.信息素养与信息检索[M].北京:清华大学出版社,2017.
[16] 靳小青.新编信息检索教程[M].北京:人民邮电出版社,2019.
[17] 邓发云.信息检索与应用[M].北京:科学出版社,2017.
[18] 张成叔.Access数据库程序设计[M].6版.北京:中国铁道出版社,2020.
[19] 张成叔.SQL Server数据库设计与应用[M].北京:中国铁道出版社,2020.
[20] 张成叔.MySQL数据库设计与应用[M].北京:中国铁道出版社,2021.
[21] 张成叔.办公自动化技术与应用[M].北京:高等教育出版社,2014.